U0142766

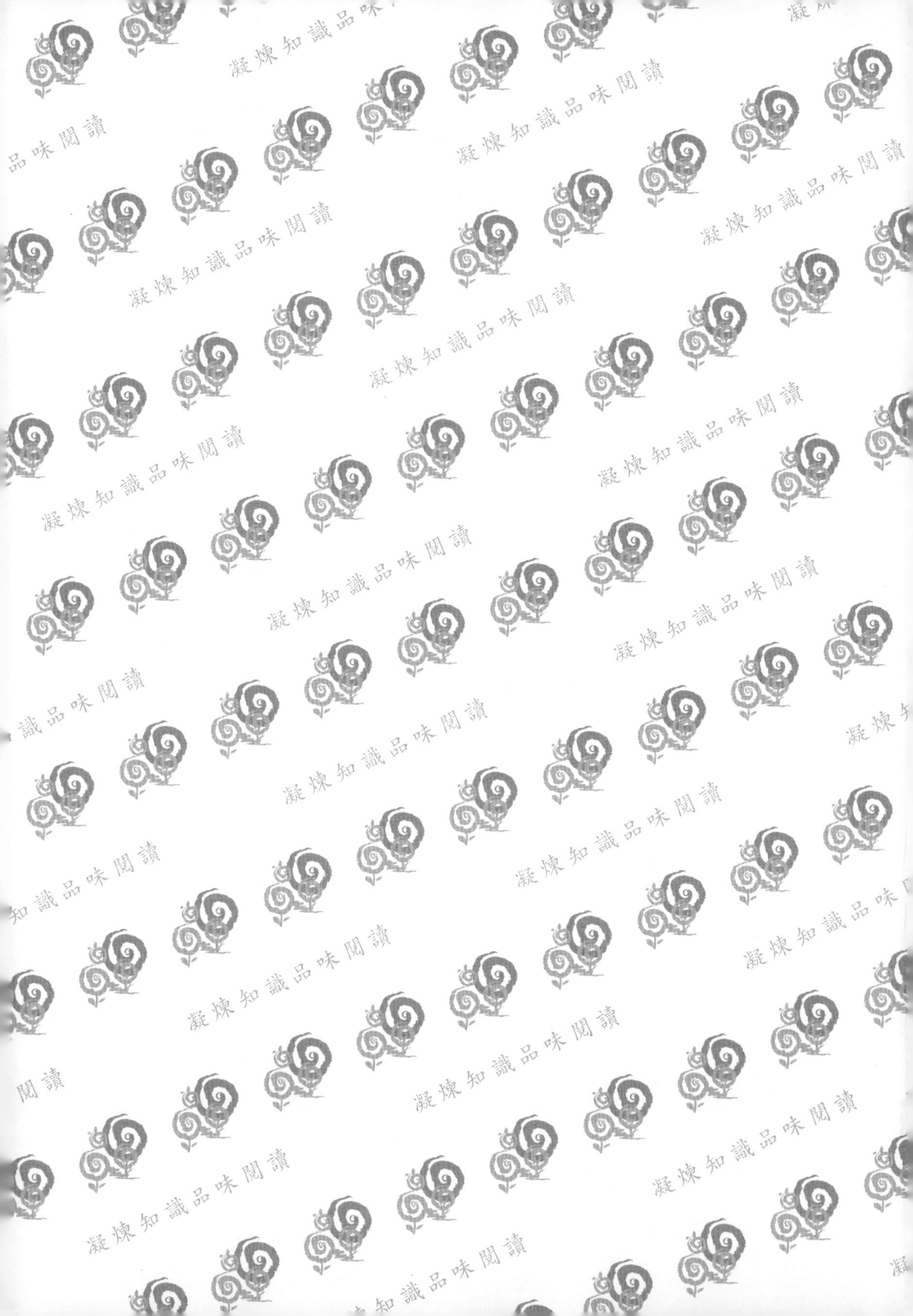

凝煉知識品味閱讀

圖解系列

五南圖書出版公司 印行

組織行為與管理學

第二版

戴國良 博士 著

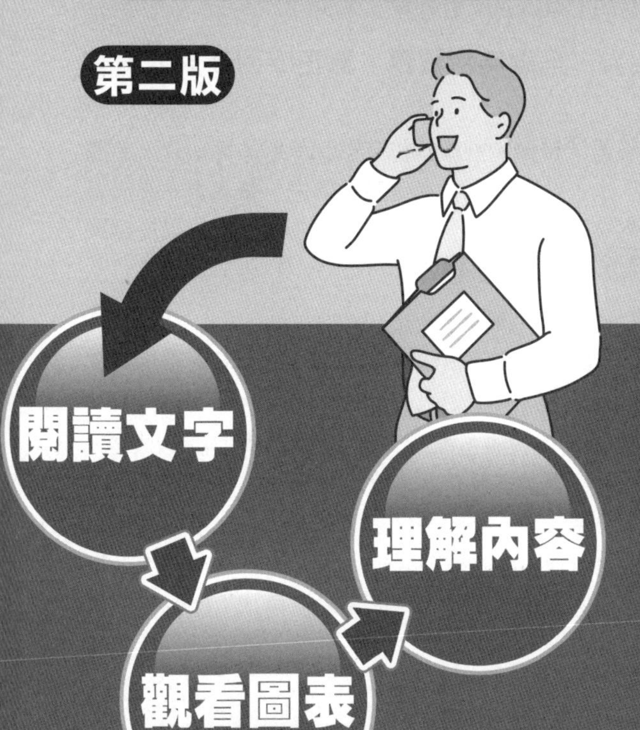

自序

「組織行為」與「組織管理」是想要成為成功管理者的第一步，也是如何有效管理好一個組織的重要科目，對企管系學生來說，可視為是另一個科目「管理學」的下集內容。這兩個科目是唇齒相依、互為表裡、相得益彰的。對上班族及企業經營而言，如何管理好組織部門及組織成員，則將是企業經營成功的關鍵要素之一。

相信大家都知道，企業能夠基業長青與歷久不衰的核心根本就在於「組織」及「人」這二大要素！因為，企業的任何運作都是人做出來的、想出來的。因此，企業領導人及各部門高階主管如何做好涉及到人的「組織行為」與「組織管理」，就成為一件非常重要的事情了。如果能夠把這二件事情同時做好，必可成為一個「高績效」、「高競爭力」、「領先的」、「創新的」有效企業組織體了。

本書目標：從企業實務觀點出發，理論結合實務，真正學到新東西與有用的東西

筆者觀察了國內外不少相關教科書，發覺這些教科書有點深、過於理論化、有點冗長、複雜、都是外國觀點。總體來說，似乎並不容易讓讀者讀完一整本書。基於這樣的深刻體認，筆者希望能撰寫一本具有豐富內容、理論與實務並重，而且又能讓讀者輕鬆看懂，還能夠學到東西的《圖解組織行為與管理學》。

總體來說，本書具有三大特色：

（一）架構完整，邏輯有序：本書參考國內外相關書籍，由於來源的豐富化，成為一本具有 16 個章節的完整架構，而且邏輯有序。

（二）口語化表達、避免理論的艱澀：本書盡可能以口語化的淺顯用詞加以表達，避免像翻譯國外教科書那樣的艱澀冗長與理論教條化。換言之，簡單易懂是本書撰寫的原則。

（三）圖解化與重點化的表達方式，容易啟動學習興趣：本書內容盡可能提綱挈領，完全以凸顯的主標題及副標題，清晰表達每一個段落的重點。再加上圖解化，學習效果更易吸收。

結語：衷心祝福與感恩

本書能夠順利完成，必須感謝我的家人、大學的同事與長官長久以來的支持與鼓勵，以及我的學生殷切的期待。當我在每一個深夜，寫作陷入心煩與勞累時，總會想起他們的影像與加油聲，使我能再振作起來。是的，我傾聽到了廣大學生們的心聲與需求，這是在漫長撰寫過程中，心靈上最大的支撐力量。

成功，只留給做好真正準備的人。在每一分鐘的歲月裡，努力累積做好一切準備，相信這會是最深切的自我承諾。感恩大家！謝謝大家！祝福大家！

戴國良

E-mail: taikuo@cc.shu.edu.tw

本書目錄

本書目錄

本書目錄

本書目錄

第1章

組織行為學之起源與其內涵分析

章節體系架構 

Unit 1-1 組織概念、組織管理必要性及組織行為學的功能

一、組織之基本概念

(一) 組織的意義與構成要件

組織是指二個人或二個人以上所形成的合作體系，下面是國外學者對組織條件或要素之描述。

1. 巴納德(C. Barnard)的四項條件

(1)成員共同追求之特定目標與共識(common goal)。(2)成員自願為目標效力之行動(voluntary action)。(3)成員具有相互溝通之網路(mutual communication)。(4)組織之成果由全體共享(result sharing)。

因此，組織構成要件，包括：「人員」、「目標」、「行動」、「溝通」及「成果」。

2. 彼德斯及瓦特曼(Peters & Waterman)

這二位學者在調查六十多家美國優良企業經營後，認為組織構成之七項要素為：

(1)共識之價值觀(shared value)。(2)獨特之管理風格(management style)。(3)因應環境變化之經營策略(strategy)。(4)完整的管理制度(system)。(5)素質優良的人員(staff)。(6)領先的科技(technology)。(7)合理化的組織架構(structure)。

二、管理之基本概念

企業營運活動，是一個投入→轉化過程→產出的三個連結制度。但是這三個連結制度之過程，必須藉助組織與管理活動之助力，才會成為有效的營運。組織與管理活動在企業投入、產出營運活動中的角色，如右圖所示。

三、組織與管理之必要性

管理學大師彼得・杜拉克(P. F. Drucker)曾提出，為使組織之運作更有效率，其主要任務有三點：

1.為組織決定組織的目的及使命，使組織發揮經濟效益。2.要有效設計組織及工作，使員工發揮最大生產力。3.為顧及組織永續存在與影響力，組織應負起社會責任。

因此，企業的運作是配合「組織」與「管理」功能，兩相結合，才能達成組織之願景、目標及提升組織效能。

四、組織的冰山

組織與管理並不是件容易的事，組織有些人事物是在冰山上，有些則是隱藏在冰山下的東西，如右圖。

五、組織行為學在解決哪些內部問題？

「組織行為學」主要在提供系統性的分析與歸納方法，了解組織內部個人、群體、組織整體之問題及解決方案的建議與執行。

總的來說，組織行為學著重在解決下列組織冰山下的若干問題：

1.管理者如何從事管理工作及激勵部屬？2.個人如何進行決策？3.群體的決策何時會優於個人決策？4.影響有效領導的因素有哪些？5.組織應如何改變其結構，以增加組織效能？6. 工作設計是否對生產力造成差異？7. 在個人事業生涯中，員工會碰到哪些問題？他會如何解決這些問題？8. 在大部分組織中，壓力的主要來源為何？9. 組織中的政治活動行為為何會增加？10. 如何進行人員及組織變革？

組織與管理活動在企業營運中之角色

投入(input)

(1)人力
(2)機器
(3)原物料
(4)零組件
(5)資金
(6)資訊)
(7)時間
(8)制度
(9)方法

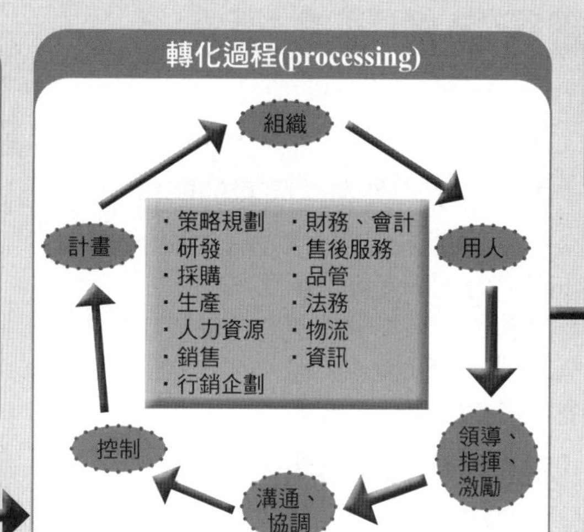

產出(output)

(1)實體產品
(2)服務性產品

組織冰山上面與下面的事情

冰山上面

・目標　・財務資源　・技術
・結構　・人力資源　・品牌

(1)行為層面（隱藏性）
(2)態度
(3)溝通型態
(4)群體程序
(5)問題解決風格
(6)組織內部的政治行為
(7)衝突
(8)壓力
(9)人格
(10)向心力
(11)非正式組織

Unit 1-2 組織行為的基本概念

「組織行為學」中有四個基本概念，以下加以說明（如右圖）：

一、人類行為受「內在」及「外在」因素的影響

從心理學角度看，人類行為每個人都會有不相同的地方存在。此種差異是受到每個人對內在及外在因素互動的影響。

1. 內在因素：包括員工個人的學習能力、動機、知覺、態度與人格。

2. 外在因素：包括組織的架構、流程、政治運作、獎酬系統、考績制度、管理者領導風格、企業文化等。

二、將組織視為「社會系統」的一環

組織中的個人及群體會有自己的心理及社會性需求，他們需要公司及社會的認同、肯定、讚賞，也需要地位及權力，更扮演不同角色。因此，組織不只是內部封閉體系，也與大社會相互結合與互動，彼此受到影響。

三、結構與程序間「互動」

「結構」是代表一個組織如何把人專業分工及如何聚集起來。而「程序」則是代表組織的工作如何有效落實執行，包括決策如何制定、如何領導、如何溝通、如何處理衝突、如何紓解壓力，以及如何提高組織績效等，均是一種重要的過程。

四、「情境」觀點

長久以來，行為學家總是強調個人行為是由人格特質與環境互動產生的結果。因此，要了解一個人的組織行為，就應先分析他所面對的情況因素。包括：

1. 組織結構合不合理？
2. 同儕及上級壓力大不大？
3. 工作壓力源自哪些？
4. 組織政治行為的嚴重程度？
5. 領導是否有效？
6. 指揮體系是否一元化？或令出多門？
7. 物質獎酬是否足夠？獎酬是否與外部有競爭力？
8. 公司是否為一個公平、公正與透明的環境？

組織行為的基本概念

組織行為的基本概念

- （一）人類行為受內在及外在因素的影響
- （二）將組織視為社會系統的一環
- （三）結構與程序間互動
- （四）情境觀點

每個員工行為受內在／外在因素影響

（一）內在因素

員工個人的學習能力、動機、知覺、態度、觀念與人格等因素！

（二）外在因素

包括：組織文化、組織架構、流程、組織政治、組織派系、領導者風格、獎酬制度、考績制度等。

四大系統分類

（一）社會系統（含蓋最大）

（二）公司組織系統

（三）組織內部群體系統

（四）員工個人系統（含蓋最小）

Unit 1-3 科學管理學派概述

一、科學管理興盛時期

在18世紀產業革命之後，對企業組織行為與人員管理之觀點，大多視組織為一個「封閉系統」(closed-system)，在此時期，科學管理學派也跟著出現。此學派的研究觀點，係以員工的生理途徑(psysiological approach)為重點，而忽略員工的心理因素。

此學派主要的學者代表，有右圖所示。

(一) 泰勒之科學管理(F. W. Taylor, 1856~1912)

泰勒是科學管理運動的倡導者，後人尊其為「科學管理之父」。

他喜歡用科學調查、研究及實驗方法，並以發現的事實做為改變工廠效率的基礎。

泰勒有二本主要著作：《工廠管理》(*Shop Management*, 1903)；《科學管理原則》(*The Principles of Scientific Management*, 1911)。

泰勒的科學管理體系及其核心理論精神，主要強調以下四點：

1. 發掘「最佳工作方法」(finding the one best way)

透過觀察及實驗方法，有系統性的蒐集資料、分析及實驗，以建立員工最佳工作方法，提高效率，降低生產成本。

2. 採取「科學化甄選員工」

對員工的甄選、教學及訓練採用科學化方式。

3. 利用「財務誘因」方式

利用適當物質經濟的誘因，才能使員工順從主管的指導，故他主張採用「差別計件獎酬制」。

4. 力行「職能式指揮」

此係將經理人員與一般員工之工作加以區別，分工而治。

(二)吉爾博斯(Frank Gilbreth, 1868~1920)之動作研究

吉爾博斯對工作的經濟節省原則有特別研究，主張採用「動作研究」(motion study)及「時間研究」(time study)，發現人類十七種基本動素，提出「動作經濟原理」，對於員工在工作時節省工時貢獻甚大。後人稱為「動作研究之父」。

(三)甘特特(Henry L. Gantt, 1860~1930)之時程控制理論

甘特對工作進行時程安排與控制有其研究，主張採用控制圖表(gantt chart)，而將一切預排之工作及完成工作，均繪於甘特圖上，以了解各項工作之進度。

(四)艾默生生(Harrigton Emerson)效率十二原則

學者艾默生對工作效率也提出他的「效率十二原則」(the twelve principles of efficiency)，成為「效率專家」。

科學管理學派的四個理論代表

科學管理學派

1. 泰勒：科學管理
   - (1)發掘「最佳工作方法」
   - (2)採取「科學化甄選員工」
   - (3)利用財務誘因」方式
   - (4)力行「職能式指揮」
2. 吉爾博斯 —— 動作與時間研究理論
3. 甘特 —— 時程控制理論
4. 艾默生 —— 效率12原則

泰勒科學管理四大精神

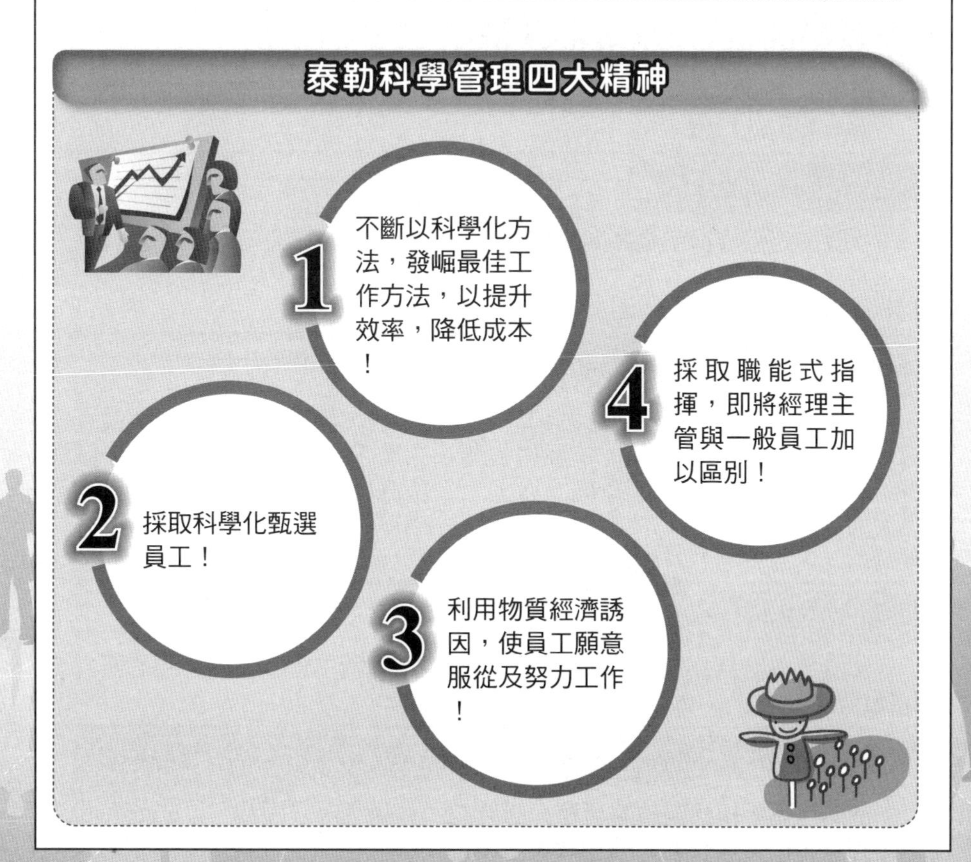

Unit 1-4 行為管理學派概述

一、行政管理理論崛起之觀點：費堯的組織管理觀點

科學管理學派純就「生理觀點」及「封閉體系」來看待工廠管理，但對於組織中及各階層之管理行為的解釋，卻無法提出全方位的行為觀點。此時，行政管理理論適時出現。主要代表人物有以下幾位：

(一)費堯的一般管理論點

費堯(Henry Fayol)在1916年發表《一般及工業管理》一書，提出組織中的管理程序及管理工作，即計畫、組織、指揮、協調及控制等。他並提出十四項管理原則如下：

1. 專業分工(specialization/division of labor)

期能各司其職，快速上手熟練。若再佐以分段派工（第一段：完全依標準操作；第二段：依教戰手冊處理變化調整狀況；第三段：憑經驗解決異常），新手可快速變熟手。

2. 權責對等(authority with corresponding responsibility)

權力源於企業組織、制度、標準、默契，而非個人；願承擔多大責任，即可擁有相對執行權。

3. 遵守紀律(discipline)

不論約定俗成抑或是共同決議，任何團隊成員必須遵守，以免內耗及失控。其原則是讓個人有最大自由發揮空間，但不干擾他人，且不脫軌，不過並非井然有序，而是亂（活力與創意）中有序。

4. 統一指揮(unity of command)

對於早期組織，原則上由誰指揮、向誰報告，係採單一對應。而當今組織多元化，加上職掌明確，指揮報告體系由屬人為主轉為論事為主，以減少延宕及誤傳：對於早期組織，原則上，由誰指揮，向誰報告，採單一對應。而當今組織多元化，加上職掌明確，指揮報告體系由屬人為主轉為論事為主，以減少延宕及誤傳。

5. 統一方向(unity of direction)

為避免各自為政，力量分散，宜由共同之高階主管整合出一致的努力方向及目標。

6. 犧牲小我(subordination of individual interests to the general interest)

個體目標不得妨礙整體目標，必要時，先犧牲小我短利，以成就大我之最大利益，以獲取長期回饋之效益。

7. 報酬對等(remuneration of staff)

「每個人只願做可被衡量的事」、「當努力與報酬成正比時，才能激發一個人的動力」、「公平合理，信賞必罰」。

8. 分權管理(decentralization)

中央與地方均權，將決策權與執行權予以劃分，凡有法規、標準可循者，授權地方自治，凡須集中控制最有利者，由中央集權。企業要做大，發展為集團，且不致分崩離析，此為重要關鍵。

9. 交流網路(scalar/line of authority)

早期交流，須透過下行指揮、上行報告、平行協調體系，確保組織穩定運作。

10. 常態管理(order)

凡任何例行有規律、穩定無問題、狀況可控制、簡明無疑難等事務，皆訂定標準，納入日常管理(on going management)。

11. 三公一合(equity)

公平（協議遵行）、公正（沒有特權、例外）、公開（過程透明、交流管道暢通）、合理「理念交集，大家同意」，才可避免內鬥。

12. 穩定維持(stability of tenure)

改善的成果須維持，改善的經驗須累積、擴散、傳承，企業須保持穩定成長，方能暢通升遷管道，養成全方位人。

13. 自動自發(initiative)

須激發員工內在的原動力，並促使其自動自發去改善、創新、勇於承擔，向高目標挑戰。

14. 團隊合作(esprit de corps)

莫在內部爭排名，宜攜手挑戰自己、標準、同業，以產生團隊精神、同仇敵愾，爭取業界領先。

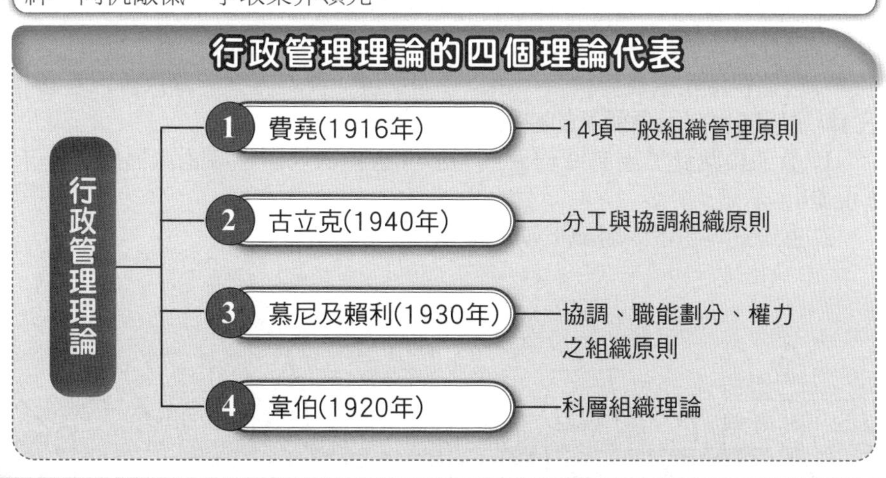

Unit 1-5 韋伯「科層體制」理論

一、韋伯(Max Weber)之「科層體制」理論

韋伯提出最有名的組織理論，就是「科層體制」(bureaucracy)。他認為組織規模會日益走向擴大，因此，更須正式化、嚴謹化及階層化之管理程序與紀律來維持。

(一)科層組織特色及缺點

德國社會學家韋伯(Max Weber, 1864~1920)是對組織設計最有深遠影響力的學者之一，並被尊為「組織理論之父」。做為一位社會學家，韋伯看到工業革命帶給組織的影響。他受到工業革命後的現象所啟發，認為理想的組織要像機器般有效率而且理性，他稱這理想型的組織為「官僚」（bureaucracy，即科層）。

(二)科層組織特色

科層組織特性有七，如右圖。

1. 有明確的階層與職權，這樣才能理性地控制員工的行為。每一個下級都受上級的監督。

2. 分工及專業化。組織的任務切割愈細愈好，把每一個人的工作分成簡單例行的工作，這樣才能專精、有效率。

3. 有明確的規章制度與標準作業程序(standard operation procedure, SOP)，這可避免因人員變動所造成的不連續性。

4. 技術專業，用人唯才。完全理性才有效率，不受個人感情影響，只根據制度辦事。

5. 組織成員與所有權分開。韋伯認為，企業主的重點在於利潤而不在效率，企業主與組織成員非同一人，才能制定適合組織本身的決策。

6. 職權。權力與職權是賦予官僚組織的各個位置而不是個人，不因人設事；不適任的人很容易被調換。

7. 理性組織比成員要長久，所以要有記憶，要有各式紀錄以確保延續。

(三)科層組織也有兩項顯著的缺點

1. 員工長期受法規制度約束，易形成重視法規而忽視企業目標之本末倒置現象。

2. 重形式，易造成組織被動與僵化。

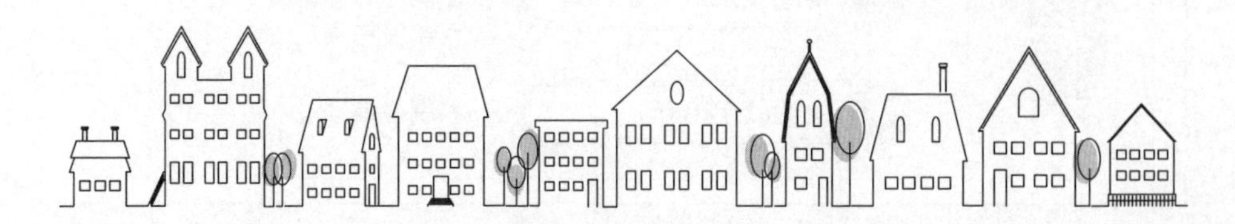

韋伯科層組織的特色

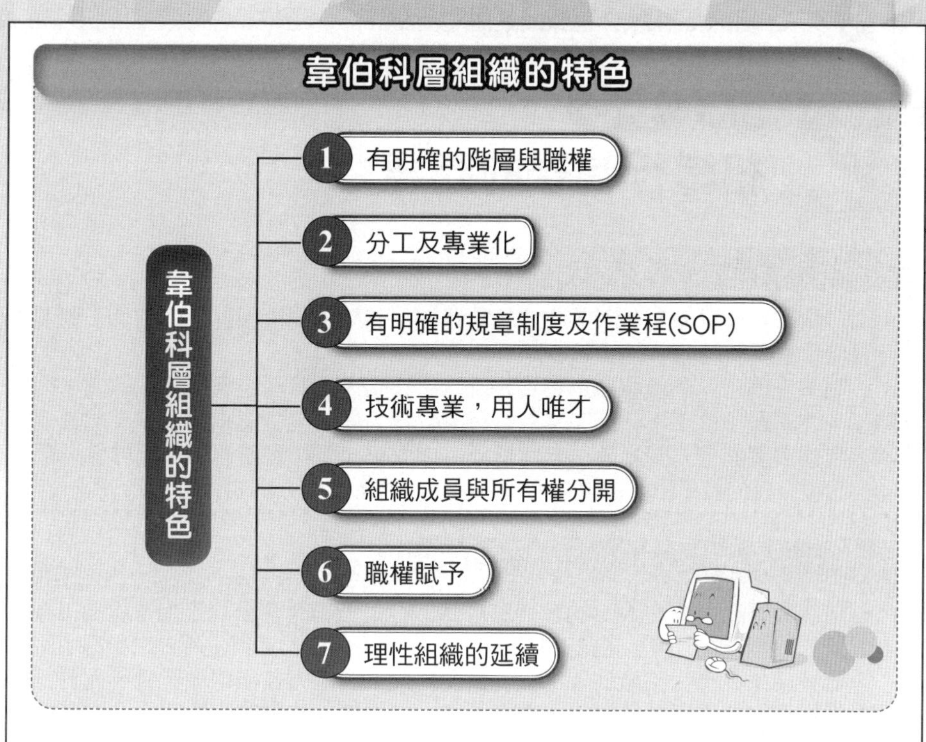

科學管理與行政管理學派代表人物

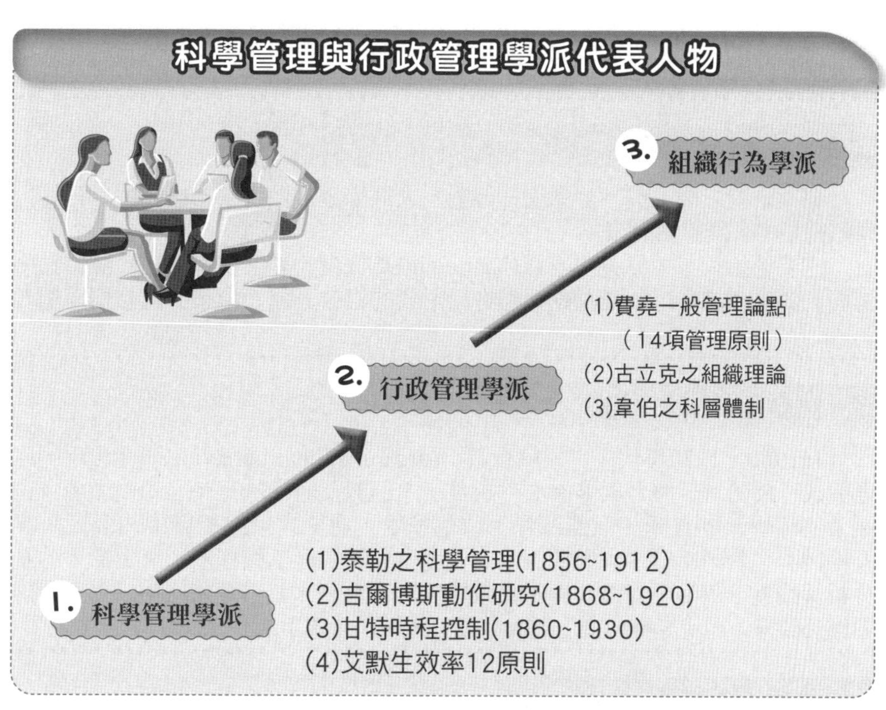

Unit 1-6 組織行為學的起源

一、古典理論學派的缺失

以科學管理學派為代表的古典管理學派，其所強調重視的效率觀念，固然正確且備受重視，但仍存在以下缺失。

對員工的工作動機視為以物質報酬為主要誘因，其種主要為生理取向，卻忽略了人性問題。員工不一定完全為金錢的奴隸，員工也會追求物質以外的其他因素。包括渴望安全、歸屬感、友誼情感、成就感、工作豐富化等。而非像一部機器，日復一日的做下去。而這些心理因素，也會影響個人與組織的行為表現。

二、霍桑研究(Haw Throne Studies)之出現

哈佛大學教授梅約(Mayo)在1927、1932年的西方電器公司芝加哥霍桑工廠，展開了一系列研究工作，測試工廠的物質工作環境對員工工作生產力之影響如何。

研究結果發現，工廠的現場環境狀況對員工生產力並無很大影響。而真正提高員工生產力的原因，卻是「人性面因素」。例如，和諧的人際關係及友善的監督等。

因此，如何使工廠工人快樂與滿足，被認為是最重要的措施之一。亦即：「有快樂的員工，即有高生產力。」

三、行為科學的興起

霍桑研究之後，有不少學者開始對「人群學派」做很多的研究。今日的行為學派就是由人群學派而來。

主要創始人，可以推舉李溫(K. Lewin)為代表，其主要貢獻在於群體動態學方面，他認為群體行為是互動與勢力所形成的組合，進而影響群體結構與個人行為。

四、組織行為學之展開

在1960、1970年代，「組織行為」(organizational behavior)研究出現，此後發展成一種跨學門整合與多層面分析員工、群體及組織的行為之學術領域。它包括了心理學、社會學、人際關係、政治學等，而使大家對組織中的個人、群體（部門）、公司組織，以及此三者之互動介面等之行為與程序，有更深入的研究分析與闡述，以期了解這些對組織效能之影響為何，並思考如何加以妥善安排、對應及改善，而使組織成為一個高效能的組織體。圖示如右。

五、系統學派(System Approach)

本學派認為每一個組織與每一事件，都是由許多的系統所組合而成，不是單一事件及單一原因可以解釋的。因此，它將一個組織的建構而成，視這些為由許多系統所組合而成。包括：(1)工作流程與規章；(2)單位分工與專長；(3)獎酬結

構；(4)溝通網路；(5)領導與指揮體系。將這些子系統合在一起運作，即造成我們所謂的組織。因此，它把這整個部分視為一個完整的系絡(context)。

在此完整系絡中有三大要素，即：投入(input)、轉換(processing)及產出(output)。

六、權變學派(Contingency Approach)

權變學派學者認為，沒有任何一個規章、制度、流程或行為，可以應用在組織的所有狀況。狀況是在變化的，因此，只能依據公司內外部環境與情境，正確判斷所處的情境狀況及條件，而採取不同的權變管理與組織行為策略。

權變學派認為對公司而言，並沒有一套放諸四海皆準的最佳方法，而只能是因應變化與改變的權宜方案與對策。

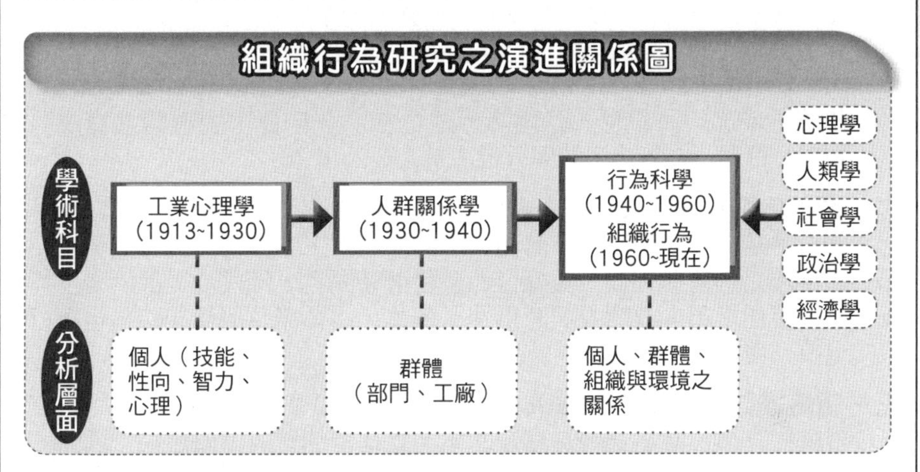

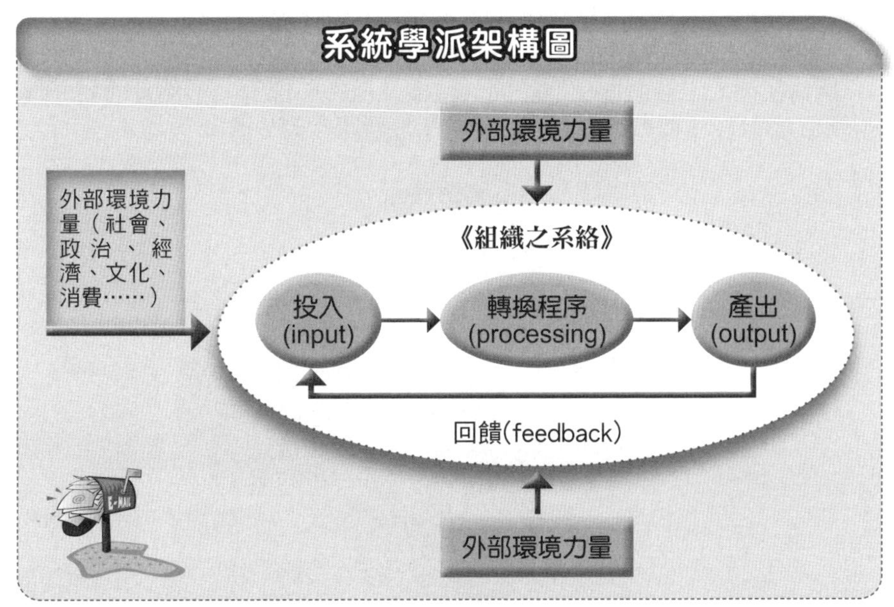

Unit 1-7 組織行為學之內涵

總體來看，組織行為學之內涵主要集中在四個構面，簡述如下：

一、行為與程序構面

(一)個體（個人）行為層面(individual behavior)

個體（個人）行為在組織中的分析是最基本的，因為個人而影響到群體，一般集中在下面幾點：

1. 個人工作動機如何？
2. 影響個人學習、態度、知覺與滿足感的力量如何？
3. 個人心理因素與工作角色相互關係之了解如何？

(二)群體行為層面

群體（或部門、單位）是組織形成的核心，因此，對群體之構成、發展、規範、群間行為等之了解與分析，是必要的工作。

二、變革與發展構面(Change & Development)

組織不是一個封閉體系，而是一個開放體系，亦即會受到外部環境及內部公司環境之影響。因此，組織自然會隨著時間性、階段性、環境變遷等之變化，而有所變革、改變及與時俱進。因此，這種變革與發展亦為組織行為中的重要一環。

三、組織績效構面(Organizational Performance)

組織的存續，必然是因為有好的與不斷進步的營運績效存在。因此，須探討影響組織效能之因素有哪些、如何評估、如何改善加強等問題。

四、組織政治構面(Organizational Politics)

無論在個人、群體內、群體間、組織及組織外部等，必然會面對非理性的「政治行為」。此亦為組織行為學中，最新趨勢的一環。

組織行為之四大構面

組織行為學之內涵構面

1 行為與程序構面
- 個體（個人）行為層面
- 群體行為層面

2 變革與發展構面

3 組織績效構面

4 組織政治構面

組織行為之四大構面的六大了解

Unit 1-8 彼得・杜拉克對組織、管理、學習與領導的最新看法 (Part I)

全球管理學超級大師，年逾九十歲的彼得・杜拉克教授，在2003年時，曾提出他對組織與管理的最新五點看法。茲摘其重點如下，以使本教科書內容，能與世界發展同步前進。

一、快速「降低管理層級」的數量

1. 資訊到處在移動，而且移動的效果普及每個地方。以公司為例，任何已嘗試圍繞資訊來設計組織的企業，已快速降低管理層級的數目，至少裁減一半，而通常是60%。

最使人側目的例子是Massey Ferguson公司。由於幾近破產，這家全球規模最大的農具及柴油機製造商需要大幅整頓。從組織角度來看，這是一家複雜的企業，總部設在加拿大，主要在歐洲從事生產，60%的市場在美國。由於這家公司是由曾在通用及福特工作過的人管理，因此組織就像是一家美國汽車公司，擁有十四級管理層級。如今，這家公司只有六級管理層級，而且數目還在降低。

2. Massey Ferguson公司思量管理企業所需的資訊，發現一個偉大的真理：許多管理層級事實上什麼也不管理，他們只是增幅器，擴大來往於組織之內的微弱訊號而已。假如一家公司能夠圍繞所需的資訊重設組織，這些管理層級就變成累贅了。

3. 1990年代企業面臨的最大挑戰，可能是來自經理人員，然而，我們對這項挑戰卻絲毫沒有準備。自二次大戰結束至1980年代初，三十五年來的企業管理趨勢是設立愈來愈多的管理層級，啟用愈來愈多的幕僚。如今，這種趨勢已急遽轉向。

4. 為了因應需要，所有大企業必須以資訊為中心，重新建構組織，而這種重組一定會導致管理層級的數目大幅裁減，然後是裁減「一般」管理職務的數目。到了1995年，「通用」公司可能由目前的十四或十五個管理層級，裁減至剩下五或六個管理層級，比如裁撤全部介於營業部門和最上層之間的三或四個層級，再裁撤向這些層級「報告」的大批幕僚。

二、交響樂團：明日組織模範，以資訊化為基礎的組織

1. 大型組織之所以必須以資訊為基礎，人口結構是理由之一。逐漸構成勞動主力的知識工作者，無法適應過去的指揮及控制方法；另一個理由是，將創新及企業精神系統化的需要，這正是知識工作的精髓所在。第二個理由是和資訊科技達成妥協的需要。電腦可以輸出大量的資料，不過資料並不是資訊，資訊是切題及有目的的資料。企業必須決定自己需要用什麼資訊來推動業務，否則就會埋沒在資料中。以這種方式設計組織，需要一個新的結構。雖然現在要繪製出一個資訊型的組織，也許還嫌太早，不過我們可以從一些廣泛的考慮著手。

2. 125年前，當大型企業首次問世時，能夠模仿的唯一組織結構是軍隊：層級的、指揮與控制、縱向參謀；而明日的模範則是交響樂團、足球隊或是醫院。馬勒(Mahler)的交響樂團需要385名演奏家上臺，更別提演唱者了。假如我們按照今天組織大型公司的方式，組織一支現代化的交響樂團，將需要一名執行長，加上一名主席指揮，再配置兩位非主管指揮、六名副主席指揮及無數的副總裁指揮。交響樂團的情形並非如此，而且只有一名指揮，每位專業的演奏家均直接對他演奏，因為每個人都演奏同樣的曲子。換句話說，在這些專家及高級經理人之間，並不存在中介人，他們組織成一個巨大的專案小組，而這個組織全然是平面的。

3. 圍繞資訊來設計組織，就是集中注意力，以免人們變得一頭霧水。交響樂團之所以能夠演奏，正是因為所有的演奏家知道，他們正在演奏莫札特，而不是海頓的作品。一個醫療小組施行手術時，也彷彿在演奏一首樂曲，雖然這不是一首訴諸文字的曲子。一家企業或政府機構的表演，是在進行之中譜寫自己的樂譜，因此，一個資訊型的機構必須將本身的結構，圍繞在向企業及專家明確指出的期望及目標上；其中必須有強烈的組織性回饋，以便每名成員可以期望成果，藉此自我控制。

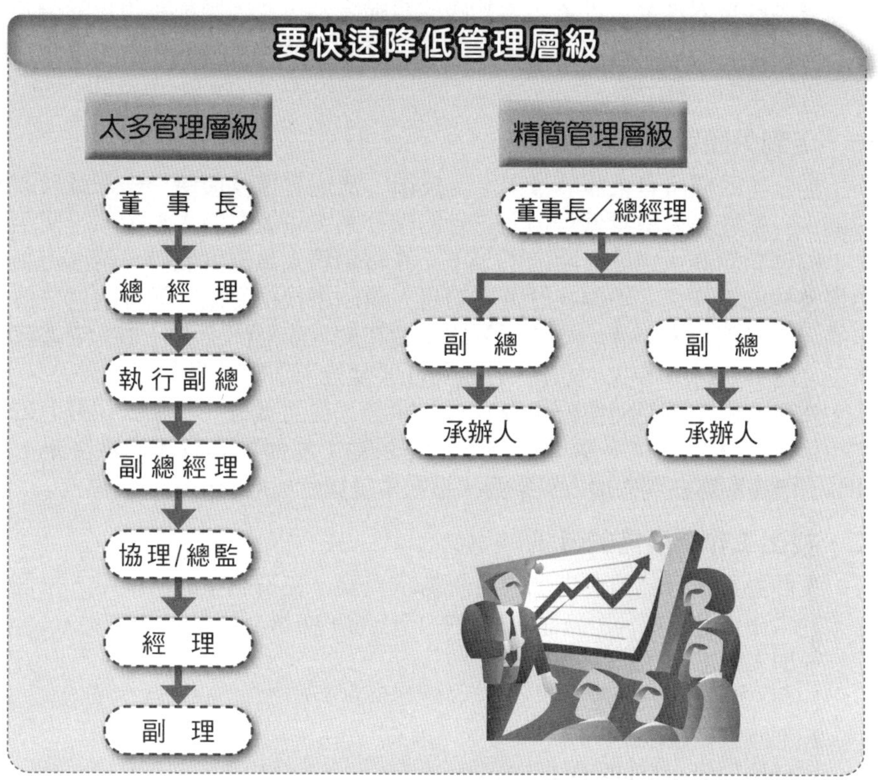

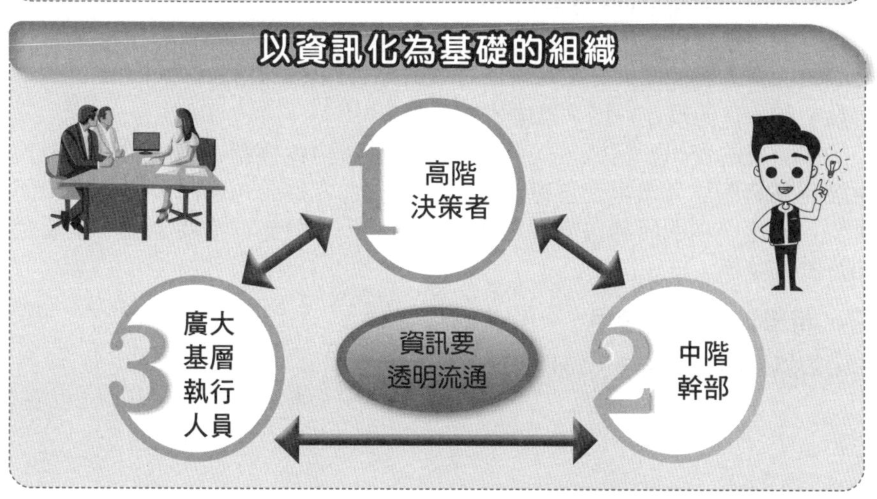

Unit 1-9 彼得・杜拉克對組織、管理、學習與領導的最新看法 (Part II)

彼得・杜拉克管理大師在2003年的專書《談未來管理》中，認為有鑑於變遷中的世界經濟，以資訊為基礎的組織降臨，並因應創新和企業精神系統化的需要，一位主管需要具備什麼樣的技能及能力，才能在未來具有效能呢？可以想到的有三項：

一、走到外頭管理

當公司四周所有東西——市場、技術、流通管道及價值——都處於改變狂潮中，待在辦公室等報告擺上主管的辦公桌，可能費時太長了。一個至高無上的建議對高級經理人說道：「下一次當銷售人員去度假時，請你走到外頭接替他的工作。」不要在意這名銷售人員回來後抱怨說，顧客對代替他工作的人之無能深表不滿。這種實習的意義在於，逼迫你走到外頭，走進成果所在之處，亦即市場中。切記，在公司裡頭是找不到成果的。

外在的觀點可能促使公司查看潛在顧客，從而獲益。一家公司擁有22%的市場占有率，在大多數產業均是市場領袖，然而更具意義的數字是，有78%的潛在顧客在其他地方買東西。這通常是顯示契機的第一個指標。

二、找出工作時所需的資訊

人們必須學習為他們自己的資訊需求負責。在資訊型的組織中，每個人必須經常釐清他需要什麼資訊，以便在自己的工作奉上寶貴的貢獻。

經理人的工作應該是辨認：

1. 現在他正在做什麼？
2. 他應該做什麼？
3. 他要如何從第1項獲知第2項？

這絕不是一件輕而易舉的事。不過，唯有將這項工作付諸實施，資訊才會開始成為我們的僕人及工具，而且以行銷資訊系統(MIS)部門的成果為工作重點，而不是像現在一樣，以成本為考量。

在明日的資訊型組織，人們絕大部分必須自我控制。同樣的，經理人也應該花點時間思考未來在貢獻及成果方面，他們的公司應該要他們負起何種責任。設定一項明確的優先議題是必要的。不要分心、不要分散、不要企圖同時做太多事。

三、將學習融入制度中

效能的第三項成分，即是將學習融入制度中。

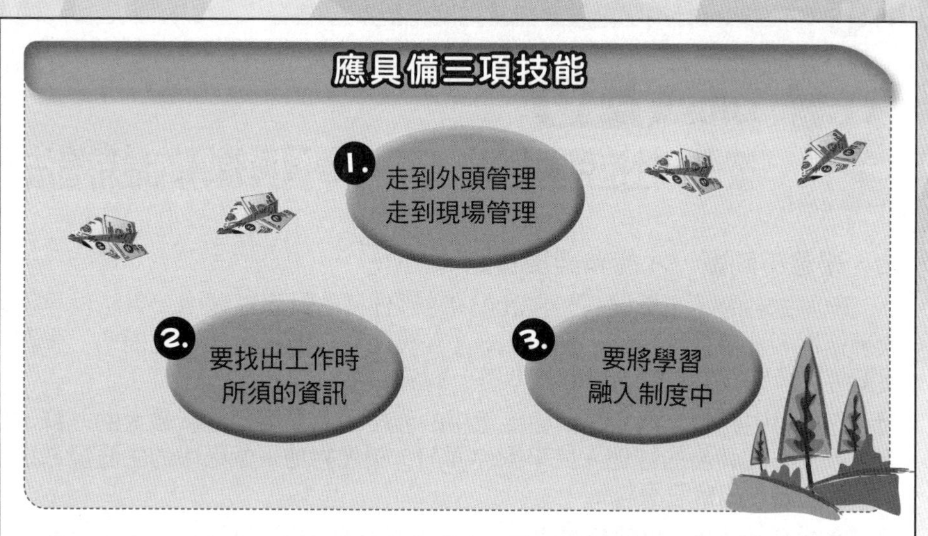
應具備三項技能
1.
走到外頭管理
走到現場管理
2.
要找出工作時
所須的資訊
3.
要將學習
融入制度中

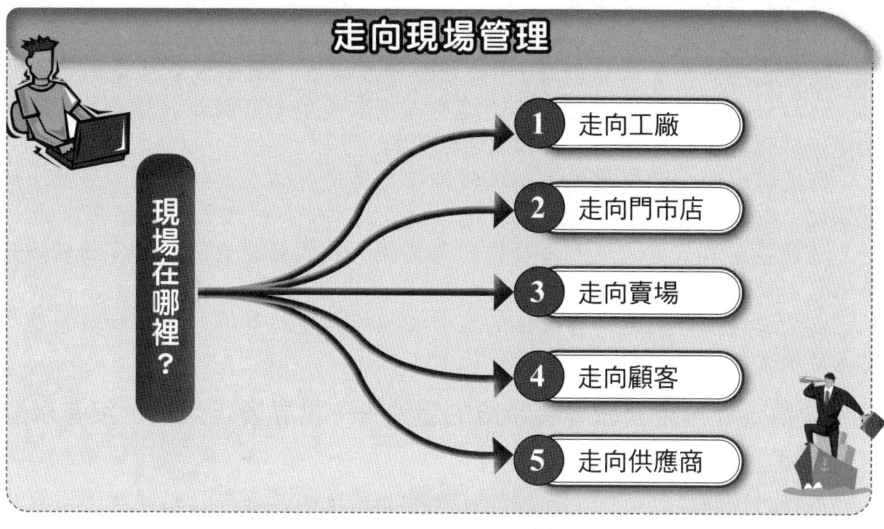
走向現場管理
現場在哪裡？
1 走向工廠
2 走向門市店
3 走向賣場
4 走向顧客
5 走向供應商

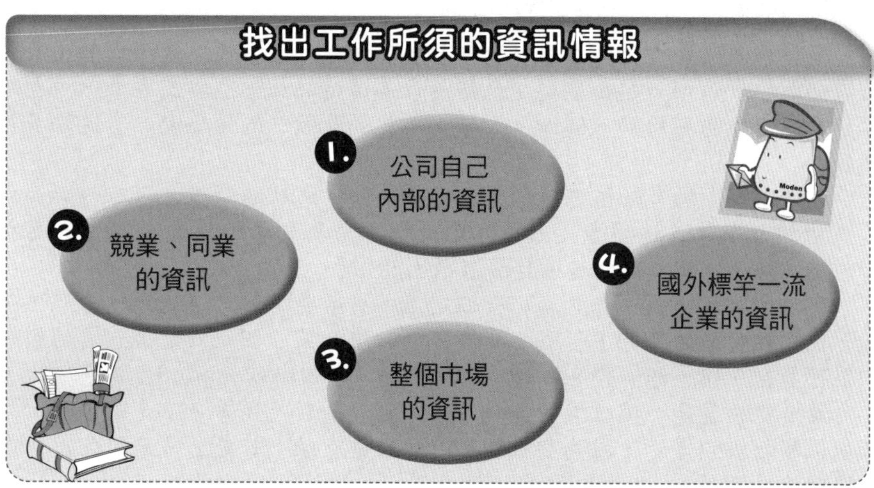
找出工作所須的資訊情報
1.
公司自己
內部的資訊
2.
競業、同業
的資訊
3.
整個市場
的資訊
4.
國外標竿一流
企業的資訊

Unit 1-10 彼得・杜拉克對組織、管理、學習與領導的最新看法(Part III)

四、學習不間斷，才能和契機賽跑

國內知名的《商業週刊》在2003年8月11日的封面專題中，專訪世界級管理大師彼得・杜拉克(Peter F. Drucker)。在專訪中，彼得・杜拉克提出「學習」的重要性。茲將該文中頗為精彩的問答，摘述如下：

問：您在書中說到，現今在新組織當中的舊經理人是面臨挑戰最大的一群。如果今天一名40歲的經理人員來到你面前，請您對他下個階段的生涯發展提出一些建議，您會怎麼說？

答：我只有一句話：繼續學習！

學習還必須持之以恆。離開學校5年的人的知識，就定義而言已經過時了。

美國當局如今要求醫師每5年必須修複習課程，及參加資格重新考試。這種做法起初引起受檢者的抱怨，不過這些人後來幾乎毫無例外，對外界的看法有了改變，以及為自己忘掉多少東西而感到驚訝。

同樣的原則，也應該應用到工程師，尤其是行銷人員的身上。因此，經常重返學校，而且一次待上一個星期，應該要成為每一位經理人的習慣之一。

這世界充滿了契機，因為改變即是契機。我們處於一個風起雲湧的時代，而變化起自如此不同的方向。

處於這種情勢之下，有效能的主管必須能夠體認契機，並且和契機賽跑，還要保持學習，經常刷新知識底子才行。

五、彼得・杜拉克對領導者特質的看法——世界變化太快，沒有永遠的領導者

世界級管理大師彼得・杜拉克在2003年所出版的著作《談未來管理》中，針對領導者的看法，提出以下精闢的說明：

現今許多關於「領導」的討論，其實都沒有什麼讓我感覺深刻的。我曾經跟政府部門許多領袖一起共事過（包括兩位美國總統杜魯門與艾森豪），也跟企業界、非政府非營利組織，例如，大學、醫院或是教會的領導者，有過許多相處的經驗。

我可以說，沒有任何一位領導者是一樣的。成功的領導者只有兩點共同的特質：他們都有許多追隨者（所以，不是管理階層就是領導者，領導者要有追隨者）；另外，他們都得到這些追隨者很大的信任。

所以，所謂的領導者並沒有一個定義，更不要說第一流的領導者了。而且，某一個人在當今的情勢下，或者在某一個時機、某一個組織是第一流的領導人，卻很可能在另外一個情勢、另外一個時間，跌得四腳朝天。

最重要的還是一個組織的自我管理、自我創新，領導者不是永遠的，尤其不可能依賴超級領導者，因為超級領導者的數量有限；若是公司只想靠英雄或天才來治理就慘了。

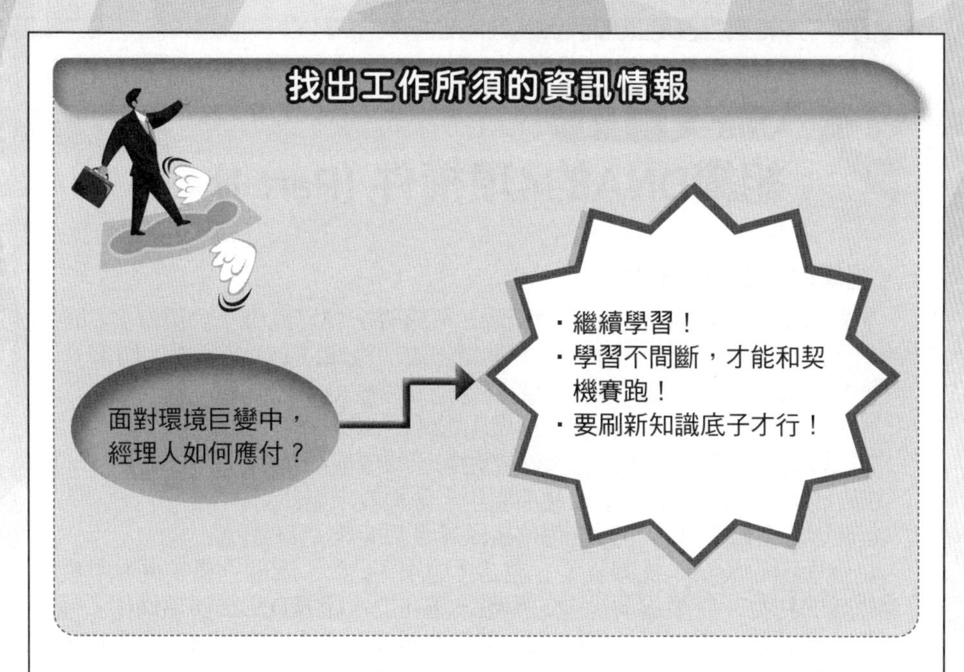
找出工作所須的資訊情報
面對環境巨變中，
經理人如何應付？
・繼續學習！
・學習不間斷，才能和契機賽跑！
・要刷新知識底子才行！

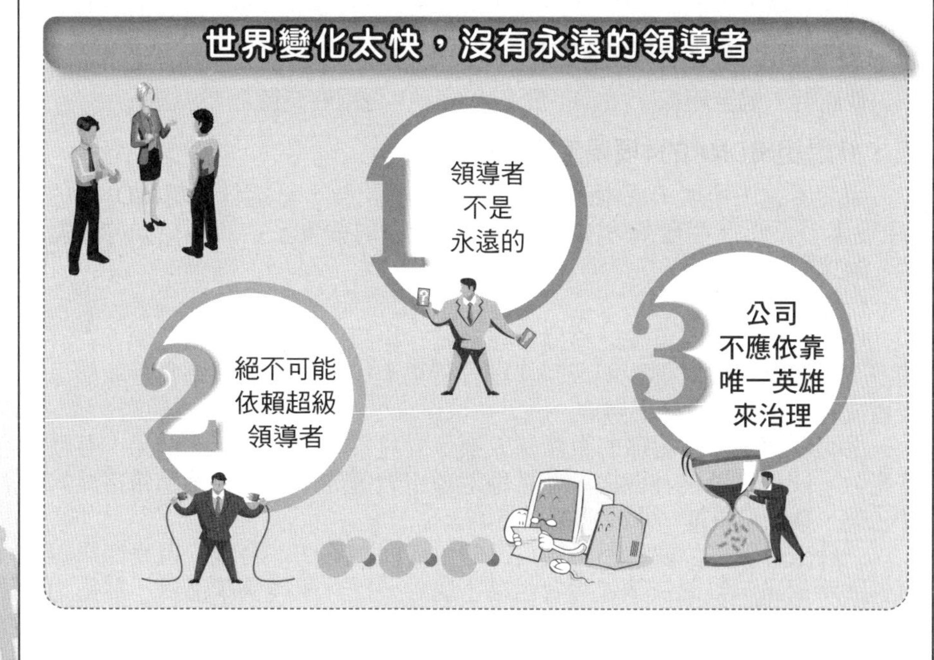
世界變化太快，沒有永遠的領導者
1
領導者
不是
永遠的
2
絕不可能
依賴超級
領導者
3
公司
不應依靠
唯一英雄
來治理

Unit 1-11 組織DNA的4項構件 (Part I)

一、組織DNA的4項構件

美國博思管理顧問公司副總裁蓋瑞・尼爾森，曾協助數十家國際公司的組織改造與轉型的企管顧問工作，他曾總結出成功組織DNA的4項構件如下：

要打造成功組織，唯一真正的要務就是妥善整合下列4項要素：

1.稱職的成員，必須能夠明快地做出很棒的決策。

2.組織文化與企業環境，必須建立在適切的價值觀及共同的文化上。

3.資訊流通，必須讓每位成員都能夠充分獲取市場訊息。

4.適切的激勵措施，必須讓每位組織成員都能夠受到激勵。

企業面臨的最根本挑戰就是，整合上述4項要素，讓個別員工的私利能夠符合組織的利益。克服這項挑戰的困難之處在於，組織DNA的4項構件不能單獨運作，而且彼此間相互依存，牽一髮而動全身。要怎麼讓這4項要素協調一致，並沒有通用的法則，唯一的要務是讓這4項構件相輔相成，不要相互牴觸。

二、健全與非健全組織的區別

他認為「健全組織」與「不健全組織」，可用右頁圖扼要表達。

三、針對組織DNA的4項要素展開變革

如前所述，蓋瑞・尼爾森(Gary Neilson)認為，必須針對組織DNA的這4項要素，不斷進行變革，才能常保組織能力的強大。這四項要素的具體內容，摘述如下：

(一) 決策

提升決策能力的首要之務通常在於確立決策層級以及決策標準。在許多情況下，組織都沒詳細說明或是仔細分析決策模式，而決策常常是隨機思考後做成的，沒有經過深思熟慮。

很明顯地，任何組織的整體績效都是成員日常決策累積的結果。某種程度來說，成員決策是在取捨，在各種選項中做選擇。每項決策都希望能夠幫助企業，讓企業更進一步成功攫取市場。

一般來說，每位成員都希望自己的決策能夠適切、合理，但是如果無法掌握最新資訊，整個決策過程會粗糙不堪。要提升組織決策品質，關鍵通常不是指責過去的決策粗糙，而是去了解決策的邏輯。然後才能著手排除決策障礙。

在決策層面必須注意的重要問題，包括下列幾項：

1. 擁有決策權的層級。

2. 決策者掌握的資訊、面臨的限制、擁有的工具和獎勵措施。

3. 正式的決策績效評量方式。

關鍵是要讓決策流程更明確、責任更分明。只要決策權責能夠明確釐清，就比較不會發生推諉卸責的情況。要讓各個成員都能夠自行決策、貫徹執行，並且勇於承擔決策結果，只有這樣，決策才會明快。

健全與不健全組織在決策規劃的差異性

健全組織

決策規劃

決策 決策權明確，權責分明。	**資訊** 資訊充分流通，促進決策效率。
動因 激勵措拖配套完整， 鼓勵員工追求適切目標。	**架構** 架構精簡， 能夠有效運用適切的管理方法。

不健全組織

決策規劃

決策 權責不明， 造成組織成員消極、混亂。	**資訊** 組織成員無法獲得即時資訊， 造成決策品質粗糙。
動因 激勵措施缺乏實效， 無法激勵員工行為。	**架構** 組織結構疊床架屋， 管理生手只能自行摸索。

組織DNA四項要素

Unit 1-12 組織DNA的4項構件 (Part II)

(二) 資訊

很明顯地，資訊層面的關鍵在於，必須讓決策者能夠充分掌握必要資訊，才能做出最適決策。資訊是所有組織的命脈，因此最重要的管理課題就是：讓決策者在權責內能夠掌握最詳盡的資訊。要注意的是，所謂資訊包含資料、數據、市場訊息，以及所有相關協調機制的詳細狀況。基本上，資訊就是能讓組織創造績效的所有必備資料。在資訊層面必須思考的重要問題，包括下列幾項：

1.如果有重要顧客戶對公司不滿意，自己要花多長時間才能察覺顧客的反應？

2.如果裝配線上的員工想出一個點子，每年可以為公司節省數百萬美元，員工有哪些管道，可以和有權執行這個點子的主管溝通？

3.如果研發部門的工程師正在研發的點子，是之前已經嘗試且作廢的，工程師得花多長時間，才會發現之前已經做過了？

4.如果有重要成員明天就要離職，他們在組織內累積的經驗和知識有沒有辦法留下來？

資訊層面的問題，有可能是資訊氾濫，讓決策者無所適從，也可能是資訊不足，所以組織只能在暗中摸索。資訊也會影響組織即時反應的能力，而不適當的資訊也可能會大大影響其他DNA構件。

(三) 動因

這裡所謂的「動因」，是指包含獎勵措施以及職涯規劃等非財務面的獎勵辦法。顧名思義，動因就是驅動員工行動的力量，能夠推動組織向前邁進。如果組織的獎勵措施和希望達成的目標有所牴觸，成員的行動一定會選擇要獲得有形獎勵。因此，讓獎勵措施符合組織目標，是非常重要的課題。

在動因層面必須考慮下列幾項重點：

1.員工是不是清楚了解，自己必須要有什麼樣的表現，才能夠在組織內脫穎而出？2.組織動因能不能給決策者清楚的方向，並且產生足夠誘因，讓決策者能夠全力提升組織價值？3.組織成員有沒有機會定期與高階主管對談、評量成員目前表現，並且規劃未來職涯發展？

你會很驚訝地發現，能夠持續妥善處理動因層面課題的組織少之又少。在許多情況下，組織會認為財務報酬就夠了。長期下來，組織成員會變得習以為常，認為領取紅利好像與工作表現無關，或是因為自己的付出看不到回饋，因此另謀出路。更糟糕的是，表現卓越的人才如果覺得自己懷才不遇，會轉而尋求其他能夠一展鴻圖的機會。組織如果能夠根據健全的績效評量指標，採用公平、前後一致並且優厚的獎勵制度，就能大大提升組織成員的士氣。

(四) 架構

因為要調整組織架構比較容易，所以經理人如果決定要打造更穩固的組織，通常都會先從組織架構著手。然而實務上，組織架構應該是綜合考量決策、資訊和動因之後，規劃出的合理結果。架構是根據這些抉擇產生的結果，而不是決策規劃的起點。何況，從組織架構圖通常無法看出真實的日常決策方式。

常見的組織架構問題包括下列幾項：

1.職務升遷流於形式化，造成組織膨脹。2.冗員充斥，疊床架屋。3.員工和事業單位之間彼此對立。

下決策前，要掌握住最詳盡的資訊

1 客戶的資訊

2 競業的資訊

3 市場的資訊

4 國內外的各種資訊

5 我方內部既有的數據資訊

6 上游供應商及下游通路商的資訊

才能做出正確決策

驅動員工行動的力量

(一) 物質誘因

1. 加薪
2. 晉級、升官
3. 發獎金
4. 配車
5. 配祕書
6. 休假

＋

(二) 非物質誘因

1. 口頭多次獎勵
2. 會議上公開肯定／獎勵

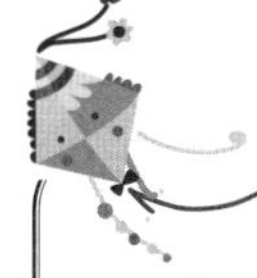

資訊補充站

要記住，天底下沒有一套通用或完美的組織架構，可以保證企業一定成功。對許多成功組織來說，不明確劃分部門功能，採用更多跨部門團隊的方式運作比較適當；對有些組織來說，以產品線劃分組織架構最適當，而對其他組織來說，按照功能或區域劃分才更適當。重點是要找出最合適的組織架構，並且利用這個架構讓組織決策明快、資訊暢通，並且用合適的獎勵措施鼓勵組織成員。

Unit 1-13 人材資本，決策經營（一）

日本豐田汽車現任最高顧問指出：「企業盛衰，決定於人才。」人才資本的概念與重要性，早已受到各大企業的重視，尤其人才的徵選、任用、晉升、訓練、教育等，更影響著企業世世代代人才的養成。人才資本，決勝經營。在這方面，有幾家優秀日本企業的做法，值得借鏡參考。

一、TOYOTA（豐田汽車）公司

TOYOTA是世界第二大車廠，在全球各地僱用員工人數已超過25萬人，全球海外子公司也超過100家公司。該公司設立一個非常有名的幹部育成中心，稱為「豐田學院」，由該公司全球人事部人才開發處負責規劃與執行。

TOYOTA針對各不同等級幹部，推出一系列的EDP(executive development program)計畫，係針對未來晉升為各部門領導者的育成研修課程。TOYOTA學院的經營，擁有二項特色：一是該培訓課程內容，均必須與公司實際業務具有相關性，是一種實踐性課程。二是該公司幾位最高經營主管均會深度參與，親自授課。以最近一期為例，儲備為副社長級的事業本部部長幹部培訓計畫課程中，即安排張富士夫社長及6名副社長、常務董事，及外國子公司社長等親自授課。授課的內容，包括：TOYOTA的全球化、經營策略、生產方式、技術研發、國內行銷、北美銷售、經營績效分析、公司治理..等。此外，也聘大學教授及大商社幹部前來授課。

最近一期TOYOTA高階主管研習班，計有20位成員，區分為每5人一組，每一組除了上課之外，還必須針對TOYOTA公司的經營問題及解決對策提出詳細報告。最後一天的課程，還安排每個小組向張富士夫社長及經營決策委員會副社長級以上最高主管群做簡報，並接受詢問及回答。每一組安排2小時的時間，這是一場最重要的簡報，若通過了，才可以結束研修課程。每個小組的成員，包括來自日本國內及國外子公司的幹部，並依其功能別加以分組。例如，有行銷業務組、生產組、海外市場組、技術開發組……等。

張富士夫社長表示：「人才育成是100年的計畫，每年都要持續做下去，而現有公司副社長以上的最高經營團隊，亦須負起培育下世代幹部的重責大任。」

TOYOTA：企業盛衰、決定於人才！

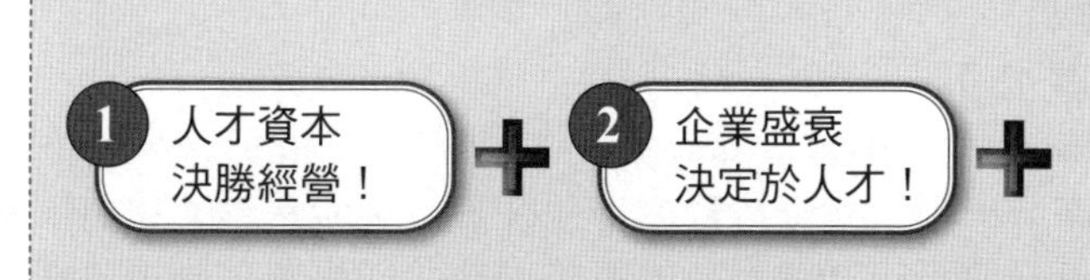
1 人才資本
決勝經營！
2 企業盛衰
決定於人才！
3 人才育成是100年的計劃，每年都要持續做下去！負起培育下世代幹部重責大任

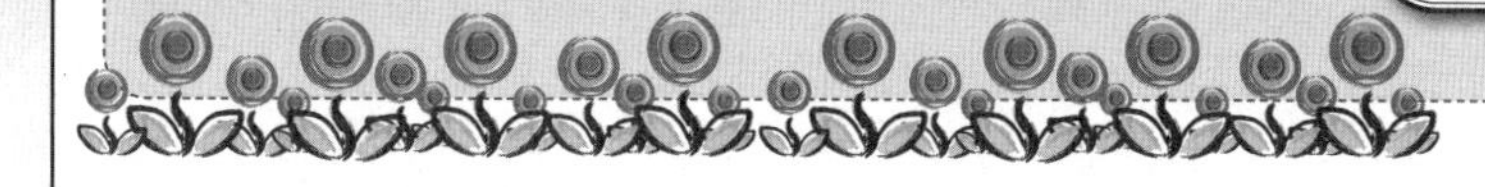
選拔、研修、歷練、考核四位一體

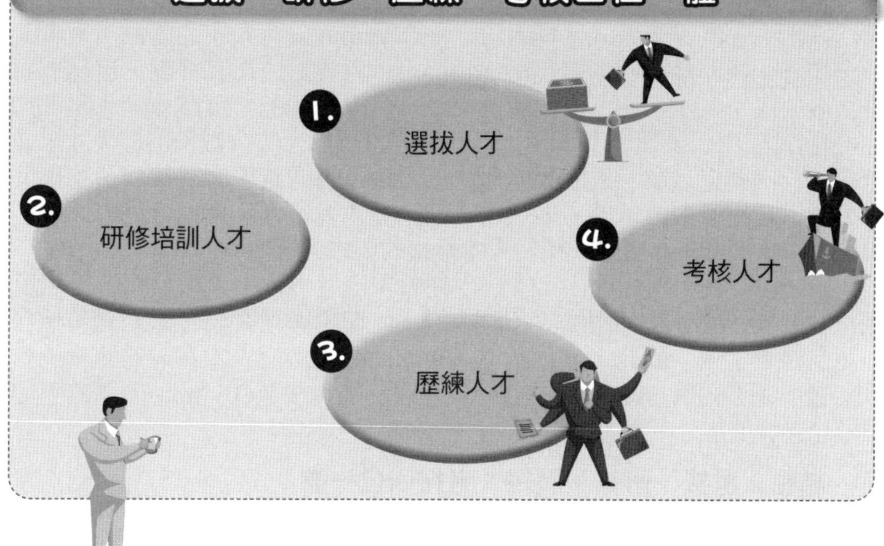
1. 選拔人才
2. 研修培訓人才
3. 歷練人才
4. 考核人才

Unit 1-14 人材資本，決策經營（二）

二、Olympus光學工業公司

Olympus光學工業公司近幾年來在營收及獲利方面，也都有不錯的表現。該公司人事部門最近提出「次世代幹部育成計畫」，並奉該公司菊川剛社長指示，以10年後務必培育出30歲世代的事業部長（即事業部副總經理）及40歲世代的社長（即總經理）人才為目標。因此，人事部門制定了10年為期的標準研習計畫，將選拔目前30歲左右的年輕人才做為儲備幹部，並經10年歷練及研修完成後，可以在40歲以前做到事業部長或幕僚部長。此外，還有一種為期5年的高階幹部短程研習計畫。此即針對43歲左右的事業部長人才，經過5、6年左右的培訓及歷練完成，希望在50歲之前，可以擔任公司的社長或副社長的高階職位。除了研修課程之外，還必須給予3種方式的必要歷練，包括調至海外子公司歷練，給予重要專案任務歷練，以及調至關係企業擔任高階主管歷練等方式。換言之，在Olympus公司人才的選拔、教育及晉升，均有一條非常明確的路徑(road map)，只要對公司有貢獻、自己願意力爭上游的優秀人才，均可以如願達成晉升目標。2003年度該公司人事部門從4,300名員工中，挑選出下世代接班幹部群總計13人的少數精英型人才，並給予每年一次固定二夜三天的集體研修，最後還要向董事會決策成員提出個人對公司事業經營與改革的主題報告，通過者才算是當年度的合格者，否則會被要求再重來一次。這是一種對人才嚴格的要求過程。

該公司社長菊川剛即表示：「現在日本已有不少中大型公司，已出現40歲世代社長，這是時代趨勢，不應違逆。」菊川剛社長已年逾六旬，他自己也認為嫌老了些，因此，最近嚴令人事部門必須加速人才育成的速度。希望10年後，不要再有60歲以上的老社長，因為那無法為Olympus公司的整體形象及企業發展加分。

三、結語：選拔、研修、歷練、考核四位一體

對於公司各世代高階人才的養成，必須有系統、有計畫，以及有專責單位去規劃及推動，而公司董事長及總經理親自的參與及重視，則更為必要。對公司接班人才的育成，必須包括四項重要工作：1.每年一個梯次對有潛力人才的選拔；2.施以定期的擴大知識與專長的研修課程；3.在不同的工作階段中，賦予重要單位、職務或專案的工作實戰歷練；4.最後再考核他們的表現績效成果，看看是否是值得納入長期培養及晉升的對象候選人。

日本第一大汽車TOYOTA公司社長張富士夫針對人才議題，語重心長的下過這麼一個結論：「人才育成，是公司董事長及總經理必須負起的首要責任。因為，人才資本的厚實壯大與否，將會決定公司經營的成敗。而TOYOTA汽車今天能躍居世界第二大車廠的最大關鍵，是因為它在全球各地都能擁有非常優秀、進步與團結的豐田人才團隊。因此，有豐田的人才，才有豐田的成功。」

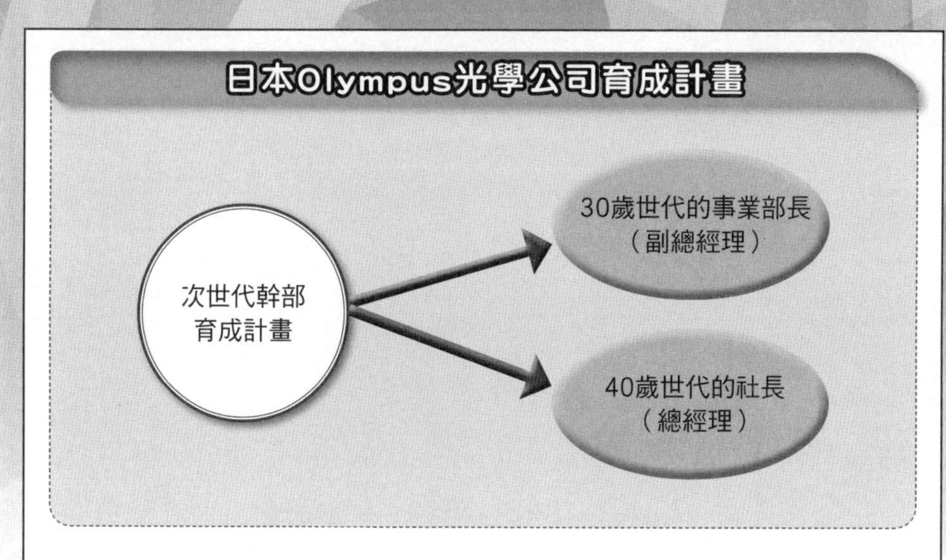
日本Olympus光學公司育成計畫
次世代幹部
育成計畫
30歲世代的事業部長
（副總經理）
40歲世代的社長
（總經理）

人才選拔路徑圖（road-map）
課長、副理人才：
26～30歲
經理、協理、
總監人才：
31～35歲
副總經理人才：
35～40歲
社長人才：
40～50歲

第2章

員工個人行為之綜論

章節體系架構

Unit 2-1 人格特質之定義、形成原因、類型及取向

一、人格特質之「定義」

(一)人格一詞，在心理學家看來，係強調人格心理特徵之獨特性。多數心理學家將人格特質視為描述一個人整體心理體系成長與發展之動態觀念。

(二)學者歐波特(Gordon Allport)定義人格特質為：「人格(personality)乃指個人心理與生理體系之動態組織，以對環境做適度之調整。」

(三)從另一個角度看，人格亦可說明一個人如何影響另一個人，如何了解他內外在特質及如何自我評價之過程。

二、人格特質的「形成」

對於人格特質的形成，有如下三種說法：

(一)先天遺傳對人格特質的影響

這是「遺傳論」的人格特質說法，此理論認為遺傳因素對每個人的人格特質影響深遠。但僅此理論，並不足以說明全部的人格特質形成原因。

(二)外部環境因素對人格特質的影響

這是指每個人所處的環境，對其個人人格形成有相當之影響。例如，家庭規範的薰染、同事友誼、同學情感、學習經驗、長官的教導，以及社會群體、文化意識、種族等環境均屬之。例如，我們常說「中國人勤奮」、「日本人團結」、「美國人民主進取」、「英國人保守」、「德國人理性」、「西班牙人悠閒」等。此即受社會文化因素之影響，也就是「社會化」之過程(socialization)。

(三)情境權變因素的影響

人格特質雖有穩定性及一致性，但也不是全然不變的。在不同情境及不同刺激下，人格特質亦可能做一些即時與短暫的調整改變。

三、人格取向

下列五種人格取向，對組織行為有其影響力，茲簡述如下：

(一)內外控取向

此即指組織中個人對自認控制命運之程度。包括：1.對命運自主性較強者，稱為「內控者」。2.而聽天由命者，稱為「外控者」。

(二)成就動機取向

成就動機係指個人在追求成功、進步、晉升、挑戰及自我實現之程度。一個組織中成員若多有成就動機，就會成為一個有活力、能學習與不斷進步的組織體。反之，則為一個落後的組織體。

(三)權威取向

權威取向者係指一個人追求權力與威望之心態狀況。權威與民主是相對的，以現今世界潮流來看，民主戰勝了權威，因此組織行為應以民主風尚為主軸較佳。

(四)權謀傾向

與前述權威傾向相似之觀念，稱為「權謀傾向」。此名詞源於16世紀義大利學者馬基維利所宣揚的「霸權取得」及「權術操作」之觀念而來。此種權謀理念強調現實主義、理性觀點，為達目的可以不擇手段。企業組織不是政治界，因此，權謀主管愈少愈好。

(五)風險取向

此係指決策者願承擔風險之意願。願承擔風險之主管，下決策會較快，而不願承擔風險之主管則會規避風險。當然，組織中不同單位的主管，應該會有不同程度的風險取向。例如法務人員、會計人員、財務人員的風險取向就會較為保守。

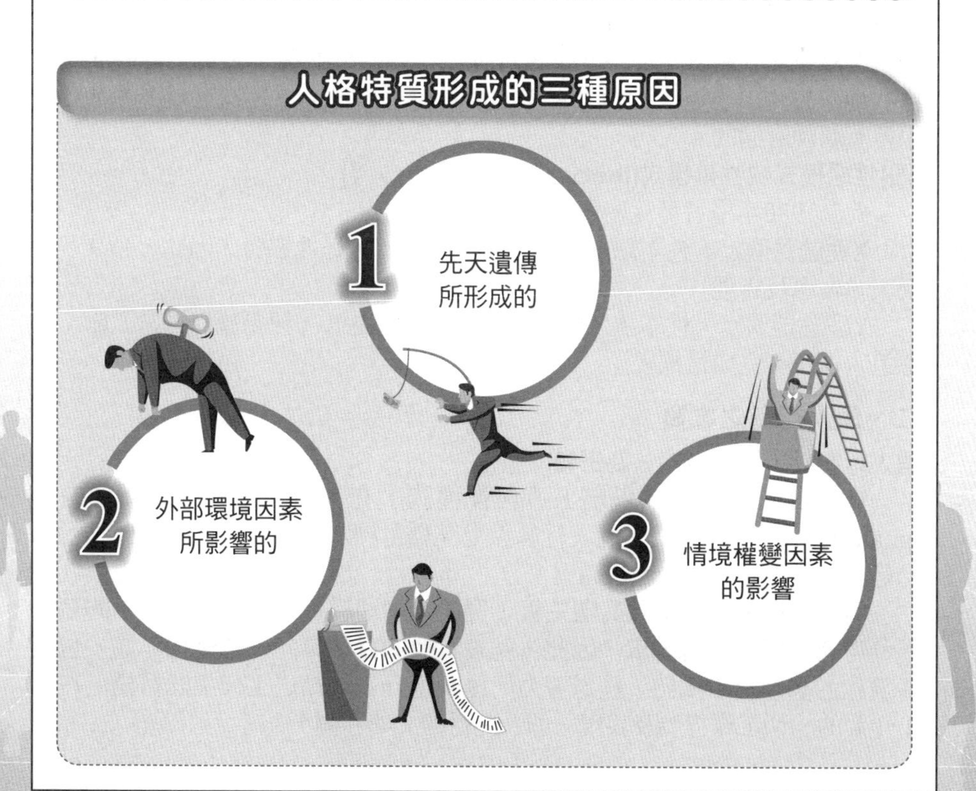

Unit 2-2 個人行為的模式與本質

一、個人行為之模式

員工個人行為(individual behavior)模式，大致可以區分為4種模式：

(一)理性模式或情感模式(rational vs. emotional model)

理性模式係指員工個人行為均依一定合理程序、規範制度與思考慎重而行事或發言，不涉及對人、對事的情感表現。

而情感模式則認為員工的言行帶有情緒性與感情性因素在內，而自我表現、率直表現，這與上述的理性表現，是不一樣的。

(二)行為模式或人性模式(behavioral vs. humanstic model)

行為模式係指從實際面去「觀察」人的行為，了解環境對個人行為之影響為何，但並不考慮員工行為者本人的思想及感情因素。而人性模式則透過對員工個人人性因素，以了解員工個人的行為。

(三)經濟模式或自我實現模式(economic vs. self-actualizing model)

經濟模式係指人類行為是由經濟誘因導向，強調員工個人如果付出努力，即可得到相對的報酬與滿足。本質上，它是主張員工個人是自利取向、競爭及較為關心自我生存的。

但自我實現模式則認為，人亦非完全之經濟性動物，人會有自我成長、自我理想實現的需求，而自我實現的需求並不一定全然是物質經濟的，有時也會有精神層面的。

(四)性惡模式或性善模式(theory X vs. theory Y)

此為1980年學者麥克瑞哥(Mc Gregor)所提出。

X理論係假定人性本惡，例如人不喜歡工作，好逸惡勞，因此，必須多加鞭策、督導及管理。

Y理論則假定人性本善、會主動做事、有上進心，只要施以適當激勵，就會追求責任、完成目標。

二、個人行為之本質

個人行為以「目標導向」為主軸

無論員工個人行為係屬上述何種模式，在本質上均為「目標導向」(goaloriented)。亦即員工個人行為係受某種目標之誘導而產生，因此，行為乃是滿足員工需求與誘因之過程。

例如，員工可能認為高階主管（例如，副總經理層級以上主管）的薪資福利待遇很好，又有配車，因此，就設定他的目標導向，希望10年後，也能從現在的基層員工開始，經過努力而達到晉升為副總之工作生涯目標。在此十年間的一切工作行為及表現，即為此目標（如右圖）。

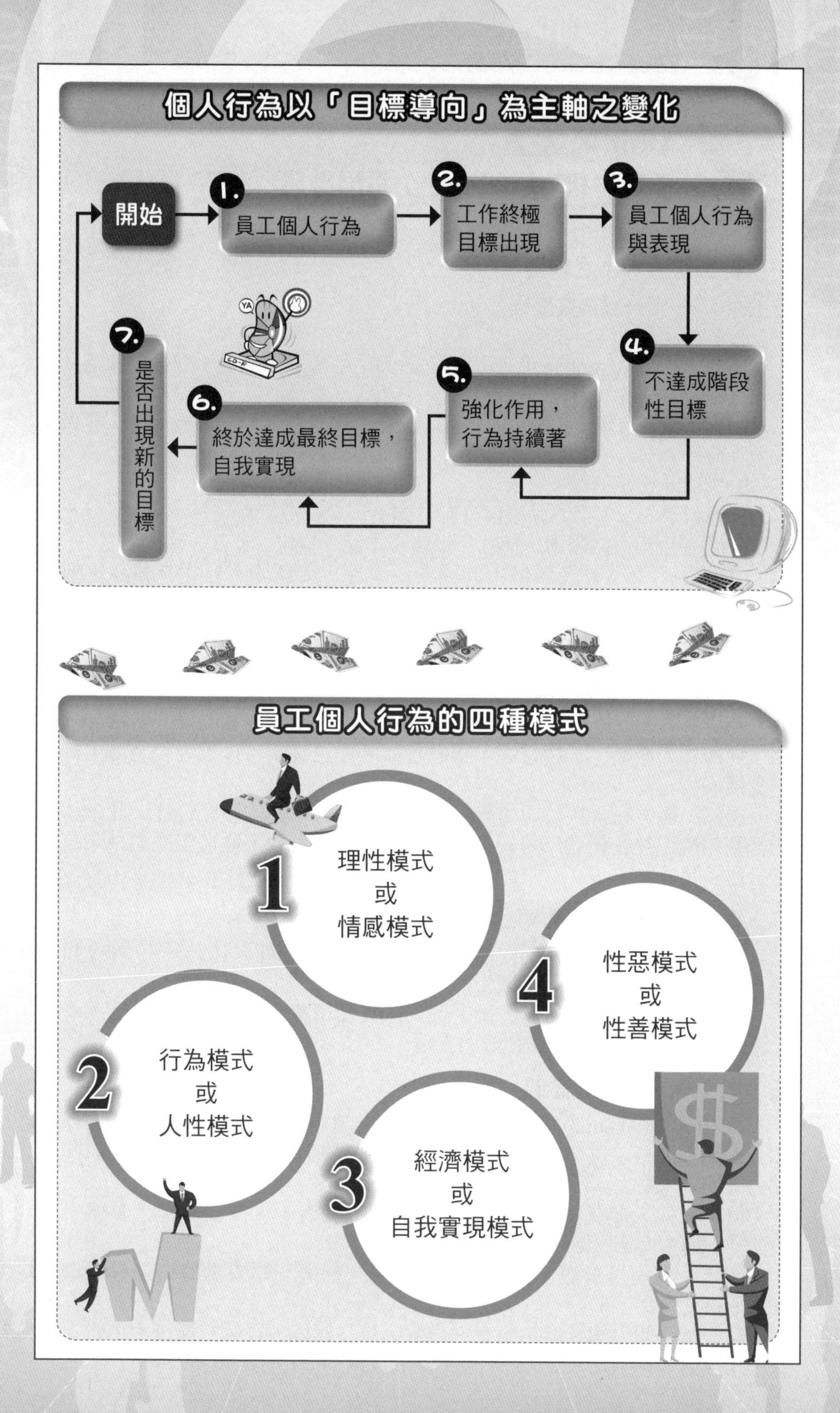
個人行為以「目標導向」為主軸之變化
開始
1. 員工個人行為
2. 工作終極目標出現
3. 員工個人行為與表現
4. 不達成階段性目標
5. 強化作用，行為持續著
6. 終於達成最終目標，自我實現
7. 是否出現新的目標
員工個人行為的四種模式
1 理性模式 或 情感模式
2 行為模式 或 人性模式
3 經濟模式 或 自我實現模式
4 性惡模式 或 性善模式

Unit 2-3 員工個人行為之動機與差異

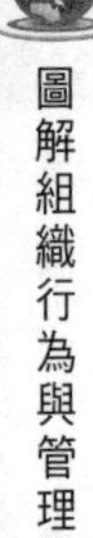

一、員工個人行為之動機

(一)動機——是一種內在歷程

1. 動機涵意

所謂「動機」(motive)係指引個人活動、引導該項活動，並維持該活動導向到某一特定目標的所有內在歷程。

因此，包括 引發、 導引； 維持等三種行動，此行動均不易看到，故稱為「內在歷程」。

2. 動機的種類

行為科學的學者仍將動機區分為二類：

(1)內在因素：內驅力、情感、情緒、本能、需求、慾望、衝動。

(2)誘引行為：涉及環境中的因素或事件，如誘因、目的、興趣、抱負等，由個人希望從行為事件中表現出來。

綜合來說，動機確為內在因素，而就組織行為觀點，我們可以視為引發個體行為的原動力。

(二)「動機」與「激勵」關係密切

動機既然為行為之原動力，因此，滿足員工個人行為動機之持續加強作用，此即為「激勵」。換言之，透過各種激勵工具，可以大大引發員工行為的動機。

例如，國內高科技公司如果經營良好，都有不錯的股票分紅，此項誘人的紅利報酬，往往超過年薪好多倍，因此，誘導公司全體員工努力投入公司的營運發展。

二、員工個別差異與環境因素，對工作績效有影響

員工的工作績效，除受前述員工個人動機及激勵因素影響外，亦受員工個人的「個別差異」及「環境因素」影響。

換言之，如右頁圖所示，員工個人差異及環境因素，影響了他們的能力及激勵程度，也影響了工作績效的表現。

三、員工個人差異之意義

員工個人差異(Individual Difference)係指在個人的生理及心理方面有所不同。例如在性格、體格、能力、動機、興趣、調整、態度、價值觀、思想、體力等因素均屬之。

但員工個人差異與其工作績效最密切相關者，主要表現在「動機」及「能力」兩方面。

例如，有些員工個人的成長動機、晉升動機、物質動機、領導動機很強，最後就會當上主管。

有些員工個人的技能、學歷、經驗、專長等能力很強，最後也會當上主管。相反地，有些人，特別是女性部屬的成就動機往往比較弱一些。

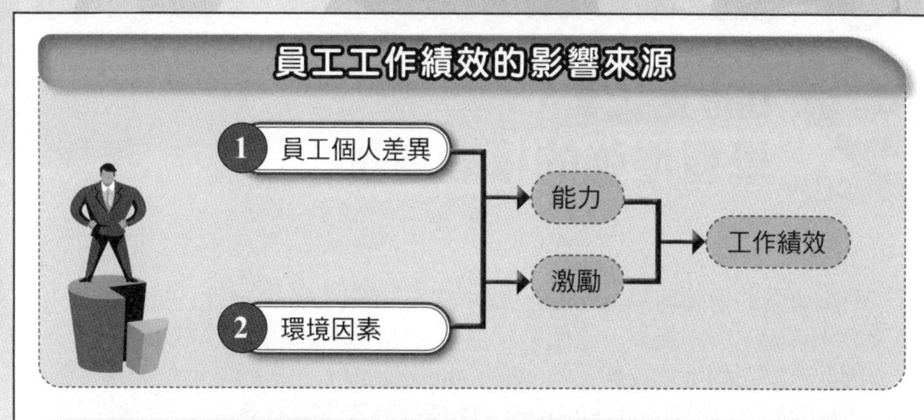
員工工作績效的影響來源
1 員工個人差異
2 環境因素
能力
激勵
工作績效

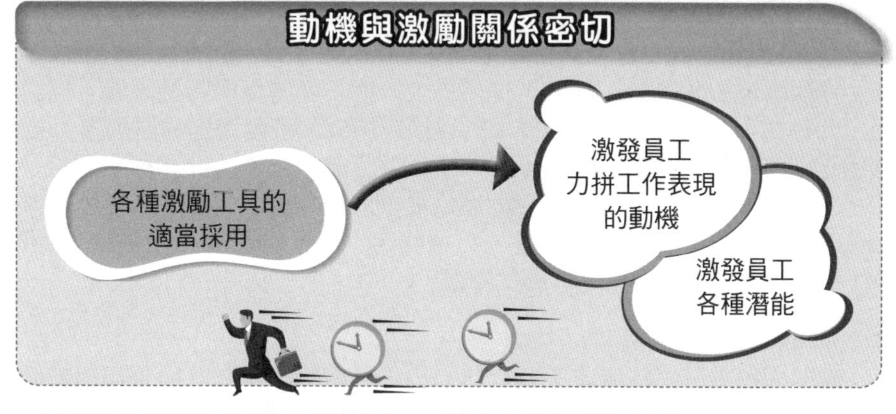
動機與激勵關係密切
各種激勵工具的
適當採用
激發員工
力拼工作表現
的動機
激發員工
各種潛能

動機與激勵關係密切

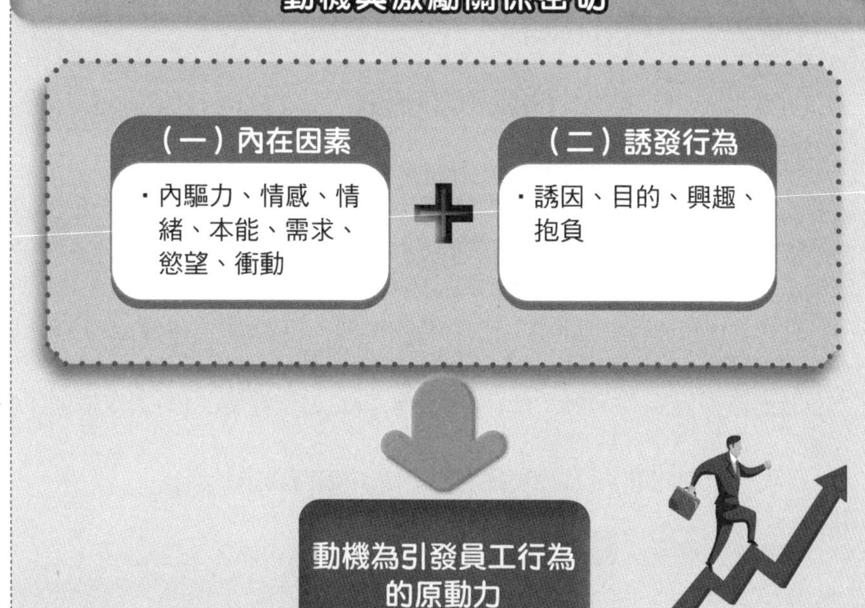
（一）內在因素
・內驅力、情感、情緒、本能、需求、慾望、衝動
（二）誘發行為
・誘因、目的、興趣、抱負
動機為引發員工行為的原動力

Unit 2-4 學習增強的權變理論

一、定義

所謂學習的增強理論 (contingency of reinforcement)，就是指員工個人行為及其「前因」與「後果」之間的關係。這些會影響這個行為的發生。

因此，有三個基本要素：1. 前因(antecedent)，此指行為前的刺激。2. 行為(behavior)。3. 後果(consequence)，此指行為產生的結果。

二、正面增強(positive reinforcement)

亦即由組織依規範、制度，提供員工一個正面的權變報酬因素，以誘使員工的行為可以達成公司組織要求的目標或績效。正面增強的原則為：1. 增強的「即時性」原則(immediately)。若期望行為一出現，公司應立即給予增強，效果會較大。2. 增強的「強度夠」原則(size)。3. 增強的「權變」原則(contingent)，即要機動調整改變。4. 增強的「剝奪」原則。此係指一旦被剝奪，員工未來出現此行為之機率就會很小。

三、處罰(punishment)

處罰係指由員工在完成某個行為之後，針對錯誤行為，由公司對於此一事件加以處罰，希望未來能夠降低此種錯誤行為的次數。

四、賞罰的工具項目

(一)獎酬項目

1. 物質報酬：(1)薪資；(2)加薪；(3)分紅配股；(4)年終獎金；(5)業績獎金；(6)績效獎金；(7)紅利分配。

2. 地位象徵：(1)個人辦公室；(2)配車；(3)增加司機；(4)增加祕書助理。

3. 福利措施：(1)退休金；(2)年假；(3)不休假獎金；(4)大飯店簽帳卡；(5)娛樂設施及旅遊；(6)個人醫療服務。

4. 精神面：(1)會議中稱讚；(2)會議中頒獎；(3)鼓勵；(4)餐敘；(5)記大功、小功、嘉獎。

5. 從工作中得到的報酬：(1)晉升職稱；(2)工作輪調；(3)工作權力；(4)工作責任；(5)指揮中的成就感。

6. 自我管理的報酬：(1)自我實現的肯定；(2)自我讚賞滿足。

(二)處罰項目

1. 減薪。2. 降級。3. 解聘（資遣）。4. 記過或申誡。5. 調派更辛苦的單位。6. 考績乙等、丙等。7. 減少年終獎金或紅利的分配。

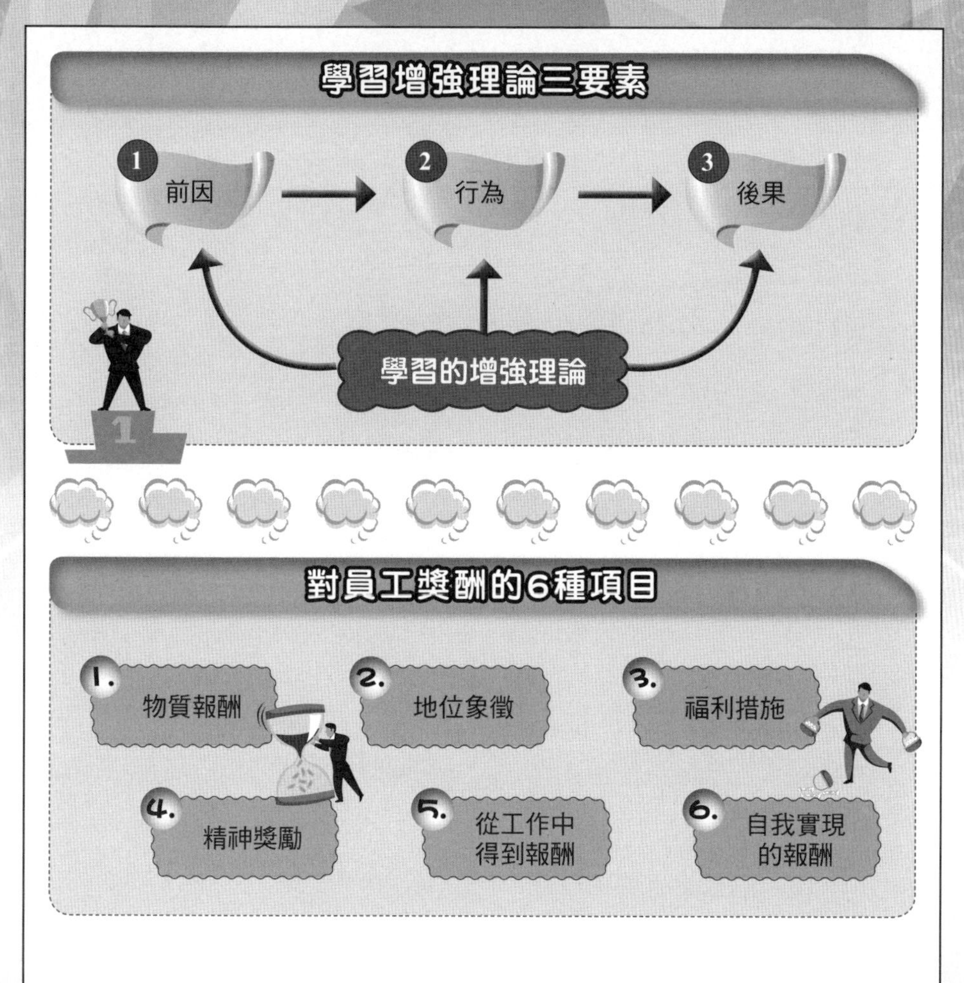

學習增強理論三要素
1 前因
2 行為
3 後果
學習的增強理論
對員工獎酬的6種項目
1. 物質報酬
2. 地位象徵
3. 福利措施
4. 精神獎勵
5. 從工作中得到報酬
6. 自我實現的報酬

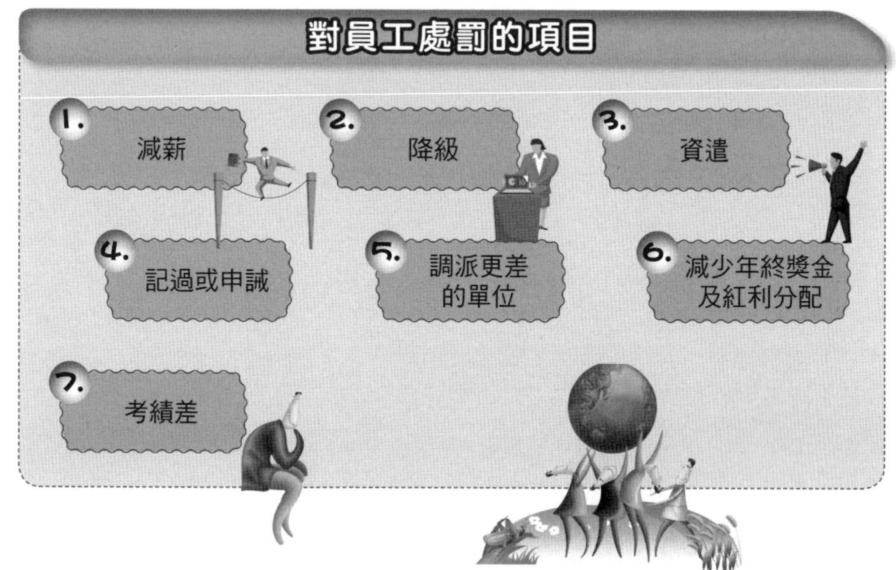

對員工處罰的項目
1. 減薪
2. 降級
3. 資遣
4. 記過或申誡
5. 調派更差的單位
6. 減少年終獎金及紅利分配
7. 考績差

第3章

動機與激勵

章節體系架構 

Unit 3-1 動機的形成、類型與流程

Unit 3-2 內容理論(Part I)：馬斯洛的人性需求理論

Unit 3-3 內容理論(Part II)：雙因子激勵理論與成就需求理論

Unit 3-4 激勵的過程理論

Unit 3-5 激勵的整合模式

Unit 3-6 激勵員工戰力的六項企業實務法則

Unit 3-1 動機的形成、類型與流程

一、動機的形成

動機起因於「需求」(needs)與「刺激」(stimuli)，如右圖所示，員工個人行為基本模式，大致是經過刺激（原因），而使員工個人有了新的需求、新的期望、新的緊張及新的不適。因此，會衍生出新的個人行為與行動，而朝向他在新刺激之下的新目標。

二、動機之類型

根據學者Ivancevich的分類法，他將與工作相關之動機區分為下列4種（如右圖）：

(一)勝任動機與好奇動機

員工對工作希望經由完成任務，表示能夠勝任。而對新目標與新工作之挑戰，亦充滿好奇的動機，想一探究竟。

(二)成就動機(achievement)

當員工完成一項挑戰目標後，他會感到很有成就感，這是一種成就動機與榮耀動機。

(三)親和動機(afliation)

除有成就感之外，員工也有渴望能夠與他人合作、親密、友誼、談心之需要，否則會變成物質人、經濟人。

(四)公平公正要求動機(equity)

員工對報酬、薪資、紅利分配，均有「公平合理」之要求，因此物質報酬不在多寡，而在公平性。一旦公平動機不能滿足，員工就會站起來表示意見。

三、基本的「動機理論」與「動機流程」

不管就管理理論或企業實務來看，組織中員工的績效，係由組織員工的「能力」及「動機」兩者相乘而得。

如下列公式：

績效＝f（能力×動機）

換言之，績效必須同時存在能力與動機，缺一不可。有能力無動機，或有動機無能力，均無法創造出公司良好的績效。

當公司高階決策者討論到員工的動機時，所要關心的主題包括：

1. 驅動員工行為的動機為何？
2. 這個行為朝哪一個方向？
3. 如何維持或持續這個行為？

因此，我們提出員工個人的動機程序如右圖所示。

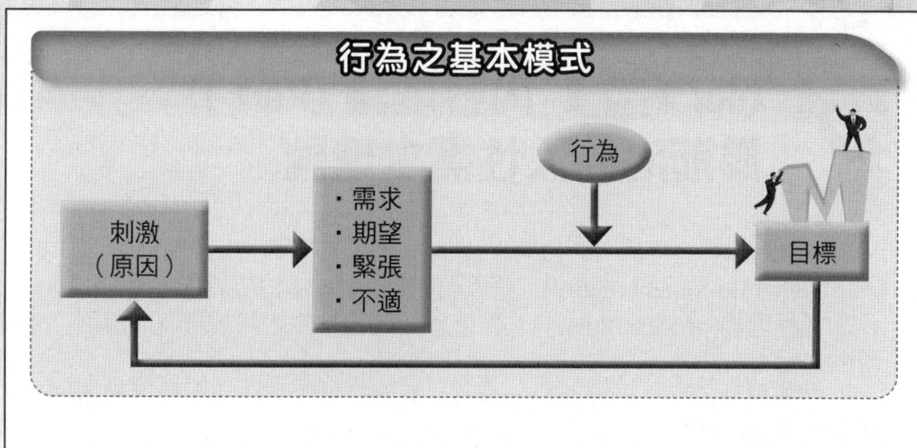
行為之基本模式
行為
刺激
（原因）
・需求
・期望
・緊張
・不適
目標

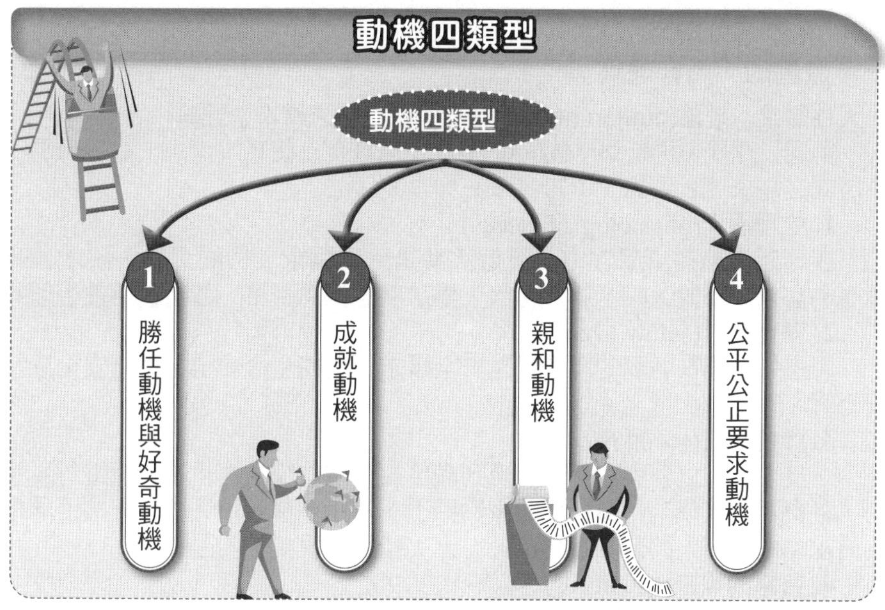
動機四類型
動機四類型
1
勝任動機與好奇動機
2
成就動機
3
親和動機
4
公平公正要求動機

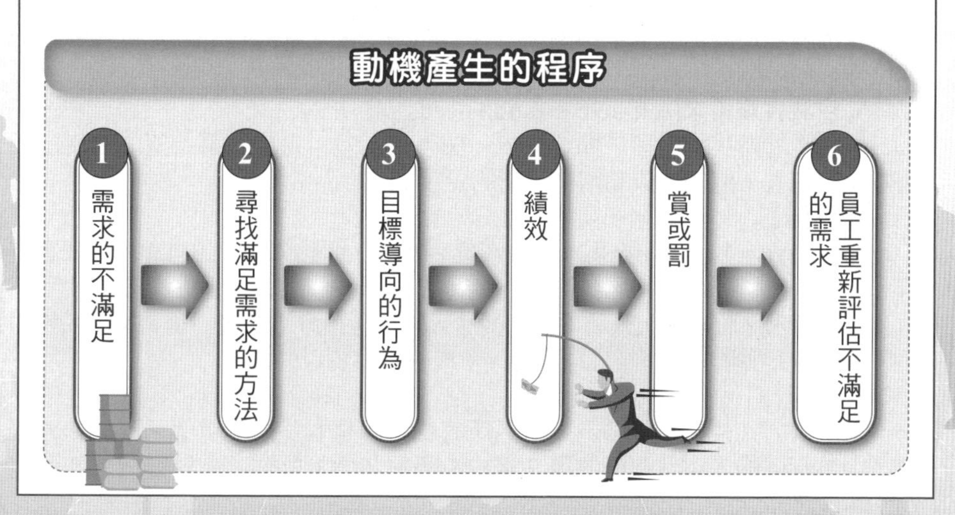
動機產生的程序
1
需求的不滿足
2
尋找滿足需求的方法
3
目標導向的行為
4
績效
5
賞或罰
6
員工重新評估不滿足的需求

Unit 3-2 內容理論 (Part I)：馬斯洛的人性需求理論

近代激勵理論之發展，大致可以歸納為四個主要學派，分別是：

1. 內容理論(content theory)：著重於對個人內在需求因素的探索。

2. 過程理論(process theory)：著重於對個人行為如何被激發、導引、維持及停滯之過程。

3. 增強理論(reinforcement theory)：著重於說明採取適當管理措施，可利於行為發生或終止行為。

4. 整合激勵模式。

一、激勵的「內容理論」

「人性需求」理論(human needs theory)或「需求層次」理論

美國心理學家馬斯洛(Maslow)認為人類具有五個基本需求，從最低層次到最高層次之需求，大致如下（如右圖）：

1. 生理需求(physiological needs)

在馬斯洛的需求層次中，最低水準是生理需求。例如食物、飲水、蔽身和休息的需求。如同人餓了就想吃飯，累了就想休息一下，甚至包括性生理需求。

2. 安全需求(safety needs)

防止危險與被剝奪的需求就是安全需求。例如生命安全、財產安全以及就業安全等。

3. 社會需求(social needs)

一旦人們的生理與安全需求得到滿足後，這些需求再也不能激勵行為了。此時，社會需求就成為行為積極的激勵因子，這是一種親情、給予與接受關懷友誼的需求。例如，人們需要家庭親情、男女愛情、朋友友誼之情等。

4. 自尊的需求(ego needs)

此項需求是有關個人的自尊，亦即對自信、自立、成就、信心、知識、地位、尊敬與鑑賞的需求。包括個人有基本的高學歷、在公司的高職位、社會的高地位等。

5. 自我實現需求(self-actualization needs)

最終極的自我實現需求開始支配一個人的行為，每個人都希望成為自己能力所能達成的人。例如，成為創業成功的企業家。

6. 小結

綜合來看，生理與安全需求屬於較低層次的，而社會需求、自尊與自我實現需求，則屬於較高層次的。一般來說，基層員工或社會大眾，都只能滿足到生理、安全及社會需求。而社會上較頂尖的中高層人物，包括政治人物、企業家、名醫生、名律師、個人創業家或專業經理人等，才較有自我實現機會。

7. 批評

馬斯洛的人性需求理論為人所詬病的一點，是其不能解釋個別（人）的差異化，因為不同的人會有不同的層次需求。不過，此批評並不妨礙它成為一個重要的基礎理論。

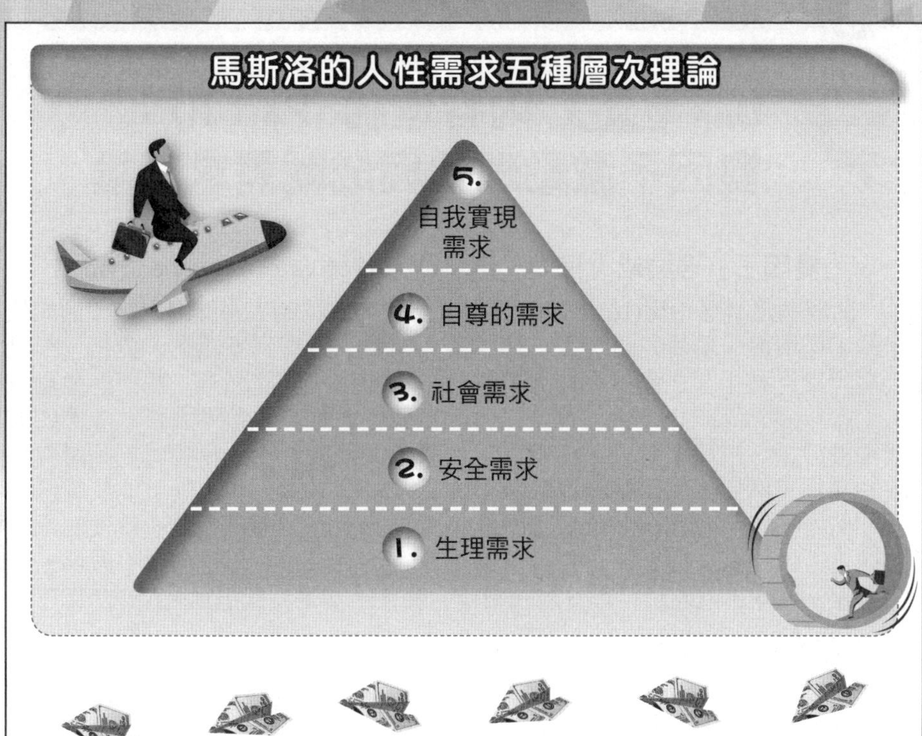
馬斯洛的人性需求五種層次理論
5. 自我實現需求
4. 自尊的需求
3. 社會需求
2. 安全需求
1. 生理需求

激勵理論四個主要學派
1 內容理論
2 過程理論
3 增強理論
4 整合激勵模式

Unit 3-3 內容理論 (Part II)：雙因子激勵理論與成就需求理論

一、「雙因子」理論或「保健」理論(The Motivator-Hygiene Theory)

此理論是赫茲伯格(Herzberg)研究出來的，他認為「保健因素」（例如較好的工作環境、薪資、督導等）缺少了，則員工會感到不滿意。但是，一旦這類因素已獲相當之滿足，則一再增加工作的這些保健因素，並不能激勵員工；這些因素僅能防止員工不滿。另一方面，他認為「激勵因素」（例如成就、被賞識、被尊重等）卻將使員工在基本滿足後，得到更多與更高層次相關的滿足。例如，對副總經理級以上的高階主管來說，薪水的增加感受已不大，例如，每個月20萬薪水增加一成，成為22萬元，並不重要。重要的是，他們是否做得有成就感、是否被董事長尊重及賞識，而不是像做牛做馬一樣被壓榨。另外，他們是否有更上一層樓的機會，還是就此退休。

二、成就需求理論(Need Achievement Theory)

心理學家愛金生(Atkinson)認為，成就需求是個人的特色。高成就需求的人，受到極大激勵來努力達到成就工作或目標的滿足，同時這些人喜歡聽到別人對他們工作績效的明確反應與讚賞。此理論之發現有：

(一) 人類有不同程度的自我成就激勵動力因素。

(二) 一個人可經由訓練獲致成就激勵。

(三) 成就激勵與工作績效有直接關係，即愈有成就動機之員工，其成長績效就愈顯著也愈好。

學者麥克里蘭(David McClelland)的需求理論，係放在較高層次需求(higher-level needs)上，他認為一般人都會有三種需求：

(一) 權力需求(power)

權力就是意圖影響他人，有了權力就可以依自己喜愛的方式去做大部分的事情，並且也有較豐富的經濟收入。例如，總統的權力及薪資就比副總統高。

(二) 成就需求(achievement)

成就可以展現個人努力的成果，並贏得他人之尊敬與掌聲。例如，喜歡唸書的人一定要唸個博士學位，才會感到有成就感。而在工廠的作業員，也希望有一天成為領班主管。

(三) 情感需求(affiliation)

每個人都需要友誼、親情與愛情，建立與多數人的良好關係，因為人不能離群而獨居。

麥克里蘭的三大需求與馬斯洛的五大需求論有些近似，不過前者是屬於較高層次的需求，至少是馬斯洛的第三層以上需求。

麥克里蘭建議公司經營者，扮演一位具有高度成就動機的典範者，使員工有模仿學習的對象，並且成為一個高成就動機的員工，尋求工作的挑戰及負責。

馬斯洛與赫茲伯格的比較

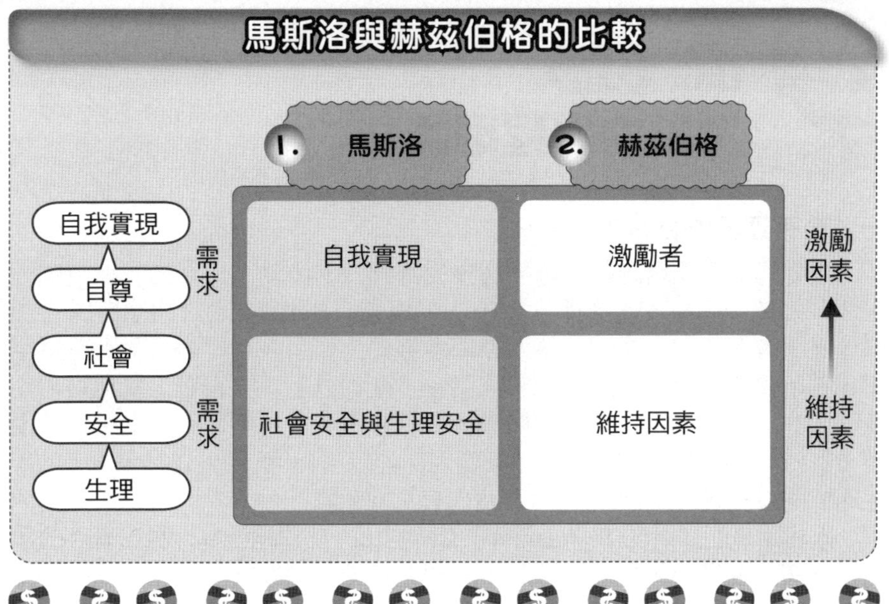

激勵內容理論之相關性圖示

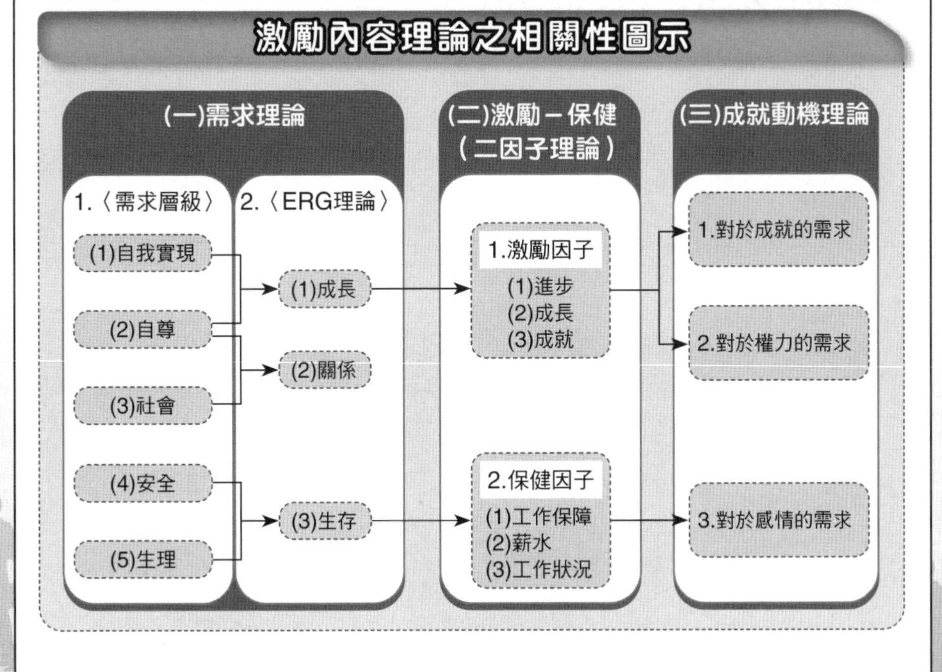

Unit 3-4 激勵的過程理論

一、公平理論(Equity Theory)

激勵的公平理論認為，每一個人受到強烈的激勵，使其投入或貢獻與報酬之間，維持一個平衡；亦即投入(input)與結果(outcome)之間應有一合理的比率，而不會有認知失調的失望。亦即愈努力工作者，以及對公司愈有貢獻的員工，其所得到之考績、調薪、年終獎金、紅利分配、升官等，就愈被肯定及更多。因此，這些員工在公平機制激勵下就會更拚，以獲取努力之後的代價與收穫。例如，中信金控公司在2015年度因為盈餘達150億元，因此，員工的年終獎金即依個人考績可獲4到10個月薪資而有不同激勵。

此理論是亞當斯(J. S. Adams)學者所提出。此理論認為，員工感到公平是提高工作績效及滿足的主因。因此，公司在各種制度設計上，必須以「公平」為核心點。

二、期望理論(Expectancy Theory)

激勵的期望理論認為，一個人受到激勵而努力工作，是基於對成功的期望。

汝門(Vroom)對期望理論提出三個概念：

(一) 預期：表示某種特定結果對人是有報酬回饋價值或重要性的，因此員工會重視。

(二) 方法：認為自己的工作績效與得到激勵之因果關係的認知。

(三) 期望：是努力和工作績效之間的認知關係，亦即我努力工作，必將會有好的績效出現。

綜言之，汝門將激勵程序歸納為三個步驟：

1. 人們認為諸如晉升、加薪、股票紅利分配等激勵對自己是否重要？Yes。
2. 人們認為高的工作績效是否能導致晉升等激勵？Yes。
3. 人們是否認為努力工作就會有高的工作績效？Yes。
4. 關係圖示：

努力→高的工作績效→導致晉升、加薪→對自己很重要

(一)期望　(二)方法　(三)預期

5. MF = E ×V
（MF = 動機作用力 ； E = 期望機率 ； V = 價值）
（MF = motivation force）
6. 案例：國內高科技公司因獲利佳、股價高，且在股票紅利分配制度下，每個人每年都可以分到數十萬、數百萬，甚至上千萬元的股票紅利。在此誘因下，更加促動這些高科技公司的全體員工努力以赴。

公平激勵理論

(一)投入

・努力工作
・加班工作
・成果展現，為公司賺錢

(二)結果

・調薪／加薪
・獎金加發
・升官／晉級

期望激勵理論

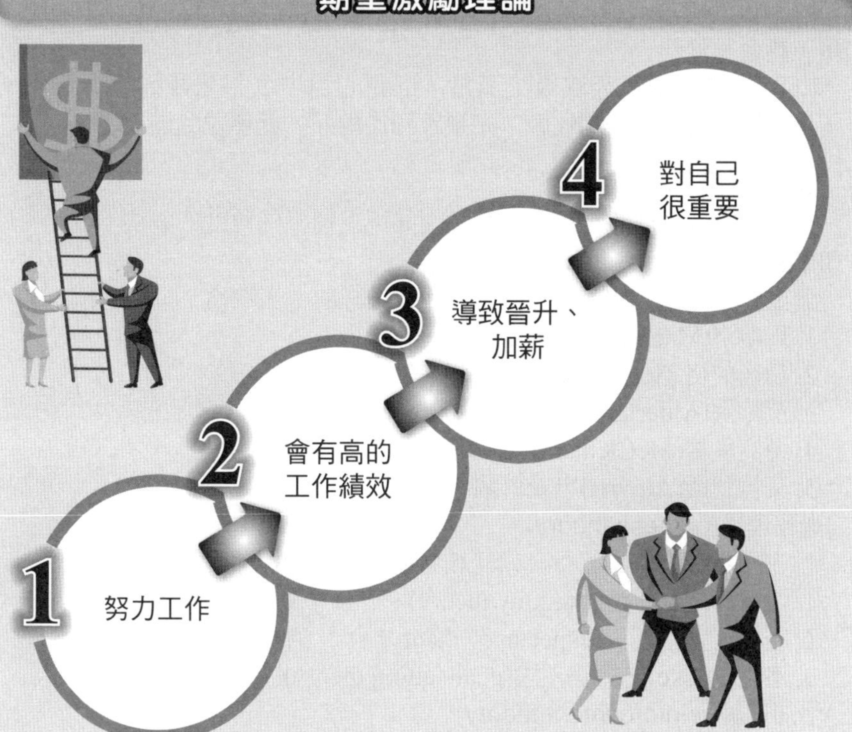

Unit 3-5 激勵的整合模式

一、整合激勵模式

波特與勞勒(Porter & Lawler)兩位學者綜合各家理論，形成較完整之動機作用模式。

依右圖來看，可知：

(一) 員工自行努力乃因他感到努力所獲獎金報酬的價值很高與很重，以及能夠達成之可能性機率。

(二) 除個人努力之外，還可能受到工作技能與對工作了解這二個因素影響。

(三) 員工有績效後，可能會得到內在報酬（如成就感）及外在報酬（如加薪、獎金、晉升）。

(四) 這些報酬是否讓員工滿足，則視心目中公平報酬的標準為何。另外，員工也會與其他公司比較，如果感到比較好，就會達到滿足了。

二、激勵理論之綜合

茲將有關激勵理論，再彙整歸類為如下三種不同角度的看法：

(一)內容理論(content theory)

著重於對存在「個人內在需求」因素之探討，主要有：

1. 馬斯洛(Maslow)之需求層級論。
2. 赫茲伯格(Herzberg)之雙因子理論。
3. 艾德佛(Alderfer)之ERG理論。
4. 麥克里蘭(McClelland)之成就論。
5. 艾吉利斯(Algyris)之成就論。

(二)過程理論(process theory)

旨在說明個體或員工行為如何被激發導引的過程，主要有：

1. 亞當斯之公平理論(equity theory)。
2. 汝門之期望理論(expectancy theory)。
3. 洛克(Locke)之目標理論(goal-setting theory)。

(三)增加理論(reinforcement theory)

說明採取適當管理措施，可利於行為的發生或終止。下面以行為修正加以說明：行為修正乃是藉獎賞或懲罰以改變或修正。行為修正基於二項原則：

1. 導致正面結果的行為有重複之傾向，而導致反面結果的則有不重複之傾向。

2. 藉由適當安排的獎賞，可以改變一個人的動機和行為。

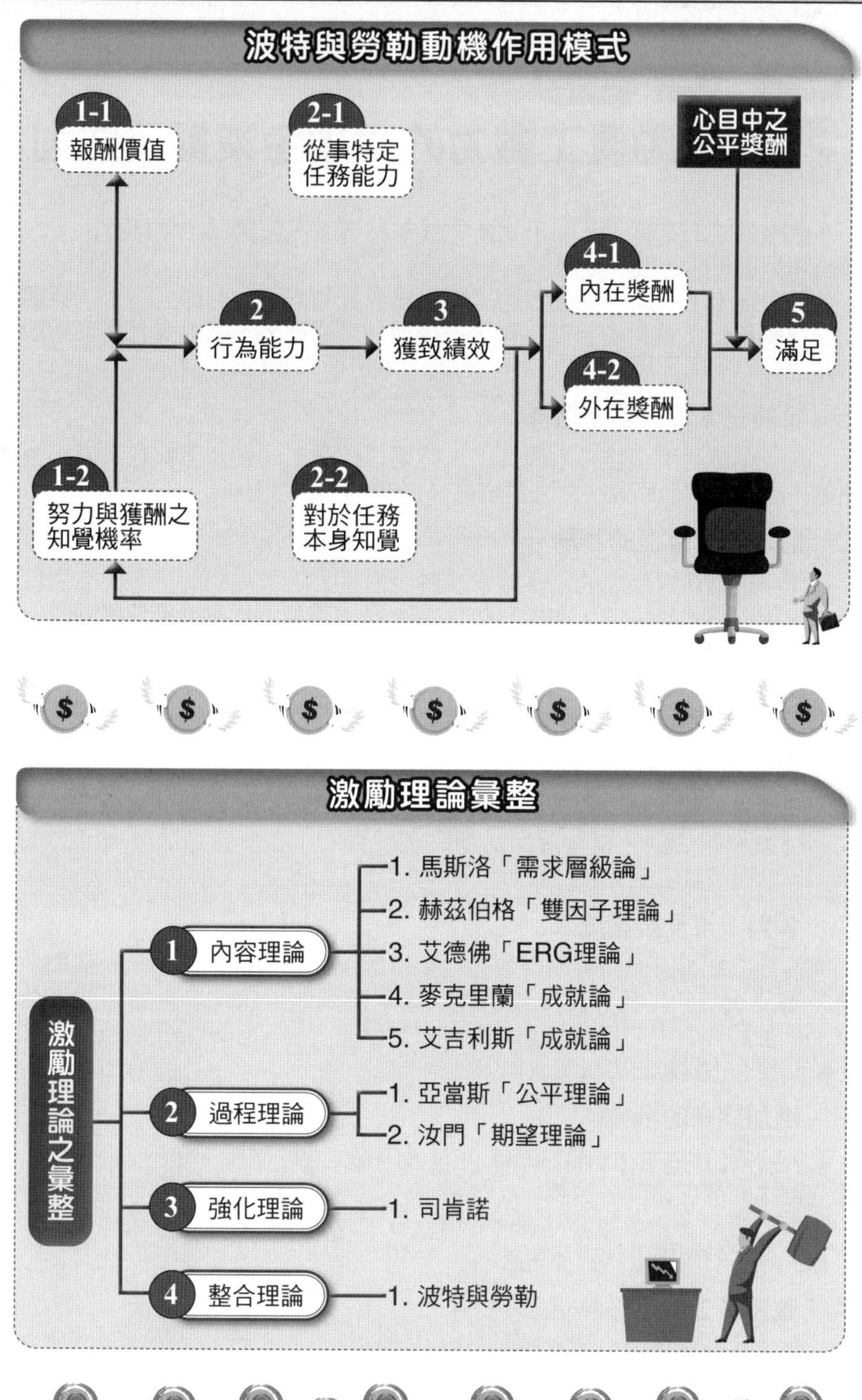

波特與勞勒動機作用模式
1-1
報酬價值
2-1
從事特定任務能力
心目中之公平獎酬
4-1
內在獎酬
2
行為能力
3
獲致績效
5
滿足
4-2
外在獎酬
1-2
努力與獲酬之知覺機率
2-2
對於任務本身知覺
激勵理論彙整
激勵理論之彙整
1 內容理論
1. 馬斯洛「需求層級論」
2. 赫茲伯格「雙因子理論」
3. 艾德佛「ERG理論」
4. 麥克里蘭「成就論」
5. 艾吉利斯「成就論」
2 過程理論
1. 亞當斯「公平理論」
2. 汝門「期望理論」
3 強化理論
1. 司肯諾
4 整合理論
1. 波特與勞勒

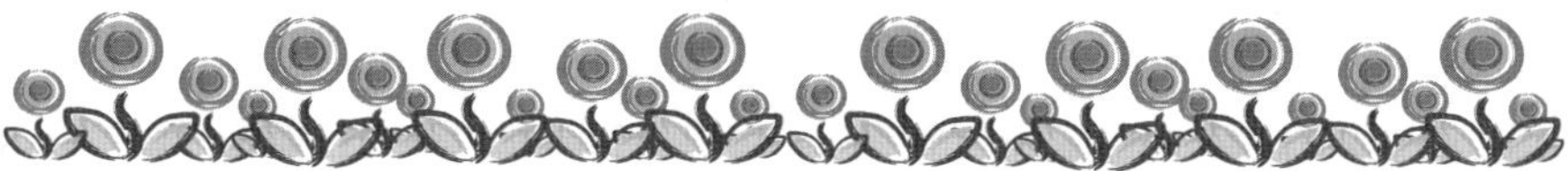

Unit 3-6 激勵員工戰力的六項企業實務法則

激勵員工的定義：「利用適當的機制與方案，鼓勵員工積極投入工作，為公司創造長久的競爭優勢。」

為順應未來趨勢，經營者應立即根據自身的條件、目標與需求，發展出一套激勵員工作戰力的計畫。員工在這種計畫激勵下，勢必會有高度的創造力與生產力。以下是鼓勵員工作戰力的六項法則（如右圖）。

一、金錢是激勵的第一選擇

許多企業利用金錢來激勵員工，結果付給員工的薪資與福利不僅因為企業的生產力大增而回收，而且更增進員工的作戰力與士氣。

二、訂定團隊目標的獎勵

許多企業只對個人的業績給予獎勵，但事實上，成功的背後必須靠許多員工一起努力才能完成，如果只有少數人獲得獎勵，更會影響整體團隊的績效與合作默契。相關研究顯示，過度強調個人獎勵，會破壞團隊合作的基礎；會鼓勵員工爭相追逐短期且可立即看見成效的工作目標；甚至會誤導員工相信獎勵與績效一點關聯也沒有。

三、表揚與慶祝活動

無論是公司、部門或個人的表現，都應挪些時間給團隊，來舉辦士氣激勵大會或相關活動。舉辦這些活動最主要目的，在於營造歡樂與活力的氣氛，可以提振員工的士氣與活力。

四、參與決策及歸屬感

讓員工參與對他們有利害關係之事情的決策，這種做法表示對他們的尊重及處理事情的務實態度，員工往往最了解問題的狀況，也知道改進的方式，以及顧客心中的想法；當員工有參與感時，對工作的責任感便會增加，也較能輕易接受新的方式及改變。

五、增加訓練的機會

美國雀伯樂(Chaparral)鋼鐵廠非常鼓勵員工接受訓練，在任何時候該公司都有85%的員工接受各種訓練。如果員工想要上大學，或到其他地方學習新的製程與技術，公司都會提供休假與旅費加以鼓勵。經由這些公司所提供的訓練，員工的作戰士氣相當高昂。

六、激發員工的工作熱情

藉由激發員工的工作熱情，也可以成功地提升作戰力。美國五金連鎖公司家庭倉庫(Home Deport)是一個能激發第一線員工良好工作情緒的環境，堅信每位員工的表現是企業成敗的關鍵。他們相信與員工的關係，除了冰冷的制度外，還有感情的存在。只要有心培養這種員工的熱情，讓員工的情緒管理有更好的表現，就更能增加公司的整體作戰力。

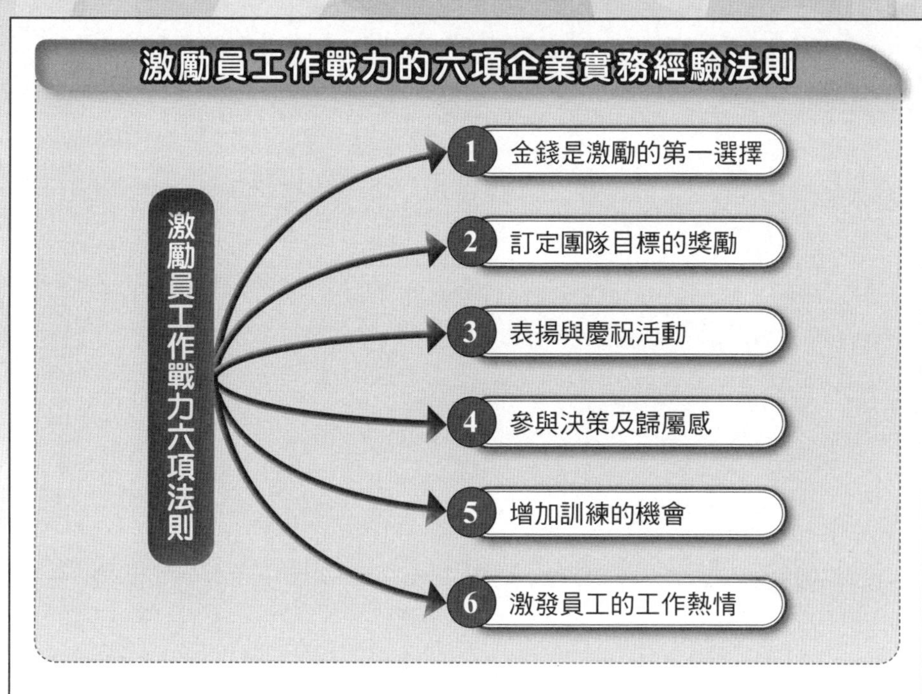
激勵員工作戰力的六項企業實務經驗法則
激勵員工作戰力六項法則
1 金錢是激勵的第一選擇
2 訂定團隊目標的獎勵
3 表揚與慶祝活動
4 參與決策及歸屬感
5 增加訓練的機會
6 激發員工的工作熱情

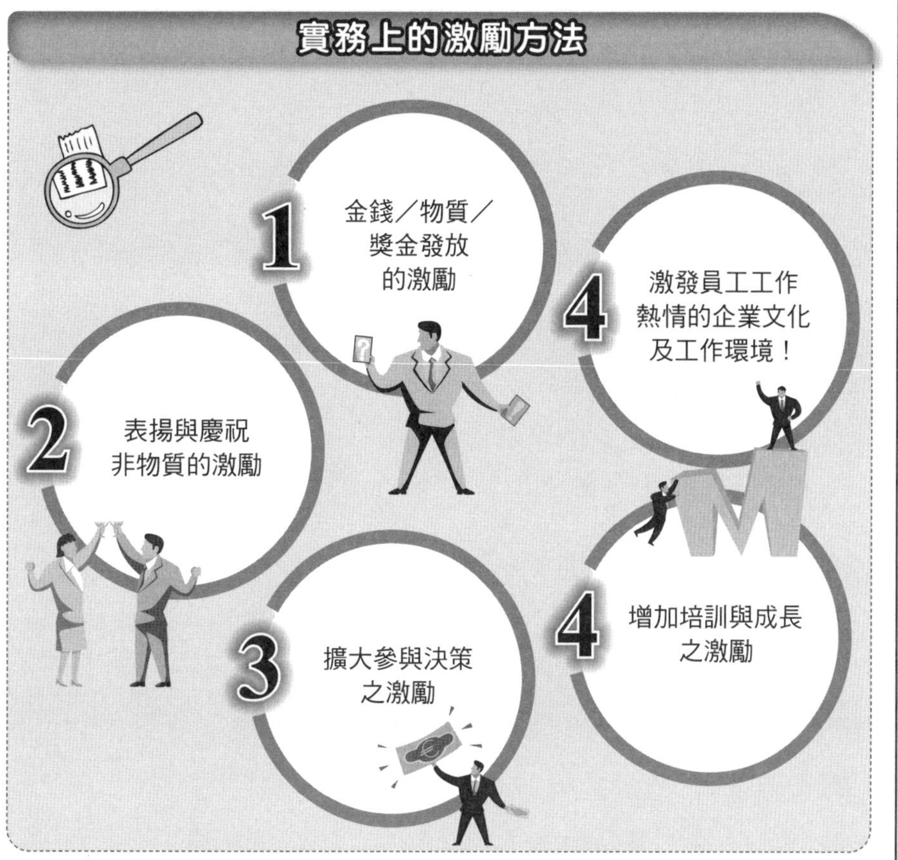
實務上的激勵方法
1 金錢／物質／獎金發放的激勵
2 表揚與慶祝非物質的激勵
3 擴大參與決策之激勵
4 增加培訓與成長之激勵
4 激發員工工作熱情的企業文化及工作環境！

第4章

群體行為之綜論

章節體系架構 

Unit 4-1 群體的定義、要素及重要性

一、群體之定義與要素

(一)定義

1. 根據學者史恩(E. Schein)之研究，對群體之定義為：「群體為一群彼此面對面溝通中相互認識，認為同屬一個團體中之個人所形成之結合體。」2.另外，學者華力斯(M. J. Wallace)則定義為：「群體乃是為了達到共同目標，而存在相互依賴關係之二個人以上組成的團體。」

(二)要素

根據上述之定義，我們可以歸納出一個組織的群體(group)應具備之要素如下：1. 應由二人或二人以上組成。2. 二人以上成員之間，應有互相見面、交談、共事、合作之機會，雖然未必同屬一個部門、一個單位，但應屬同一個群體。3. 成員之間應具有共通之意識、目標。例如，保護其工作、追求其利益及面對相同威脅等。4. 因此，成員彼此之間視為同屬一個群體，而且相互吸引，形成生命共同體。

二、群體（群居）活動的本質觀點

人是群居的動物，人們必定會被其他不同的人所吸引，找尋相似夥伴，而有群體行為。群體行為，可從五種本質觀點來看：

(一)知覺觀點(perception viewpoint)

此即認為群體中每個人都會了解到自己與其他人之群體關係，而且具有體察共同的知覺。

(二)動機觀點(motive viewpoint)

此即認為組織成員是基於滿足某些需要而參加群體。例如，公司中經常出現不同派系，大多是為了升官發財，而靠攏到有權勢的高級長官團隊。

(三)相依觀點(interdependence viewpoint)

此即團體成員與成員之間相互依存、依賴的組合體。例如，以電視臺的新聞部為例，從採訪一則新聞到播出，必須要有文字記者、攝影記者、主編、副控、主播及導播等，這一群人的工作，均有相互依賴性。

(四)互動觀點(interactive viewpoint)

此即指群體是一群互動關係之個人所組成的。例如，生產部門與銷售部門必會針對顧客需求及訂單狀況，而有互動行為。

(五)組織特性觀點

此即指群體是一群個人所組成之社會單位，其相互間有地位及角色之相互關係，且訂有規範、價值等條件限制成員之行為。

三、群體研究的重要性

主因有三：(一) 因群體是文化中，社會秩序的關鍵因素。(二) 群體在個人及一般社會中，扮演一種重要的中介角色。(三) 群體行為是經理人有效達成目標之主要方法。

群體應具備的要素

1. 應由二人或二人以上組成。
2. 應有互相見面、交談、共事、合作之機會。
3. 成員之間具有共通之意識、目標。
4. 彼此之間視為同屬一個群體，形成生命共同體。

群體（群居）活動的五種本質觀點

群體活動本質觀點

1. 知覺觀點
2. 動機觀點
3. 相依觀點
4. 互動觀點
5. 組織特性觀點

每個主管均應了解群體研究4項要點

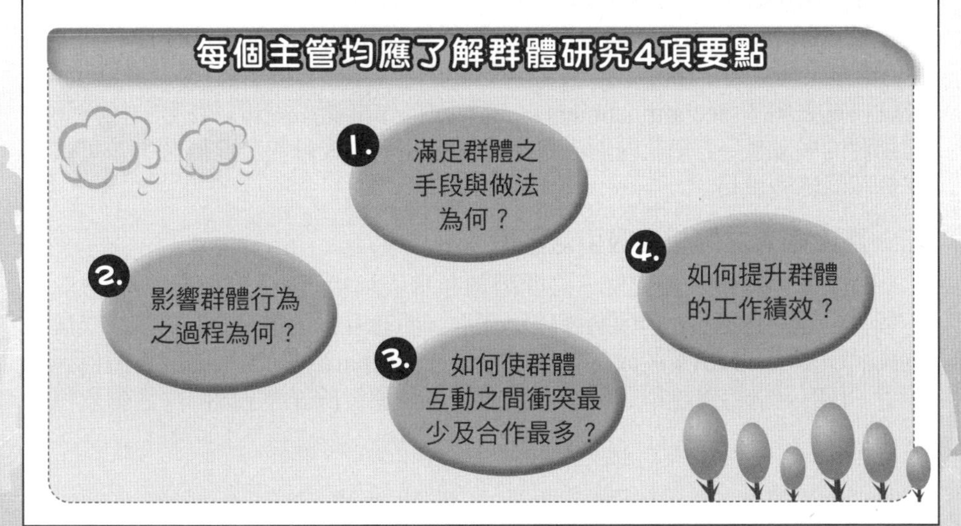

Unit 4-2 群體的類型及個人加入群體原因

一、群體類型

如依公司組織程序來區分，群體有以下二種類型：

(一)正式群體(formal group)

在正式組織內部，群體內部成員均具有正式的職位、職權、職責與職稱。例如，業務部、財務部、生產部、管理部等，或是某某專案委員會、專案小組等。

(二)非正式群體(informal group)

係指在組織內部，由各成員之間互動而自然吸引組成的私下群體。可能由相同部門或不同部門、不同階級、不同工作性質的人員所組成。例如，組織內部的臺大幫、成大幫等。

另外，也有人將群體類型歸納為以下幾種：1. 指揮隸屬群體(command group)：係指由主管與直接部屬所構成，與組織表上完全一致，此乃一種正式群體(formal group)。例如，同一個工廠的相關單位上、下級之同事群體。2. 任務群體(task group)：為進行某項專案任務所形成之暫時性群體組合。3.利益群體(interest group)：組織內某群人員為爭取其共同攸關之利益而形成之群體組合。4. 友誼群體(friendship group)：這類群體分子係因興趣、性別、族別、教育、族群、宗教、血統等因素而自成一個群體組合。

二、個人加入群體之原因

學者Reitz認為個人加入群體有以下六項原因：(一)追求安全之需求(security)：工作群體可為成員帶來較大的安全感。(二)社會與親和之需求(social affiliation)：工作群體可為成員帶來社會與親近的生活感。(三)被尊重、被賞識之需求(esteem)：工作群體可為成員帶來自尊與被讚許之滿足。(四)權力與利益需求(power)：成員可透過工作群體，對外展現權力力量。(五)成就與掌聲需求(accomplishment)：成員在工作群體中，可以在努力後得到升官加薪的成就感。(六)認同與滿足需求(identity)：成員在工作群體中，可被大家的認同感所滿足。

三、員工個人之間相互吸引之基礎

在工作群體中，員工個人之間因為存有下列相互吸引的基礎，才會形成一個組合體。包括：(一)因為工作距離近，而有互動之機會。(二)某些成員地位高、職權大。(三)某些成員的背景相似性(similarity)高，且態度與價值觀亦相近。(四)人格特質相似，故有惺惺相惜之現象。(五)為達成群體活動及目標者。

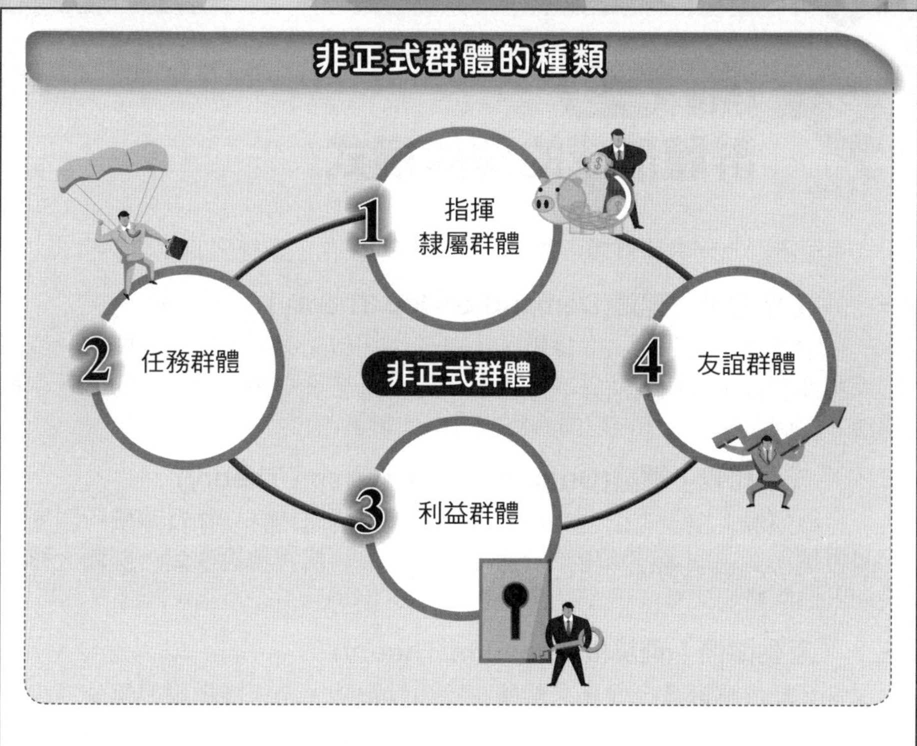
非正式群體的種類
1 指揮隸屬群體
2 任務群體
非正式群體
4 友誼群體
3 利益群體

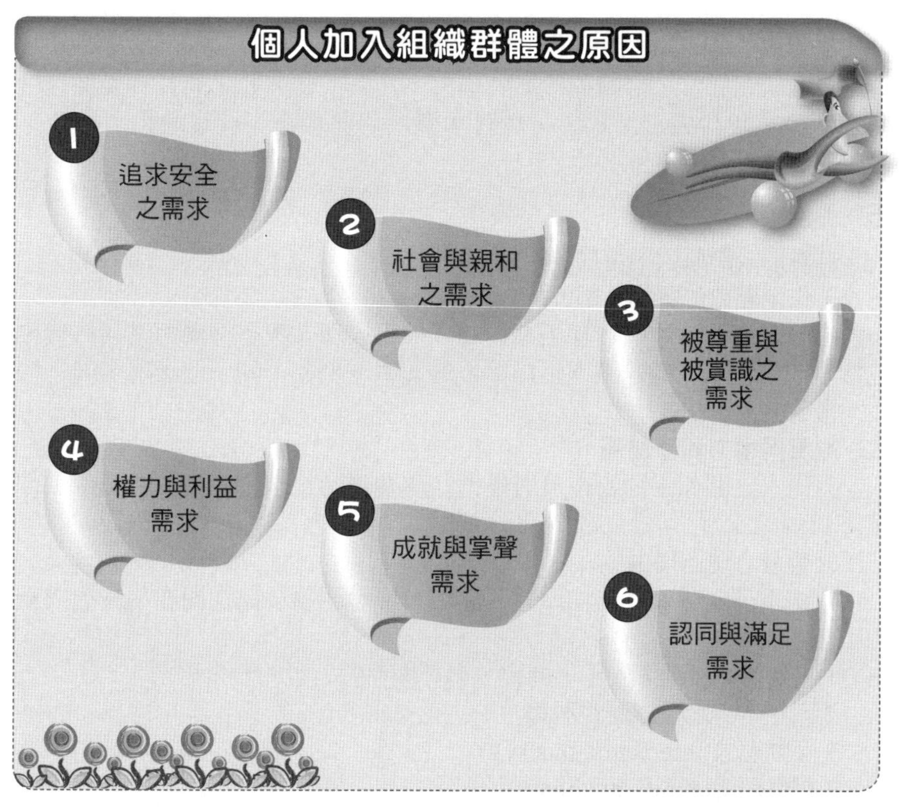
個人加入組織群體之原因
1 追求安全之需求
2 社會與親和之需求
3 被尊重與被賞識之需求
4 權力與利益需求
5 成就與掌聲需求
6 認同與滿足需求

Unit 4-3 群體形成的理論模式

有組織行為學者將群體形成的原因加以理論化，並提出四種理論模式：

一、「工作需求」理論(Demand-of-Job Theory)

企業實務上的各種工作推動，不可能由一個人去完成，通常要由一個部門或跨部門分工且組合而完成。因此，每個人必須藉由工作群體的力量才會成功，而個人就因工作需求而必然的融入此群體中。

二、「成果比較」理論(Outcome Comparison Theory)

組織中個人相互吸引之關係，係受個人與群體結合之物質報酬所影響。如果群體不能為個人帶來所預期的報酬，個人可能就會脫離此一群體，轉而投向其他群體。

三、「互動關係」理論(Interaction Theory)

當互動機會愈多，成員之群體意識也就愈強。若組織內兩個單位很少有互動機會，就可能成為兩個互為獨立運作的單位，不易融入對方的群體內。

四、「相似性」理論(Similarity Theory)

很多研究顯示，群體的形成與維持，乃是成員彼此之間具有某種程度的密切關係。包括性別、年齡、教育水準、學歷科系、社經地位、宗教、個性、態度等相似性項目。

五、總結

群體形成的原因，可簡易歸納如下：

(一) 工作地點或位置相互鄰近

由於工作地點或位置互相鄰近的關係，人與人較有接觸與溝通的機會，包括是同一個單位的同事或不同單位的同事。例如，同一個廠房、同一棟辦公大樓或同一層樓。

(二) 經濟與權力利害關係

人與人之間如果面臨經濟與權力利害關係時，也會聚集成為一個工作群體。

(三) 社會及心理上理由

可由下列四種理論來加以說明此項，顯示同事彼此之間亦易於形成凝聚的工作群體：

1.馬斯洛的生理、安全、社會、自尊與自我實現的五大需求。

2.工作本身之相依需要理論。

3.互動理論(interaction theory)。

4.相似理論(similarity theory)。

係指成員各種個人特質與特性間具有相似密切之關係。

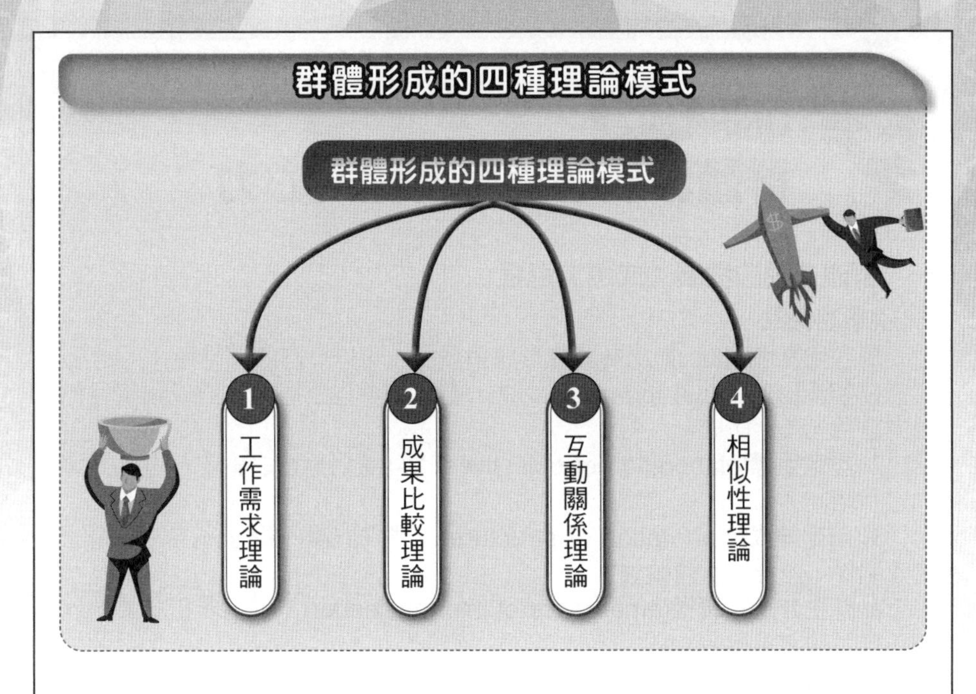
群體形成的四種理論模式
群體形成的四種理論模式
1 工作需求理論
2 成果比較理論
3 互動關係理論
4 相似性理論

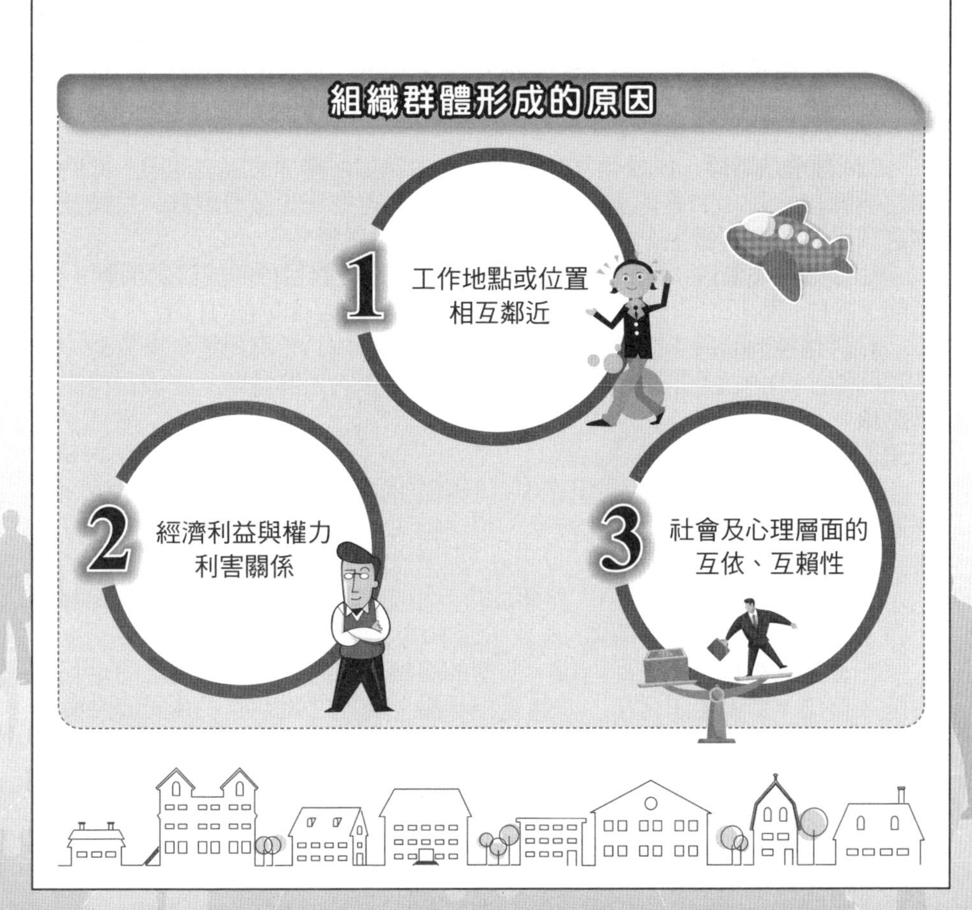
組織群體形成的原因
1 工作地點或位置相互鄰近
2 經濟利益與權力利害關係
3 社會及心理層面的互依、互賴性

Unit 4-4 群體發展過程與群體向心力

一、群體之動態發展（成長）過程

(一)克魯格觀點

學者克魯格(Glueck)認為群體形成與發展，可以歷經四個階段：

1. **初步形成(initial formation)**：由一群具有共同意願、為達成預定目標而努力之個人集合而成。

2. **設定目標(elaboration of objectives)**：群體對目標之設定，做為大家努力之承諾。

3. **制定結構(elaboration of structure)**：建立群體內相互分工、協調、職掌等關係，並推出群體領袖。

4. **產生非正式領袖(emergence of informal leader)**：推出非正式領袖以協助正式領袖之不足。

(二)貝士觀點

學者貝士(Bass)將群體成員區分為四個階段：

1. **環境適應階段**：此階段之群體活動有四個：(1)澄清群體成員關係及互賴。(2)確認領導角色、澄清權威與責任關係。(3)規定結構、規章與溝通網路。(4)研擬目標、完成計畫。

2. **問題解決階段**：成員相互交換意見，討論如何處理面臨之問題。此時群體之活動有三個：(1)確認及解決人際衝突。(2)再進一步澄清規章、目標及結構之關係。(3)在群體中，成員發展出一種參與之氣氛。

3. **績效激發階段**：此時群體活動主要有：(1)針對目標完成群體活動。(2)發展適於任務執行之資訊流通及回饋系統。(3)群體成員向心力日增。

4. **評估控制階段**：此階段之群體活動，包括：(1)領導角色著重幫助、評估及回饋。(2)角色及群體予以更新、修正及強化。(3)群體顯示完成目標之強烈動機。

(三)總結

1. **彼此接受**：當一個人在組織中可能處在過度孤立徬徨的心理需求下，漸漸尋求到相依為命的人，彼此接受、想法相同、觀念亦近，因此，形成一個數人以上的群體。

2. **解決問題**：在此階段中，群體成員互相交換意見、互相討論、互相解決工作上的難題，經由解決問題的經驗，而形成工作群體。

3. **產生激勵作用**：在此階段，群體的發展更趨成熟化，成員之間也互相了解、信任，更與團隊合作，彼此互相激勵。同事之間養成了共同鼓勵與共同榮譽的高度精神感。

4. **控制作用**：一個群體具有某種地位與影響力之後，對成員會產生一種實質與精神上的控制，期使所有成員都必須遵照群體規範行事。這是一種社會內化與組織文化養成的無形做法。

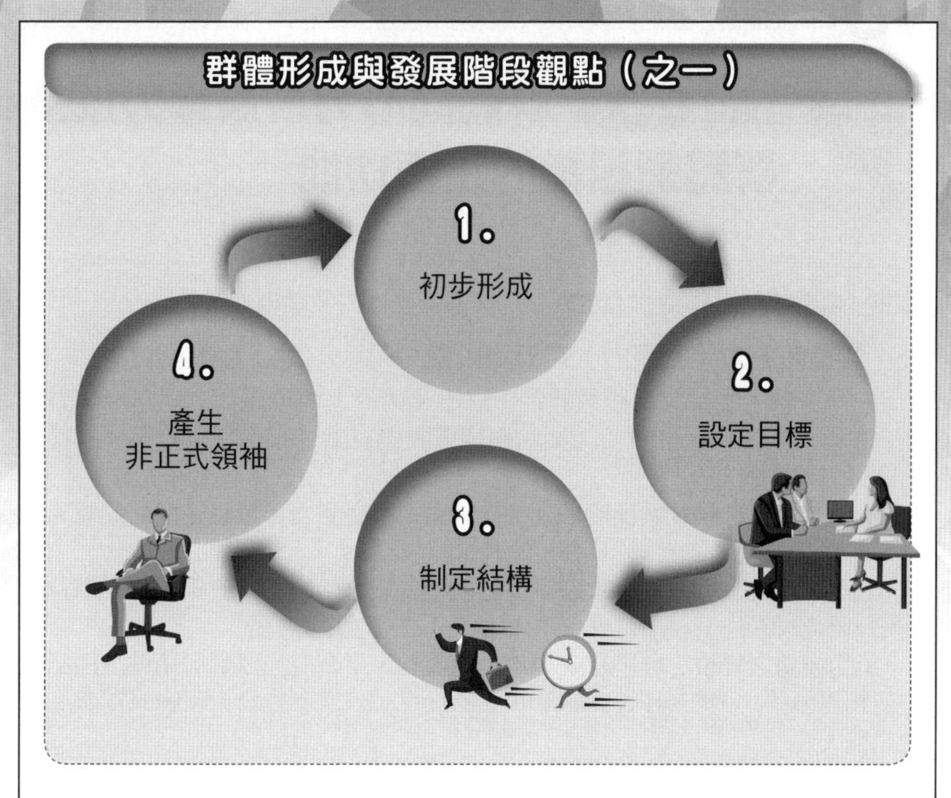
群體形成與發展階段觀點（之一）
1.
初步形成
2.
設定目標
3.
制定結構
4.
產生
非正式領袖

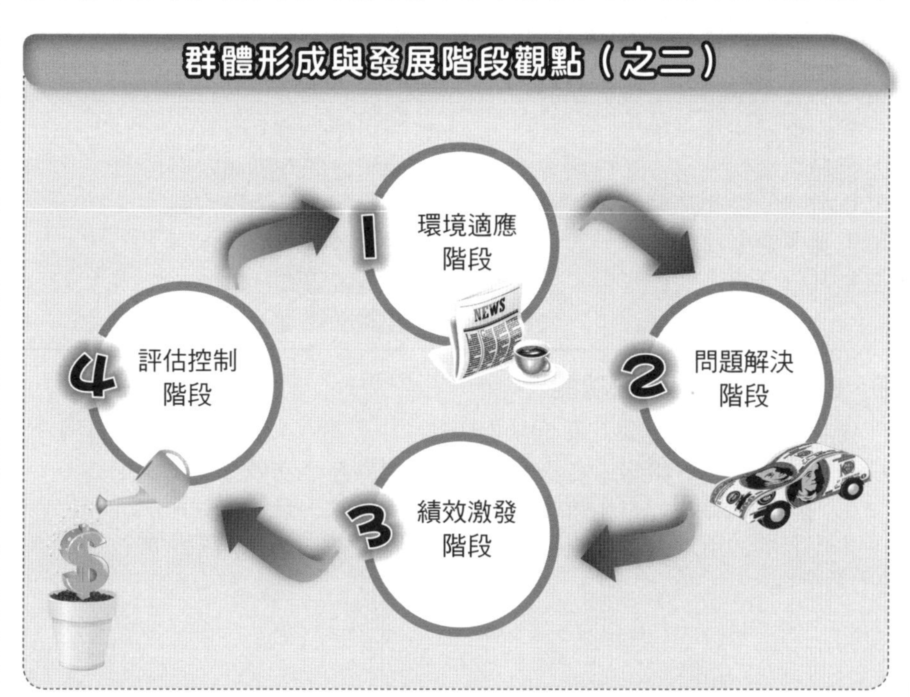
群體形成與發展階段觀點（之二）
1
環境適應
階段
NEWS
2
問題解決
階段
3
績效激發
階段
4
評估控制
階段

Unit 4-5 群體向心力、凝聚力以及群體對組織的正面功能

向心力是指在群體中的每個成員相互吸引力與彼此親近之程度。向心力愈強，則群體的團隊合作力量愈大，群體的生產力及績效亦會較高。

一、影響向心力（凝聚力）之五項因素

(一)群體地位：此群體在社會、政治及經濟上地位愈高，則其凝聚力愈強，或是公司某些部門受到老闆的極度重視與賞識，其權力也較大，故其成員凝聚力亦愈強。

(二)成員對群體依賴程度：成員從群體中所得到之各種滿足愈高或福利愈好，則凝聚力也愈強。

(三)群體人數：群體人數過多且無效率之聯繫制度，將會降低其凝聚力。例如，十個人與一千人單位的同事單位，其凝聚力自然不同。

(四)成功之經驗：群體有成功之典範經驗，足令成員欣慰與驕傲，則凝聚力便相對增強。例如，R&D研發單位，開發出一款令公司大賺錢的新產品成功經驗。

(五)管理階層的工作要求與壓力大小：工作要求愈多與壓力愈大，可避免群體同仁精神鬆散掉，而缺乏目標與動力。

二、增加或減少向心力之因素

增加向心力之因素	減弱向心力之因素
1. 對目標看法不一致。 2. 群體規模偏大。 3. 群體不愉快的經驗多。 4. 群體內競爭程度高。 5. 被其他群體支配程度大。	1. 對目標一致共識高。 2. 個體之間互動頻次多。 3. 個體相互吸引程度強。 4. 群體競爭程度高。 5. 群體威望高。 6. 群體距離近。

三、群體對組織之正面功能

群體的存在，對組織之正面功能包括：

(一)真正發揮群體決策之效果，此即集思廣益之功效。

(二)增進人員間之合作共識，唯有共識，行動力量才會發揮。

(三)有助於新進人員在組織內部社會化作用，避免生疏或間離，而能很快融入組織內。

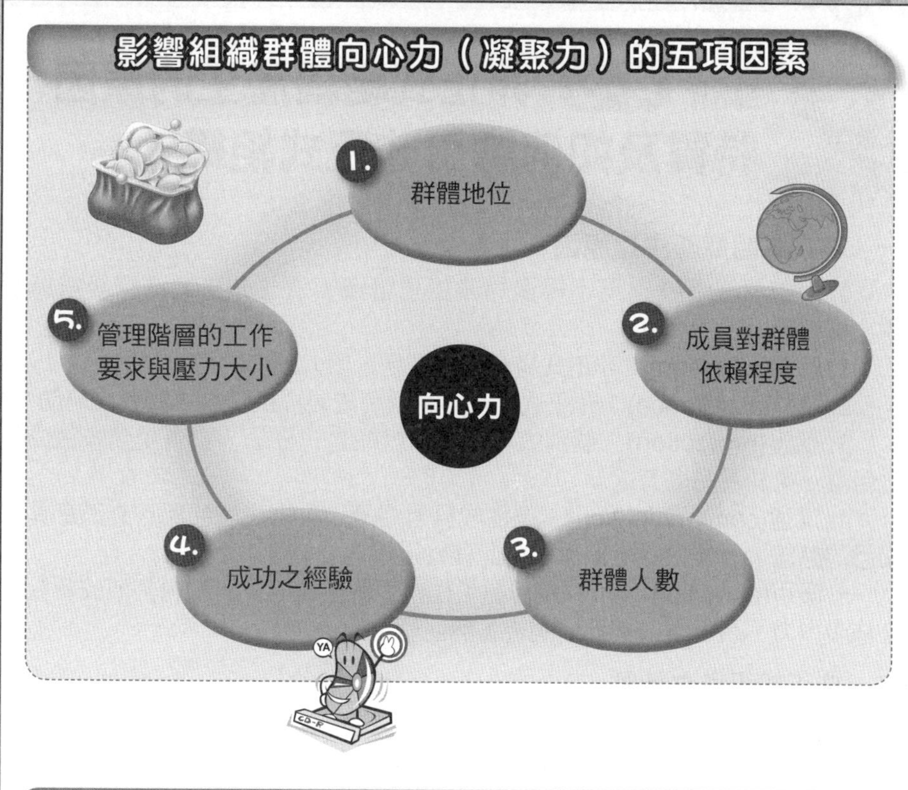
影響組織群體向心力（凝聚力）的五項因素
1.
群體地位
2.
成員對群體
依賴程度
3.
群體人數
4.
成功之經驗
5.
管理階層的工作
要求與壓力大小
向心力

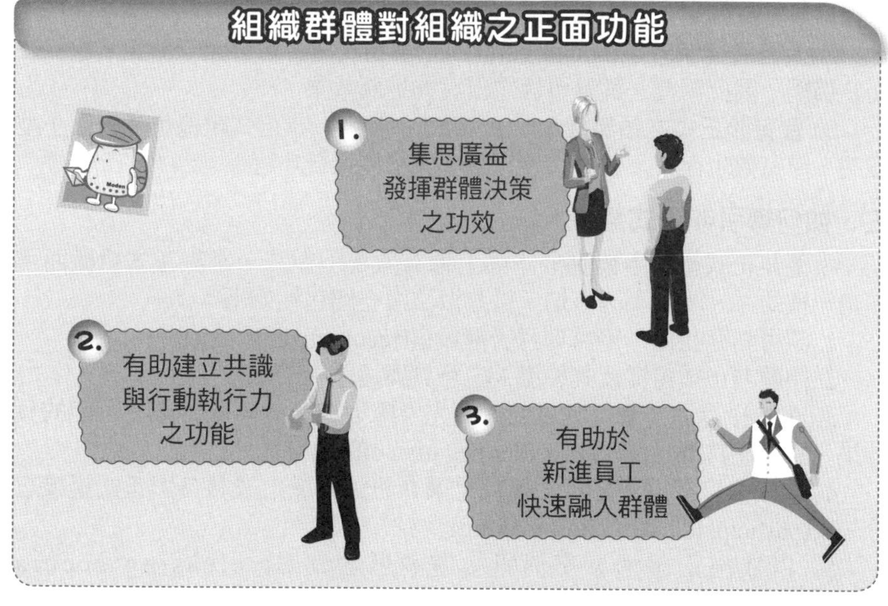
組織群體對組織之正面功能
1.
集思廣益
發揮群體決策
之功效
2.
有助建立共識
與行動執行力
之功能
3.
有助於
新進員工
快速融入群體

Unit 4-6 非正式組織產生的原因、特質及如何導引非正式組織

一、非正式組織產生之原因

公司內部經常會出現小規模的非正式組織，這並非正式的層級組織關係。這些起因是：

1. 感情(affiliation)：非正式組織團體滿足了個人感情的需求。
2. 協助(assistance)：非正式組織可為個別成員提供精神與實質之協助。
3. 保護(protection)：個別成員需視為組織之一分子，必會受到多數成員之保護，免於遭受傷害。
4. 溝通(communication)：個別成員對周遭人事物之發展與八卦消息具有知悉的慾望，而非正式組織也提供此種管道。
5. 吸引(attraction)：不管是何種工作內容的組織成員，均對其他成員具有某種吸引力，讓人想去接近他們、了解他們。

二、非正式組織之特質

非正式組織成員，具有三種特質：

1. 抗拒改變(resistance to change)：對於會影響或企圖弱化非正式組織之任何舉動或改變，最初都會遭遇到抗拒。
2. 具社會控制效果(social control)：個別成員必然會遵守非正式組織之規範及慣例，因此具有一種社會性之自發的控制效果。
3. 會有非正式之領導(informal leadership)：非正式組織也是一個小型組織體，要有效生存著，就必須要有領導與指揮系統才行。

三、如何導引非正式組織

小型非正式組織若能採取下列五種有效導引做法，則對正式組織而言，亦是一種助益，所以不必害怕。這些做法與心態包括如下：

1. 認可其存在性，不需刻意去摧毀它(recongnize its exist)。
2. 傾聽非正式組織及其領導人之意見與建議。
3. 在未採行進一步行動之前，應先考慮對非正式組織帶來之可能的負面效果，避免使其遭受傷害(consider negative effect)。
4. 要減少抗拒的最好行動，就是讓非正式組織之成員參與正式組織之部分決策(participate in decision-making)。
5. 以放出正確消息來消弭小道消息之流傳(releasing accurate information)。

非正式組織產生之原因

1. 感情
2. 協助
3. 保護
4. 溝通
5. 吸引

非正式組織之特質

如何導引非正式組織

Unit 4-7 群體內行為分析與群體內互動

二個以上群體互動發生過程，稱為群間行為(intergroup behavior)。此種群間，從實務上看，可以是企業組織間不同的二個部門之間的互動行為，或是同一個部門之下，二個不同單位之間的互動行為。

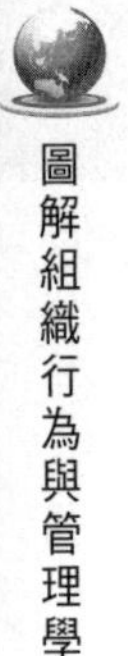

一、影響群間行為與產出的要素

影響公司組織內群間行為與產出成果的要素有以下六項：

(一)目標(goals)

群體的目標如果能與其他群體的目標相互整合，共同形成組織的目標，那是最好的，是一種雙贏與多贏的狀況。但是，如果各行其是，只顧自己目標的達成，而不顧別人的目標，則會相互抵消。因此，最好是相容、一致、共同、互利的目標。。

(二)不確定性(uncertainty)

不確定性係指員工個人或群體對下列三種不確定性的感受：1. 狀況的不確定性。2. 影響所及的不確定性。3. 反應的不確定性。

因此上述三種不確定性，亦會影響群體與群體間的權益、衝突、互利、壓力、權力等關係。

(三)替代性(subsititntability)

如果組織內某個部門或某個人的功能可以被替代掉，則在原群體之影響力就會減弱。

(四)工作關係(task relations)

群體間存在三種不同的工作互動關係，包括：1. 獨立自主的工作關係(indedpendent)。2. 互依的工作關係(interdependent)。3. 依賴的工作關係(dependent)。

而這些互依互賴的群體間工作關係，對組織工作的推展與績效目標的達成，有其重要性。

(五)資源分配(resources sharing)

資源分配在組織中，面臨二個問題：(1)資源過少，不夠分配；(2)資源還可以，但分配不均。此即患寡又患不均。因此，資源分配在群體之間會產生競爭分食的衝突，或是合作無間的配合。

(六)態度的組合(attitude set)

此即指許多群體與部門間對彼此想法與看法的問題，以及合作或競爭的基本態度。如果群體間的態度是合作與雙贏取向，部門間就會和諧而努力共同打拚，達成組織目標。

群體工作互動關係

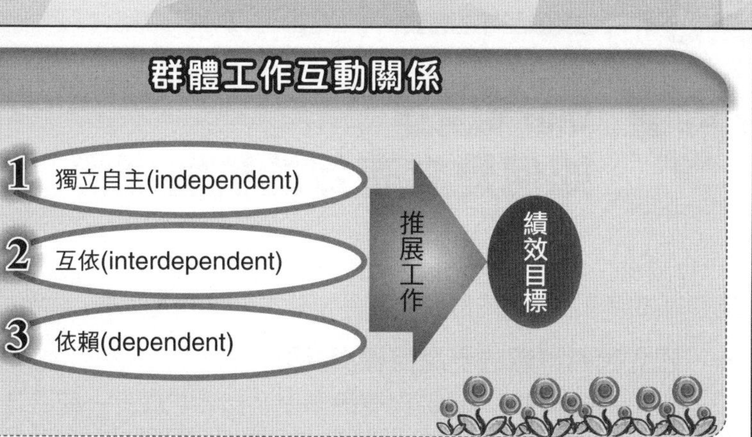

影響群體間行為績效之六項因素

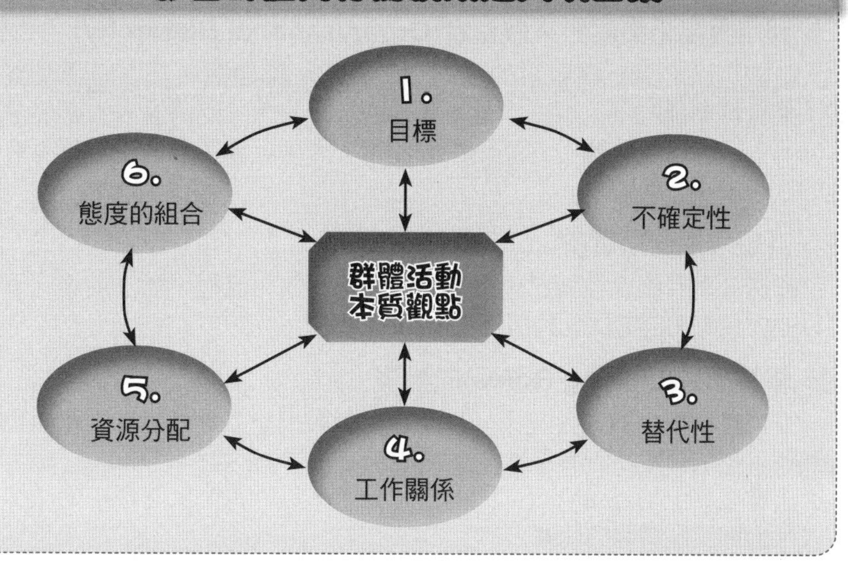

對組織資源分配的注意點

Unit 4-8 如何建立有效的群體關係

針對前述群體間行為與產出的六大影響要素說明之後，此單元談論組織究竟應如何建立有效的群體間關係，基本上有六種做法，說明如下：

一、建立跨越群體的更高目標與獎酬

群體有各自的努力目標與獎酬制度，但如能設計一種跨越群體或稱為超群體(superordinate group)的共同追求目標與獎酬制度，則可誘導相關群體間共同努力或聯合實力去達成它，如果不聯合，則聯合利益就不可能達成。

二、利用更高組織層級來做整合(Organizational Hierarchy)

組織可以利用更高層級的上司、長官或決策仲裁者，以協調及整合方式，進行群體間的不協調或本位主義或衝突。當然，此高層人士必然是有老闆的真正授權，及有權力之高階主管才行。否則各部門一級主管也不會聽從他的裁示。

三、計畫程序的落實(Planning Process)

透過公司有制度性與已經機制化的規劃程序、流程、辦法或規範等，才可以達成良好的群體間互動與互助關係。

四、聯絡角色(Linking Roles)的扮演

公司在規模日益擴大之後，也常會在組織上設立一種專責聯絡角色，以解決不少互依群體間的溝通及行為問題。

企業實務上均委由管理部門的主管負責，以「走動式管理」的做法，了解及撮合解決群體間的問題。

五、工作團隊（或小組）的成立

工作團隊（或專案小組）也經常在公司組織內出現，它是為了解決各群體間或各組織間的協調與分工問題，而形成的一種臨時性組織，以完成特定性的重大任務目標。一旦完成任務，就很可能解散而回到原單位。

六、整合性角色與群體單位

整合性角色(integrating role)是指公司指派一名高階人員，永久性的協助及整合多個部門的工作角色。

例如，產銷協調單位經理、決策委員會召集人、稽核委員會召集人、專案經理人、品牌維護召集人等。

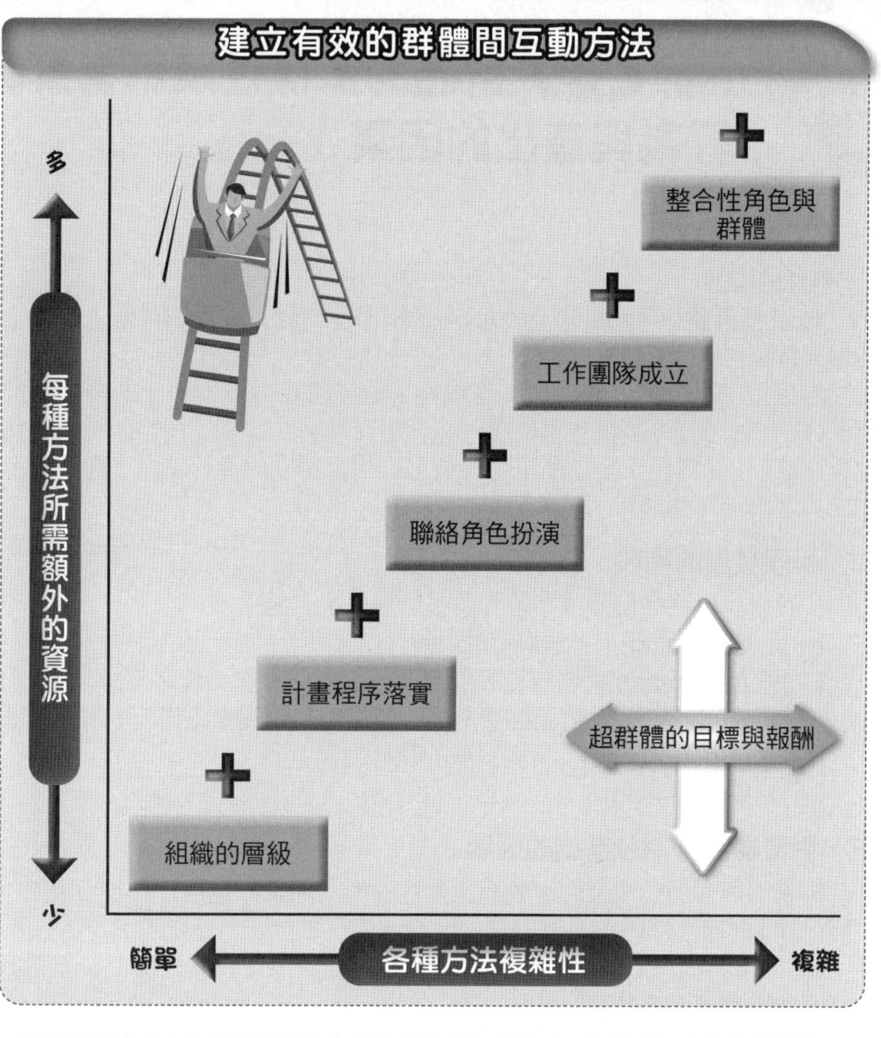
建立有效的群體間互動方法
多
每種方法所需額外的資源
少
整合性角色與
群體
工作團隊成立
聯絡角色扮演
計畫程序落實
組織的層級
超群體的目標與報酬
簡單
各種方法複雜性
複雜

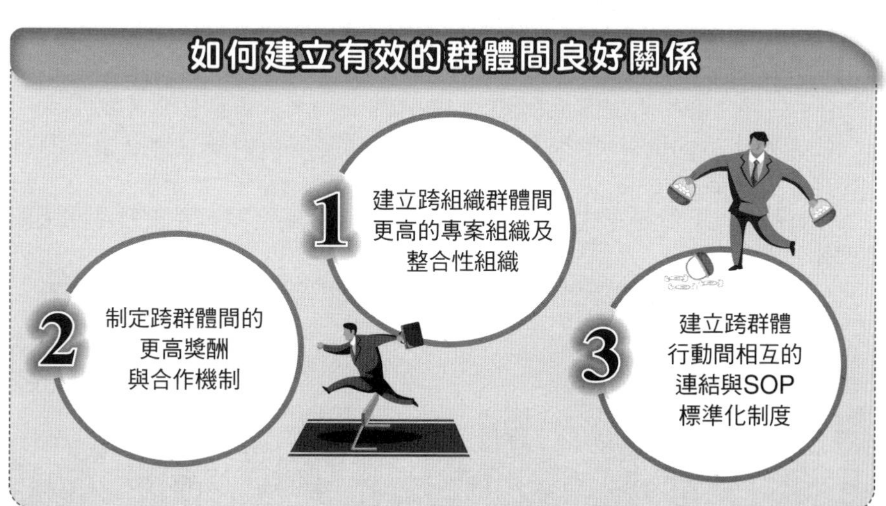
如何建立有效的群體間良好關係
1
建立跨組織群體間
更高的專案組織及
整合性組織
2
制定跨群體間的
更高獎酬
與合作機制
3
建立跨群體
行動間相互的
連結與SOP
標準化制度

Unit 4-9 群體的多樣性及影響群體行為與產出的因素

一、群體的多樣性

(一)群體的型態

1. 友情群體(friendship group)：是指那些為滿足組織成員個人的安全、自尊與歸屬需求所成立的群體。

2. 工作群體(task group)：是指為了達成組織目標所形成的群體。又包括：(1) 互動群體：是指各單位成員必須相互行動、互相支援協助，才能完成工作。(2) 同動群體：是指某單位成員可以相當獨立的進行工作，暫時不會與對方有互動行為的群體。

二、群體發展的階段

一般來說，許多群體或單位的發展都是經過五個階段：

(一)形成(forming)：了解群體的狀況。

(二)整合(storming)：將自己與群體如何融合在一起，整合工作。

(三)規範(norming)：依照群體所擬定的規矩及流程來工作。

(四)執行(performing)：參與群體的執行力。

(五)結束(adjoining)：從投入到完成任務，退出或暫停工作。

三、影響群體行為及產出的因素

影響一個群體（或部門）的行為及它的產出因素，包括下列七項因素：

(一)此群體（部門）人員數量規模的大或小。

(二)成員的組成及角色：成員的角色有三種：工作導向角色；人際關係導向角色；自我導向角色。

(三)規範(norms)：係指被群體大部分成員所接受，且公認為適當之行為準則。大眾的認知與行動方式均一致。

(四)目標：群體的目標是希望能使群體中的所有人都能接受及認同。

(五)凝聚力(cohesiveness)：凝聚力是指組織成員自願且樂意留在群體中的慾望、心情與承諾。

(六)領導：不管是正式或非正式領導，其領導風格與領導成效，均深深影響群體後來的行為。

(七)外部環境：外部大環境自然也會影響到內部群體行為的層次因素。

影響組織內部群體行為與產出之因素

群體內行為及產出七大因素

1. 人員數量規模因素
2. 成員的組織與角色因素
3. 目標因素
4. 凝聚力因素
5. 規範準則因素
6. 領導因素
7. 外部環境因素

群體發展的階段

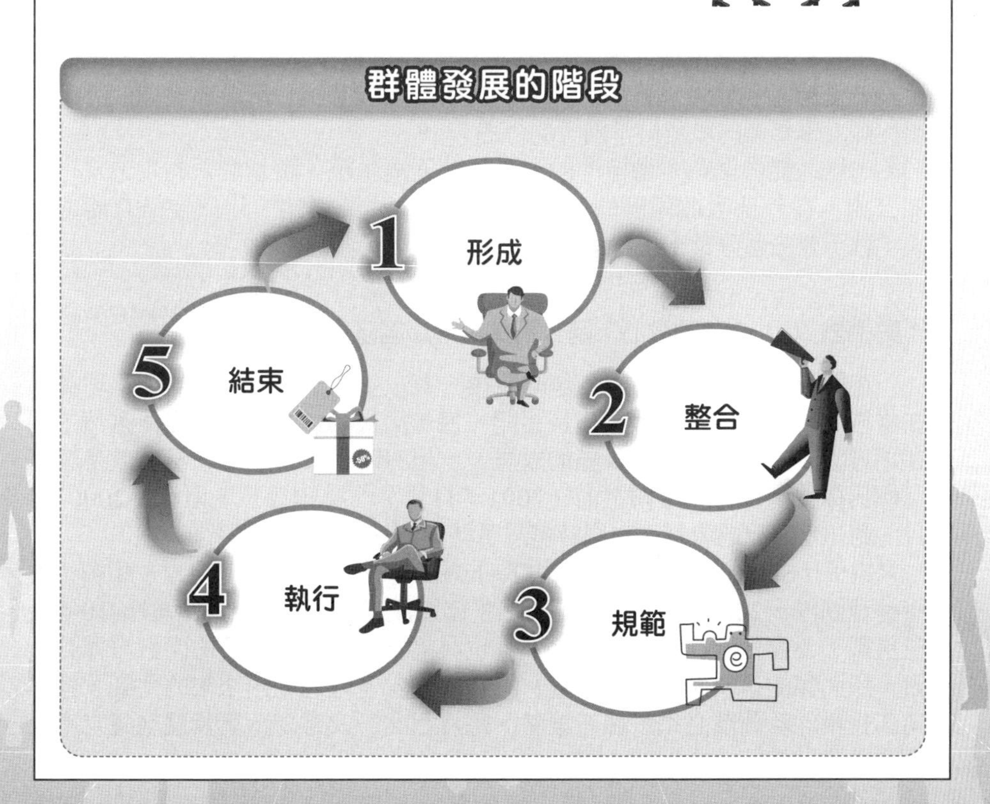

Unit 4-10 群體行為案例（韓國三星）

案例1 韓國三星電子集團的組織行為策略：強調無派系主義，排除學緣、地緣、人緣關係

在三星電子，詢問個人的出生地及畢業學校是被禁止的。某位幹部說：「自我入社至今20年來，從沒有被人問過是從哪一所大學畢業的。」

在錄取新進職員時也一樣。學校、出生地等都不是大問題，在決定是否予以錄用的最後面試階段，則完全不參考面試者的個人基本資料。

一旦通過基本的文件審查，就將面試者的個人資料擱在一旁，只放面試的評分表，經由集體討論方式進行面試甄選。逢年過節時，三星也嚴禁職員到上司家中拜訪、送禮。

三星之所以採用這樣的政策，是因為學校、出生地等背景的派系之分，隨時都可能變成「集體利己主義」。李健熙董事長也多次強調：「省籍地域的利己主義、學校派系的利己主義、部門山頭的利己主義，都會降低組織的競爭力。」在此考量下，自然禁止任何可能被誤會成派系之分的行為。

從1994年開始，三星在錄用規定中，乾脆廢除學歷的限制。這正是所謂的「開放錄用」。

「人才的好壞不在於學歷，而在於個人所具有的潛在能力。」李健熙董事長是這麼指示的：「錄用人才不要把學歷放在心上。只要能發揮能力，就要比照大學畢業的職員給予同等的待遇。」

一旦以能力做為考量標準的人事政策逐漸生根，超越派系的企業文化更加公開，從外部吸收所謂的「異邦人」也會逐漸增加。「只要是有能力的人，就不要去區分其出生背景為何，而要盡力地延攬進來。」

案例2 互助合作的核心：跨公司總經理級團隊會議

在第一線工作者的協力合作的背後，有三星電子關係企業的總經理會議在當後盾。這個由李建熙董事長召開、每年兩次的會議，會議場所雖然主要在承志園（三星創辦人李秉喆的故居），但有時也會依當時情況，或是策略目標另擇他地舉行。中國上海（2001年11月）、美國德州奧斯汀（2000年2月，德州首府）的會議，也同時體現了該年海外市場的重點所在。

電子、SDI、電機、Corning、Techwin、紡織、SDS等三星電子相關企業總經理團隊，2002年4月19日於龍仁「創造館」召開會議，除了討論10年後三星電子要靠什麼存活的主題之外，也討論為了讓數位產品的融合發揮到極大，所面臨的事業領域調整問題。總經理團隊一旦勾勒出未來的藍圖，各事業部長級的幹部就必須根據新策略，每月召開一次會議，更具體地確立產品開發計畫。

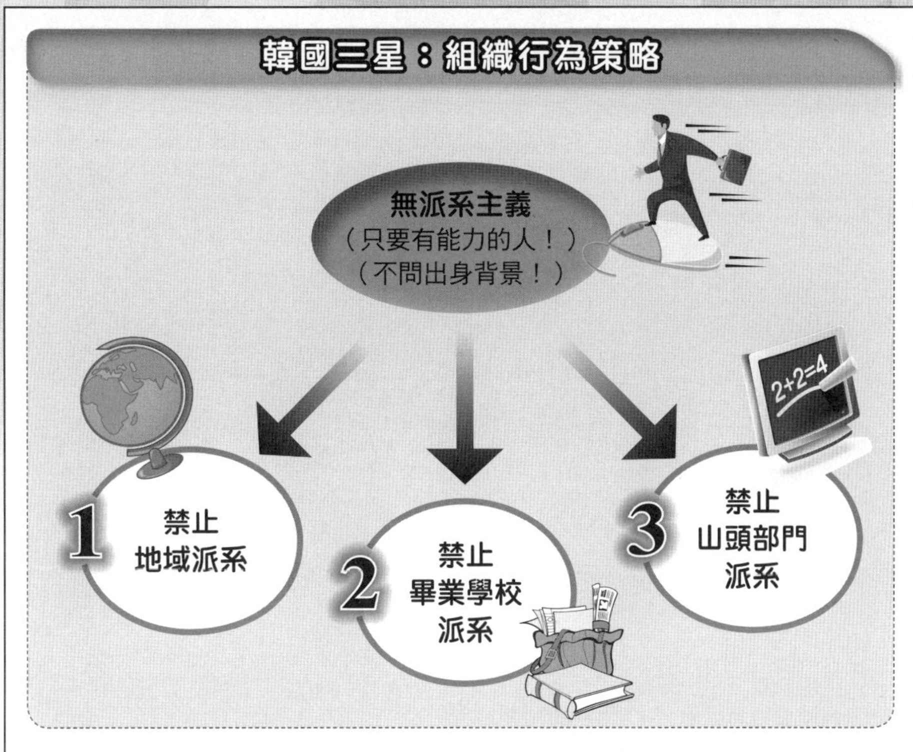

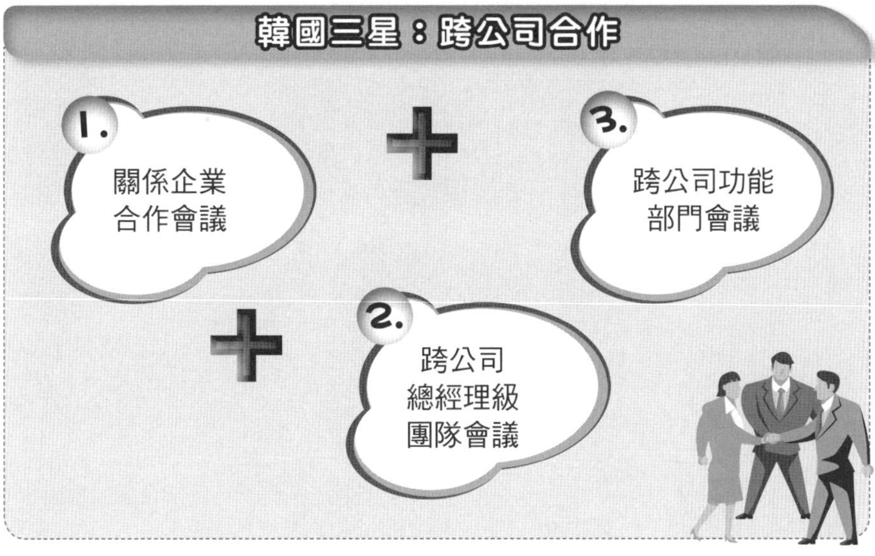

此外，各產品也有許多小型會議舉行。為了無線通訊技術開發的「關係企業合作會議」，出席人員包括三星電子記憶體事業部總經理黃昌圭、三星情報通訊事業部總經理李基泰、三星SDI綜合研究所副總經理裴哲漢，以及三星電機綜合研究所協理金載助等人。

第5章

領導

章節體系架構 

Unit 5-1 領導的意義、基礎及表現方式

一、領導的意義

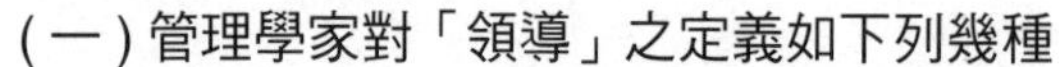

(一) 管理學家對「領導」之定義如下列幾種

1. 戴利 (Terry) 認為：「領導係為影響人們自願努力，以達成群體目標所採之行動。」

2. 坦邦 (Tarmenbaum) 則認為：「領導係一種人際關係的活動程序，一經理人藉由這種程序以影響他人的行為，使其趨向於達成既定的目標。

(二) 一種較普偏性之定義

在一特定情境下，為影響一人或一群體之行為，使其趨向於達成某種群體目標之人際互動程序。換句話說，領導程序即是：領導者、被領導者、情境等三方面變項之函數。

用算術式表達，即：

Lf（l, f, s）

（l：leader, f：follow, s：situation）

二、領導力量的基礎

依管理學者 French 及 Raven 對主管人員領導力量之來源或基礎，可包括以下幾種：

(一) 傳統法定力量 (legitimate power)：一位主管經過正式任命，即擁有該職位上之傳統職權，即有權力命令部屬在責任範圍內應有所作為。

(二) 獎酬力量 (reward power)：一位主管如對部屬享有獎酬決定權，則對部屬之影響力也將增加，因為部屬的薪資、獎金、福利及升遷均操控於主管。

(三) 脅迫力量 (coercive power)：透過對部屬之可能調職、降職、減薪或解雇之權力，可對部屬產生嚇阻作用。

(四) 專技力量 (expert power)：一位主管如擁有部屬所缺乏之專門知識與技術，則部屬應較能服從領導。

(五) 感情力量 (affection power)：在群體中由於人緣良好，隨時關懷幫助部屬，則可以得到部屬衷心配合之友誼情感力量。

(六) 敬仰力量 (respect power)：主管如果德高望重或具正義感可使部屬對他敬重，而接受其領導。

三、影響力作用的表現方式

領導意義既在對部屬及群體產生影響作用，那麼它在表現方式上則包括：

(一) 身教 (emulation)：俗謂「言教不如身教」，領導人的一言一行，均為部屬所矚目模仿之對象。

(二) 建議 (suggestion)：透過對部屬之友善建議，期使部屬能改變作為。

(三) 說服 (persuasion)：此較建議方式更為直接，帶有某些的壓力與誘惑。

(四) 強制 (coercion)：此乃具體化之壓力，是屬於最後不得已之手段。

領導的三種要素變化

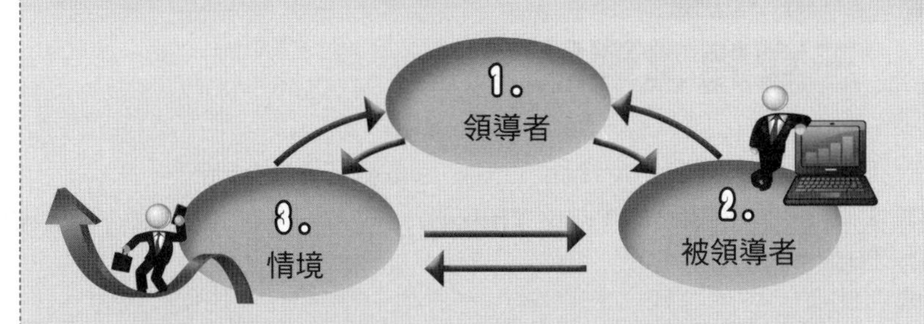

領導力量的六種來源

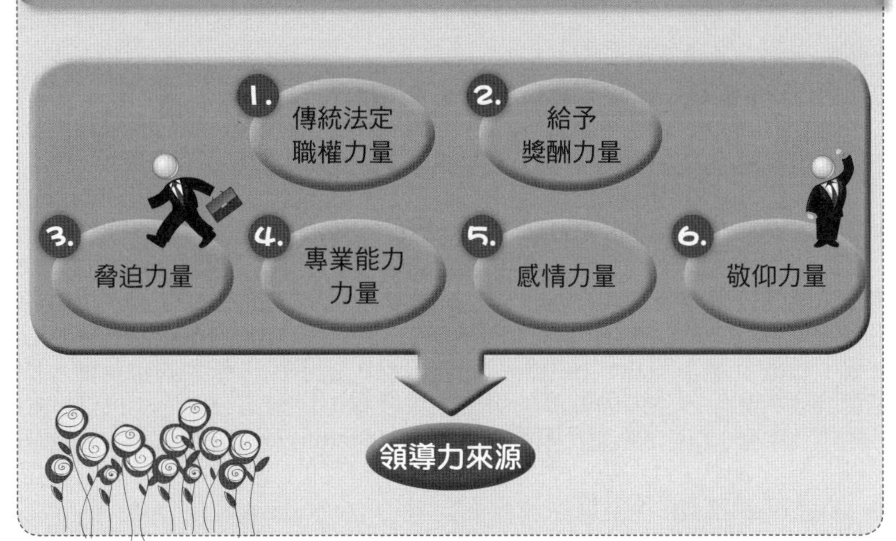

影響力作用的表現方式

Unit 5-2 三類領導理論

管理學者對領導之看法，曾提出三大類的理論基礎，概述如下：

一、領導人「屬性理論」(Trait Theory) 或稱「偉人理論」(Great Man Theory)

(一) 意義：此派學者認為成功的領導人，大體上都是由於具有異於常人的一些特質屬性。包括：外型、儀容、人格、智慧、精力、體能、親和、主動、自信等。

(二) 缺失：1. 忽略了被領導者的地位和影響作用。2. 屬性特質種類太多，而且相反的屬性都有成功的事例，因此，對於到底哪些屬性是成功屬性，很難確定。3. 各種屬性之間，難以決定彼此之重要程度（權數）。4. 這種領袖人才是天生的，很難做描述及量化。

二、領導行為模式理論 (Behavioral Pattern Theory)

(一) 意義：領導效能如何並非取決於領導者是怎樣一個人，而是取決於如何去做，也就是他的行為。因此，行為模式與領導效能就產生了關聯。

(二) 類型：1. 懷特與李皮特的領導理論：包括：權威式領導 (authoritation)、民主式領導 (democratic)、放任式領導 (laissez-faire)。

2. 李克的「工作中心式」與「員工中心式」理論：管理學者李克 (Likert) 將領導區分為兩種基本型態：(1) 以工作為中心 (job-centered)：任務分配結構、嚴密監督、工作激勵、依詳盡規定辦事。(2) 以員工為中心 (employeecentered)：重視人員的反應及問題，利用群體達成目標，給予員工較大的裁量權。依李克實證研究顯示，生產力較高的單位，大多採行以員工為中心；反之，則採以工作為中心。(3) 布萊克及摩頓 (Blake & Mouton) 的「管理方格」理論：此係以「關心員工」及「關心生產」構成領導基礎的二個構面，各有九種型領導方式，故稱之為管理方格。

三、情境領導領論 (contingency theory)

費德勒 (Fiedler) 提出他的情境領導模式，其情境因素有三項：

(一) 領導者與部屬關係：此係部屬對領導者信服、依賴、信任與忠誠的程度，區分為良好及惡劣。

(二) 任務結構：係指部屬的工作性質，其清晰明確、結構化、標準化的程度區分為高與低。例如，研發單位的任務結構與生產線上的任務結構就大不相同，後者非常標準化及機械化，但前者就非常重視自由性與創意性，而且時間上也較不受朝九晚五之約束。

(三) 領導者地位是否堅強：此係指領導主管來自上級的支持與權力下放之程度；區分為強與弱。愈由董事長集權的公司，領導者就愈有地位。將上述三項情境構面各自分為兩類，則將形成八種不同情境，對其領導實力各有其不同的影響程度。在此理論下，沒有一種領導方式是可以適用於任何情境，且都有高度效果，而必須求取相配對之目標。費德勒認為，當主管對情境有很高控制力時，以生產工作為導向的領導者其績效會高。反之，在情境只有中等程度控制時，以員工為導向的領導者，會有較高績效。費德勒的理論一般又稱為「權變理論」。

管理方格的領導行為理論

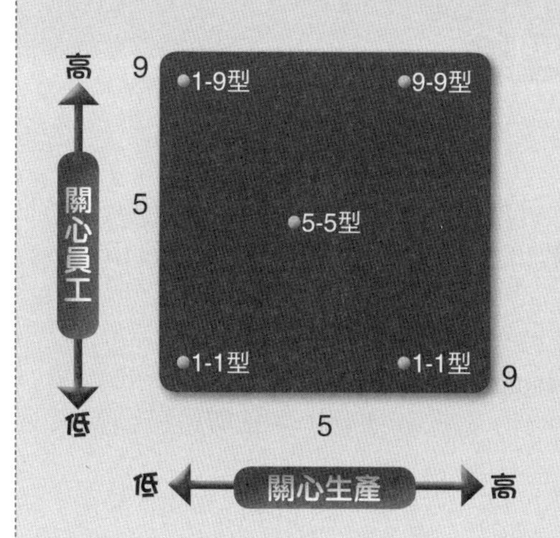

說明：

1-1型： 對生產及員工關心度均低，只要不出錯，多一事不如少一事。

9-1型： 關心生產，較不關心員工，要求任務與效率。

1-9型： 關心員工，較不關心生產，重視友誼及群體，但稍忽略效率。

5-5型： 中庸之道方式，兼顧員工與生產。

9-9型： 對員工及生產均相當重視，既要求績效，也要求溝通融洽。

權變理論的領導理論

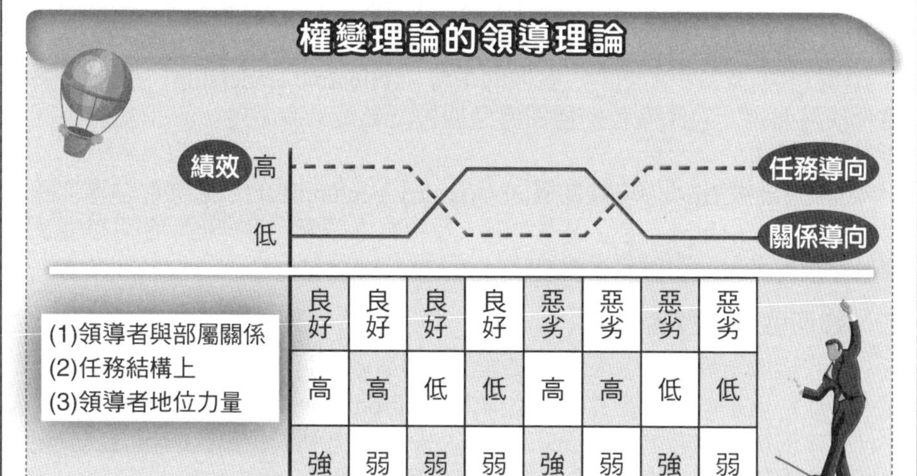

(1)領導者與部屬關係	良好	良好	良好	良好	惡劣	惡劣	惡劣	惡劣
(2)任務結構上	高	高	低	低	高	高	低	低
(3)領導者地位力量	強	弱	弱	弱	強	弱	強	弱

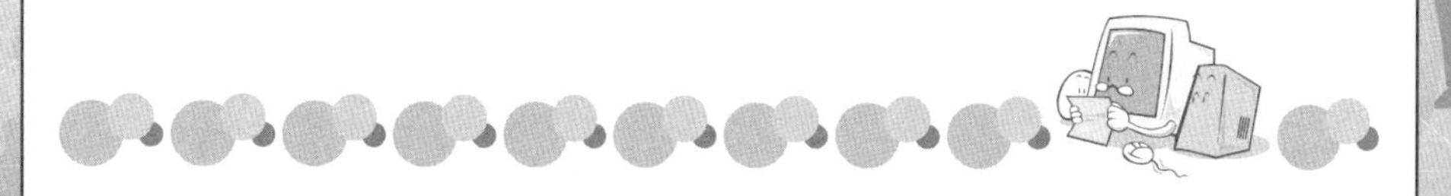

Unit 5-3 適應性領導理論

一、領袖制宜技巧

意義：費德勒發展一套技巧，可幫助管理階層人員評估他們自己的「領導風格」和「所處情境」，藉以增加他們在領導上之有效性 (effectiveness)，此係「領袖制宜」(leader match)。

費德勒領袖制宜的基本觀念是：

1. 須先了解自己的領導風格 (leadership style)。

2. 再透過對三項情境因素之控制、改善與增強（主管與成員間關係、工作結構程度、職位權力）。

3. 最終得以提高領導績效。

亦即費德勒認為，一個領導者之績效絕大部分取決於領導風格與對工作情境之控制力，在這兩者間尋求制宜配合 (match)。例如，有些高級主管是強勢領導風格，其情境因素亦必然有些相配合之條件存在。

二、適應性領導理論 (Adaptive Leadership Theory)

美國著名管理學家阿吉利斯 (Argyris) 曾綜合各家領導理論，而以整合性觀點提出他的「適應性領導」(adaptive leadership)。

阿吉利斯認為，所謂的「有效的領導」(effective leadership)，是基於各種變化情境而定；因此沒有一種領導型態被認為是最有效的，必須基於不同的現實環境需求。

因此，他提出以「現實為導向」(reality centered) 的「適應性領導理論」(adaptive leadership)。這從國家領導人及企業界領導人等身上，都可以看到這種以現實為導向的領導模式與風格。

三、如何強化領導者效果

從「情境領導理論」來看，要強化領導者效果可採取以下方法：

(一) 修正並增強領導者的地位權力(position power)。

(二) 重新設計工作內容(redesign work)，以有利於領導人的權力及表現。

(三)重新組合群體之成員，以使其與領導者一致(restructure group members)，讓團隊成員都能支持新的領導人。

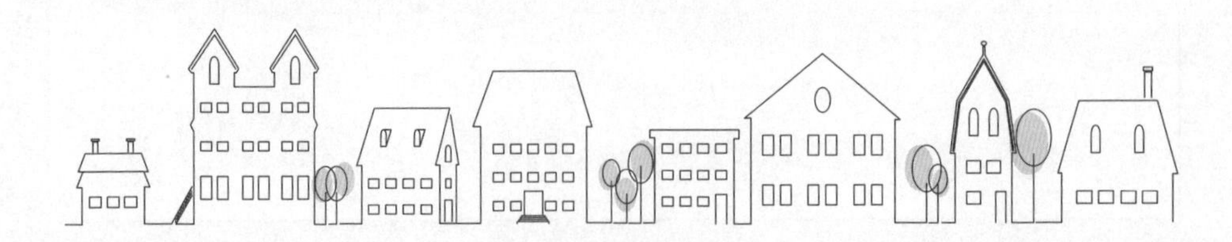

領袖制宜技巧的領導

1. 須先了解自己的領導風格 → 2. 再透過對各種情境因素之控制、改善與增強 → 3. 最終得以提高領導績效

適應性領導理論

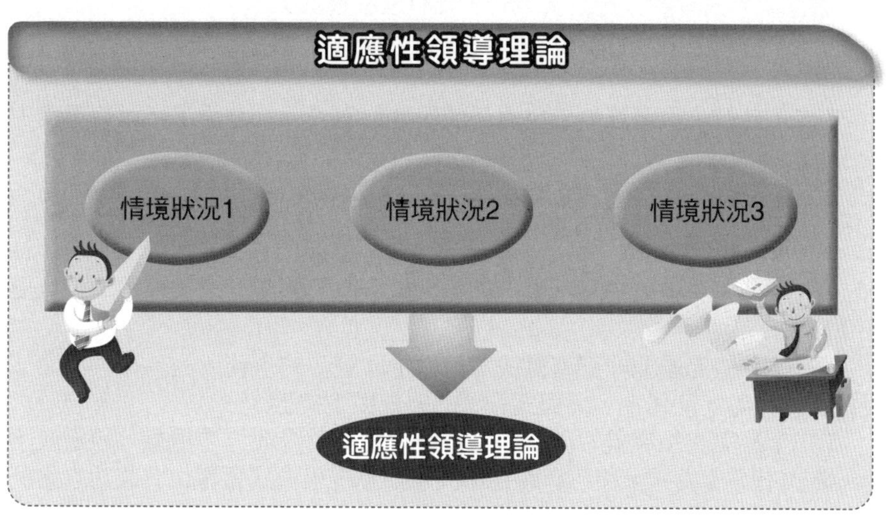

如何強化領導者效果

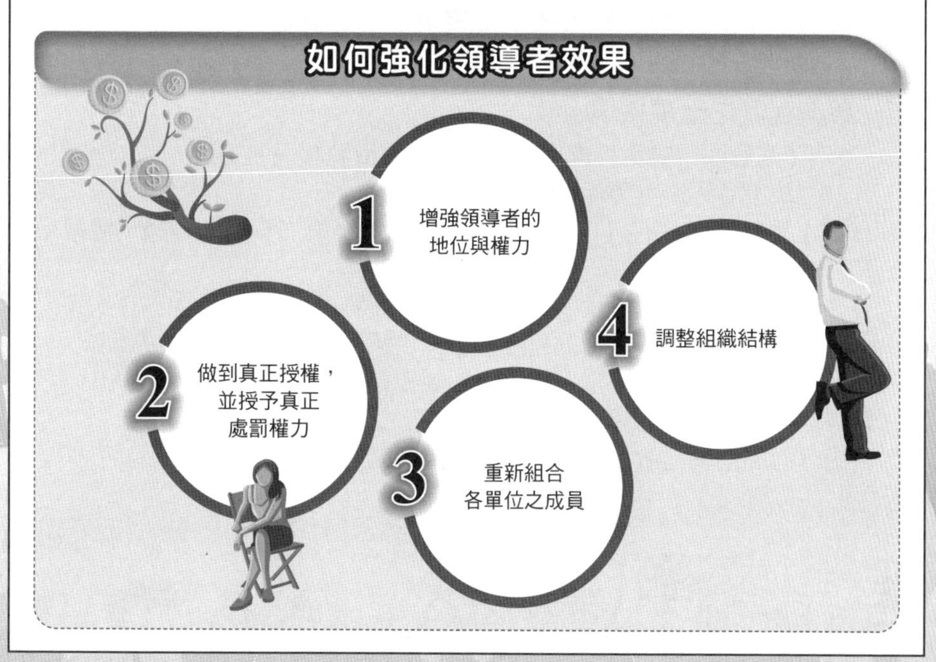

Unit 5-4 參與式領導

一、意義

係指鼓勵員工主動參與公司內部決策之規劃、研討與執行。

二、為何要參與式領導（優點）？

讓部屬參與有關公司之決策時，會有以下優點：

(一) 參與決策之各單位部屬對該決策會較有承諾感及接受感，而減少排斥。

(二) 參與決策可讓員工自覺身價與地位之提升，會要求自己有更優秀之表現。

(三) 廣納雅言對高階經營者而言，會做出較正確的最後決策。

三、參與式領導缺點

(一) 參與決策雖提升部屬的期望，但若他們的觀點未被採納，士氣便大幅下降。

(二) 有些部屬並非都喜歡決策或做不同層次的事務，因為他們只希望接受指導。在如此意願下，參與式領導的成效便不會很大。

(三) 參與式領導雖對部屬而言會讓他們更感覺地位之重要，但這並不表示一定會有高度績效產生。有時在不同環境下，集權式領導也有成功之案例。

四、如何決定適當的參與程度（五種管理決策型態）

管理學者汝門認為，參與式領導有五種參與程度，如右圖。

五、參與程度之七項情境

汝門認為要決定參與程度，須視下列七項情境狀況而定：

(一) 決策品質之重要性程度為何？

(二) 領導者所擁有且可獨自做一個高品質決策之資訊、知識、情報是否充分？

(三) 該問題是否例行化或結構化？還是複雜模糊？

(四) 部屬之接納或承諾的程度，對此決策未來執行之重要性為何？

(五) 領導者的獨裁決定，過去被部屬接納的可能性為何？

(六) 部屬們反對你想要方案的可能性？

(七) 部屬們受到激勵去解決該問題，而達成組織目標的程度為何？

集權式與參與式領導

1 集權式

以工作（生產）為中心的領導

2 參與式

以員工為中心的領導

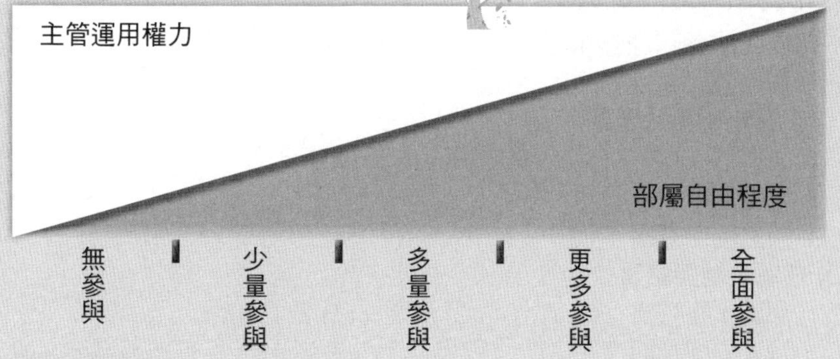

主管運用權力

部屬自由程度

無參與 | 少量參與 | 多量參與 | 更多參與 | 全面參與

1. 有效提升各階層幹部的士氣與向心力

2. 形成對各項決策制定的集體共識

3. 形成優良的組織文化與企業文化

4. 最終，有效提升企業績效與組織績效

5. 有助基層人員執行力的貫徹

Unit 5-5 影響領導效能之因素與有效領導者之能力

一、影響領導效能之因素

如依前述各項理論來看，我們可以綜合出影響領導效能的四大要素，簡述如下：

(一) 領導者特質與能力

1. 領導者人格特質：(1) 具自信心；(2) 具溝通力。
2. 成就需求動機強烈。
3. 過去經驗豐富。

(二) 部屬特徵與素質

1. 部屬人格特質：(1) 理性；(2) 溝通；(3) 觀念知識。
2. 需求動機為何？
3. 過去經驗。

(三) 領導者行為

1. 採人際關係導向型。
2. 採工作任務導向型。

(四) 情境因素

1. 群體（部門）特性方面：(1) 群體結構；(2) 群體任務；(3) 群體規範。
2. 組織結構方面：(1) 職權、層級；(2) 規則辦法。

二、有效領導者之能力特質（六種力量）

美國管理學者 Ghiselli 教授研究美國三百位企業經理，發現他們都具有六種近似的共同特質：

(一) 督導能力 (supervisory ability)

即指導他人工作、組織並整合他人行動，以達成工作群體目標的能力。

(二) 智慧力 (intelligence)

即處理思想、抽象觀念與理念的能力，以及學習和做好判斷的能力。

(三) 當一個高成就者的慾望力 (desire to high-achievement)

一個人的成就慾望，反映在他希望於企業中能有更高的職位，與完成挑戰性工作的程度。

(四) 自信力 (self-condence)

研究發現有效的領導者往往比他人更加自信。

(五) 果斷力 (decision-making ability)

一個果斷的人在他衡量評估各種狀況，知道必須做一個決定後，就馬上做下去了。

(六) 自我實現的高度慾望力 (self-actualization)

亦即想成為他們知道自己有潛力、能成功的人，在他們一生中之最終極目標。

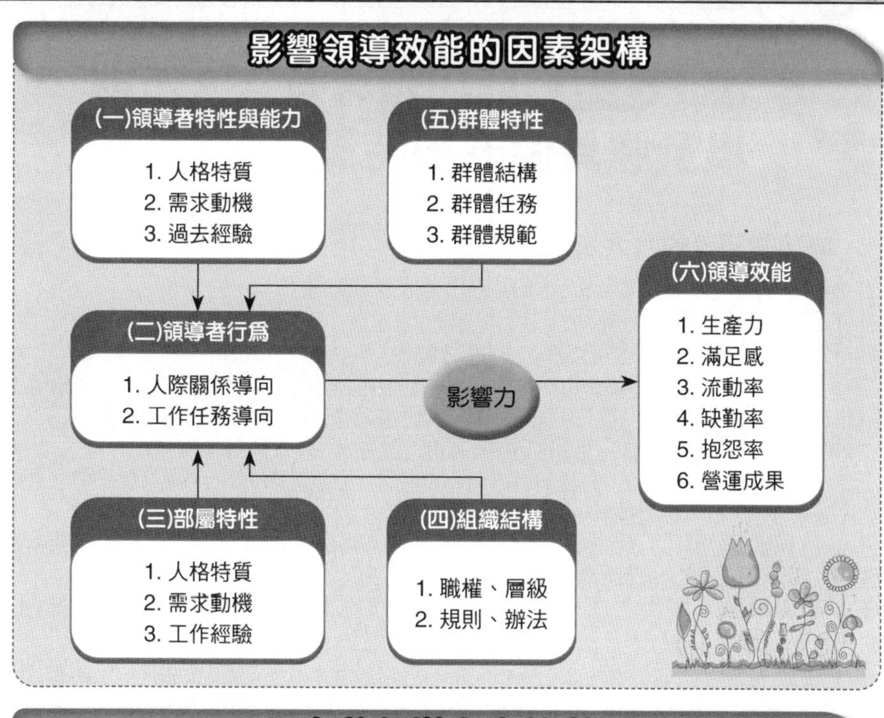
影響領導效能的因素架構
(一)領導者特性與能力
1. 人格特質
2. 需求動機
3. 過去經驗
(五)群體特性
1. 群體結構
2. 群體任務
3. 群體規範
(二)領導者行爲
1. 人際關係導向
2. 工作任務導向
影響力
(六)領導效能
1. 生產力
2. 滿足感
3. 流動率
4. 缺勤率
5. 抱怨率
6. 營運成果
(三)部屬特性
1. 人格特質
2. 需求動機
3. 工作經驗
(四)組織結構
1. 職權、層級
2. 規則、辦法

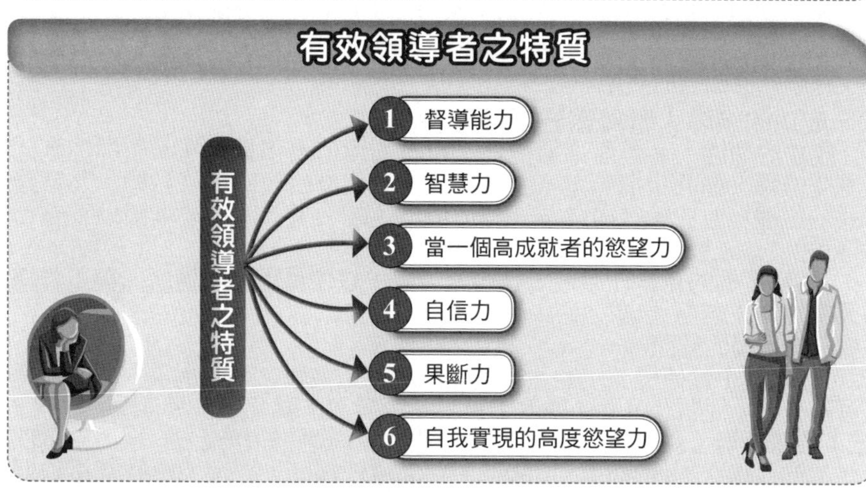
有效領導者之特質
有效領導者之特質
1 督導能力
2 智慧力
3 當一個高成就者的慾望力
4 自信力
5 果斷力
6 自我實現的高度慾望力

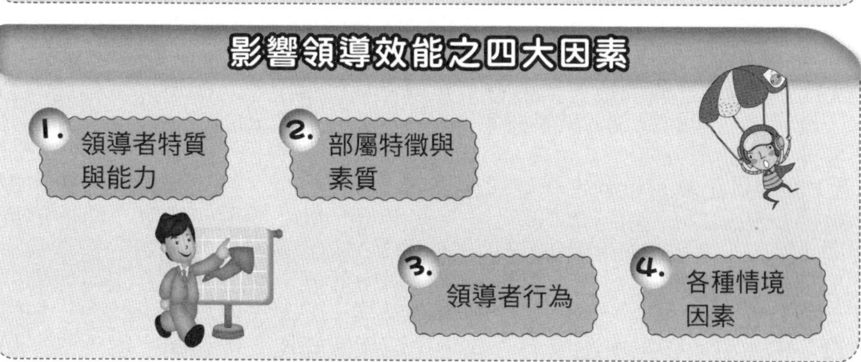
影響領導效能之四大因素
1. 領導者特質與能力
2. 部屬特徵與素質
3. 領導者行為
4. 各種情境因素

Unit 5-6 成功領導者六大法則以及應具備五項特質

一、成功領導者的六大法則

要做一個成功的領導者，應秉持下列六項原則：

(一)尊重人格原則：主管與部屬間雖有地位上之高低，但在人格上係完全平等；所謂「敬人者，人恆敬之」，即是此意。

(二)相互利益原則(matual henet)：相互利益乃是「對價」原則，亦即互惠互利，雙方各盡所能、各取所需，維持利益之均衡化，雙方關係才會持久。上級的領導亦必須注意下屬的利益。不能上面吃肉，下面啃骨頭。

(三)積極激勵原則：人性擁有不同程度及階段性之需求，領導者必須了解其真正需求，多加積極激勵，以激發下屬的充分潛力。

(四)意見溝通原則：透過溝通，上下及平行關係才能得到共識，從而團結，否則必然障礙重重。順利溝通是領導的基礎。

(五)參與原則：採民主作風之參與原則，乃係未來大勢所趨，也是發揮員工自主管理及潛能的最好方法。這也是集思廣益的最佳必然方法。

(六)相互領導：以前認為領導就是權力運用，是命令與服從關係，其實這是威逼而非領導，現代進步的領導乃是「影響力」的高度運用。而主管人員並非事事都懂、都有專長，有時部屬會有獨到之見解，因此，主管要有胸襟去接受部屬比自己強的新觀念。

二、成功的領導人應具備五項重點特質

成功的領導人／經理人須把整個組織的價值及願景帶進所領導的團隊、與團隊分享，並且指揮若定、全心投入，以達成公司的策略目標。為實踐分享式的管理，並在組織內成為一位價值非凡的領導人，需要具備以下幾項重要特質：

(一)了解下屬的新責任領域、技能及背景，以使員工適才適所，與工作搭配得天衣無縫：若想透過授權以有效且有用的方式執行更廣泛的指揮權，需要把握關於下屬的資訊。

(二)應隨時主動傾聽：這涵蓋了傾聽明說或未明說之事。更重要的一點是，這意味著以一種願意改變的態度，也就是等於送出願意分享領導權的訊號。

(三)要求部屬工作應採目標導向：經理人與下屬間的作業內容，與整個部門或組織的目標之間應存在一種關係。在交付任務時，經理人應做為這種關係的溝通橋樑。下屬應了解他們的作業程序，使他們主動做出可能是最有效率的決策。

(四)注重員工部屬的成長與機會：無論在何種情況下，領導人／經理人必須向下屬提出樂觀的遠景，以半杯水為例，經理人得鼓勵員工注意半滿的部分，不要看半空的部分。

(五)訓練員工具有批判性與建設性思考：員工完成一項工作後，鼓勵下屬馬上檢視一些指標，包括如何進行？為何進行？以及要做些什麼？給他們機會發問（例如，過去是如何完成這項工作的），這鼓勵他們想出新的作業流程、進度或操作模式，使他們的工作更有效率與效能。教導經理人如何領導的管理模式實在不勝枚舉，但通常比較強調風格，因而忽略技巧、能力、知識或態度。由這五大要點所組成的公式，保證能使經理人擁有配合度更高、更能做為強大後盾的團隊。

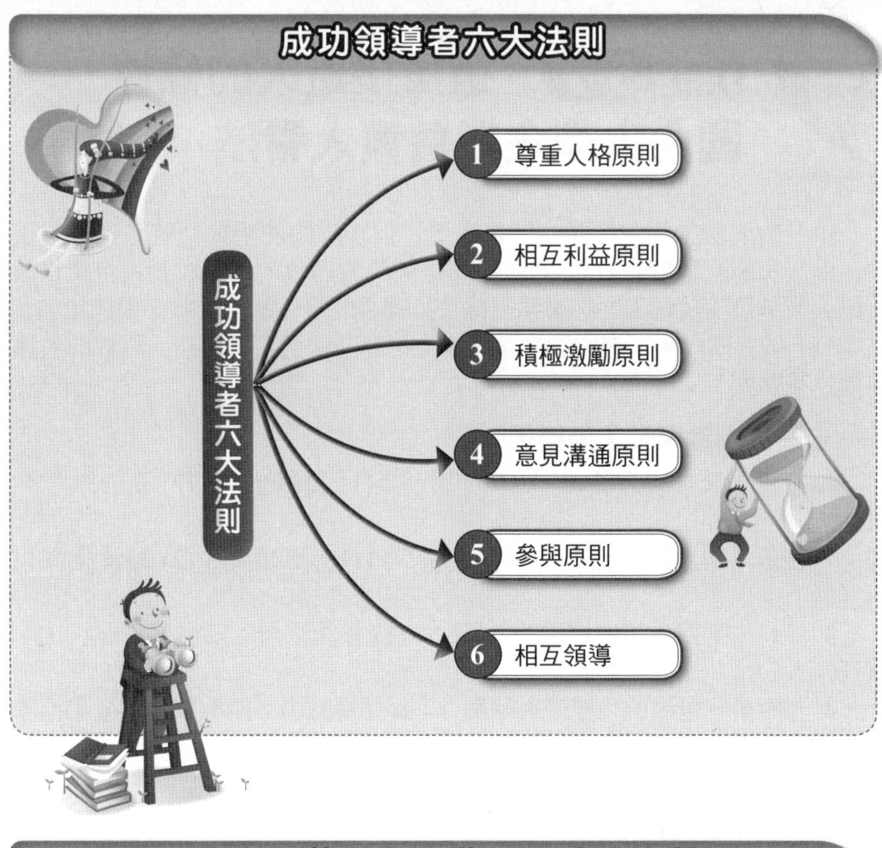
成功領導者六大法則
成功領導者六大法則
1 尊重人格原則
2 相互利益原則
3 積極激勵原則
4 意見溝通原則
5 參與原則
6 相互領導

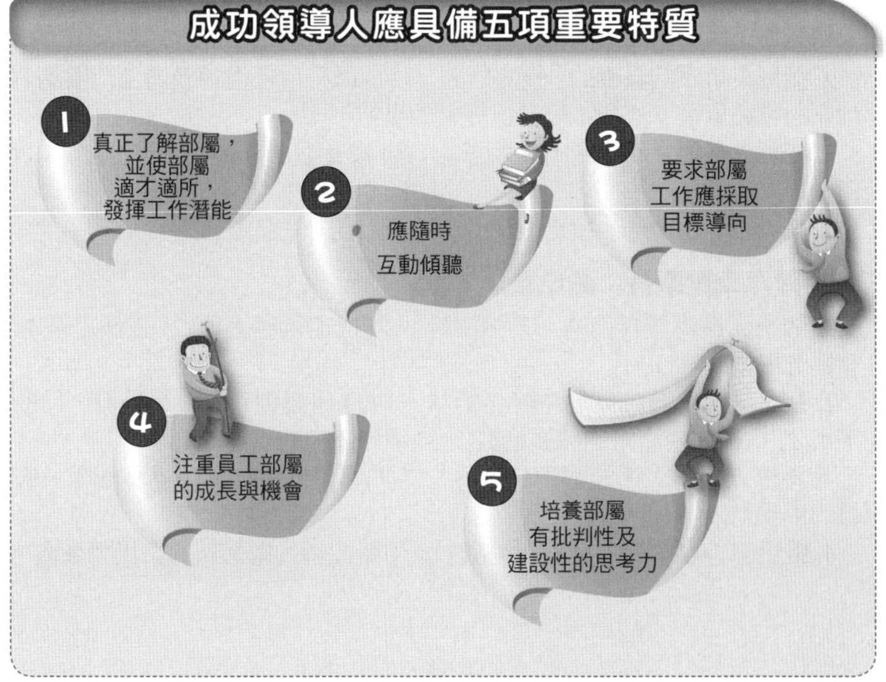
成功領導人應具備五項重要特質
1 真正了解部屬，並使部屬適才適所，發揮工作潛能
2 應隨時互動傾聽
3 要求部屬工作應採取目標導向
4 注重員工部屬的成長與機會
5 培養部屬有批判性及建設性的思考力

Unit 5-7 選擇接班人的條件——國內大型企業負責人看法

企業的成功，經營團隊當然很重要，但團隊的舵手或領航者也是同樣重要。而公司總經理或執行長 (CEO) 即是舵手的角色。但要成為大企業集團的接班人或是最高負責人，必須要有特殊及優秀的條件配合才行。根據知名《商業週刊》針對國內十二家大型企業負責人，專訪他們選擇接班人條件的看法，茲摘述重點如下：

一、宏碁集團董事長：施振榮

1. 接班人最應該具備的「人格特質」：(1) 領袖魅力；(2) 正面思考；(3) 自信。

2. 接班人最應該具備的「核心能力」：(1) 創新能力；(2) 經營能力；(3) 溝通能力。

3. 接班人絕對「不能觸犯的大忌」：(1) 停止學習；(2) 違反誠信；(3) 沒責任感。

4. 施振榮心目中的「接班人輪廓」：具領袖魅力，能夠開發舞臺和人才，長、短效益並重。

二、統一企業集團總裁：高清愿

1. 接班人最應該具備的「人格特質」：(1) 品德第一；(2) 領袖魅力，要能夠帶領一大群人。

2. 接班人最應該具備的「核心能力」：(1) 做好內部溝通及跨部門協調；(2) 開創新的賺錢事業；充分了解自己經營的事業。

3. 接班人絕對「不能觸犯的大忌」：(1) 沒有辦法賺錢；(2) 沒有誠信；(3) 投機取巧。

4. 高清愿心目中的「接班人輪廓」：具有全方位的功能。

三、裕隆汽車董事長：嚴凱泰

1. 接班人最應該具備的「人格特質」：(1) 心地善良；(2) 正面思考；(3) 具有經營事業的熱忱。

2. 接班人最應該具備的「核心能力」：(1) 研發創新，沒有研發，什麼都完了；(2) 精確判斷產業的發展趨勢；(3) 溝通能力。

3. 接班人絕對「不能觸犯的大忌」：(1) 策略錯誤；(2) 搞小圈圈，破壞組織的機制；(3) 停止學習。

4. 嚴凱泰心目中的「接班人輪廓」：不斷創新，創造新的市場與商機。

接班人應具備的人格特質

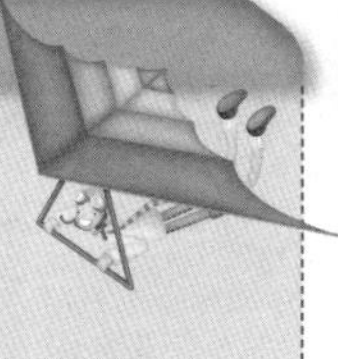

1. 領袖魅力
2. 正面思考
3. 品德第一

4. 具有經營事業的熱忱
5. 自信心與堅毅力
6. 能創新

接班人應具備的核心能力

1. 創新能力
2. 經營能力
3. 能為企業賺錢

4. 判斷能力
5. 溝通能力
6. 領導能力

接班人輪廓

1. 不斷創新，創造新的市場與商機
2. 具有全方位的功能
3. 有高度、有眼光、有願景，知道帶企業往哪裡去

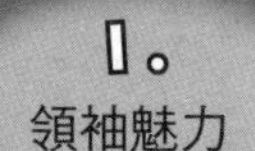

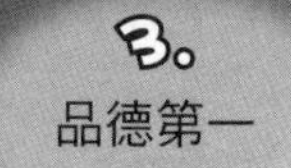

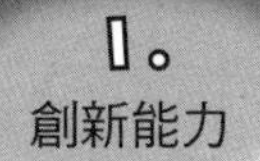

Unit 5-8 高階經理人甄選的十大條件（德州儀器案例）

曾任美國德州儀器公司執行長的 Fred Bucy 撰寫過一篇文章「How wemeasure managers」，提出他認為傑出高階經理人 (top manager) 應具備的十大條件，茲摘述如下：

一、誠實 (Integrity)

經理人員可能很聰明、很有創意且很會替公司賺錢，但是如果不誠實，便不僅一文不值，而且對公司而言是個相當危險的人物。誠實的另一個定義是對所有事物的承諾，能不計任何代價去達成。

二、冒險的意願 (Willingness to Take Risks)

的確，冒險並不好玩，什麼事都小心翼翼的人當然不會闖出什麼大禍。但若在經營上經理人做事老是講求安全第一，公司是不太可能快速成長的。企業要創造一種環境，讓經理人勇於去冒經過深思熟慮的風險，而不怕因為失敗而受責備。

三、賺錢的能力 (Ability to Make a Prot)

企業存在的目的不單是為股東賺錢，但是由於企業若要對社會有所貢獻，仍需要靠利潤來達成。因此，企業仍需要會賺錢的經理人。

四、創新的能力 (Ability to Innovate)

卓越的經理人必須能夠創新，次之的經理人則要能獎勵與支持部屬的好點子。企業必須不斷有新創意流入，這些創意不單是科技方面，在管理改革方面，亦是被重視的。

五、實現的能力 (Ability to Get Thing Done)

經理人即使有全世界最偉大的產品計畫、最看好的產品創新，但是如果無法讓它們付諸實現，那麼他還不能算是經理人。

六、良好的判斷力 (Good Judgment)

判斷力是一種重要的思考能力，使經理人能根據數據來發現以及感覺、評估、計畫方案和建議的價值。

七、 授權與負責的能力 (Ability to Delegate Authority and Share Responsibility)

主管人員可將做決策的權力全部授予部屬，但他必須與部屬對事情的後果共同負責。經理人對部屬所做的事絕不能逃避責任，無論部屬所做的良好決策是多麼微小，主管都可以分享榮譽；無論部屬所做的不良決策是如何輕微，主管都要與部屬一起受責備，亦即各階層的經理人要層層授權、層層負責。

八、 求才與留才的能力 (Ability to Attract and Hold Outstanding People)

企業有少數獨攬全局的主管可能會成功一時，但是有良好的管理團隊才能永遠成功。高階主管需要時時刻刻都擁有許多能力，有共事方法的人使企業大展鴻圖。因此，良好的經理人不但應該樂意，也應該對於能幹部屬得以升遷到組織其他部門而感到光榮。高階主管在評估經理人時，應該著重在他如何建立團隊、如何培育部屬，然後才是他對組織的貢獻。傑出的經理人會培育出好的管理人才。

九、智慧、遠見與洞察力 (Intelligence, Foresight and Vision)

好的經理人不單是今天很聰明，明天或 10 年後都應該還是很聰慧靈敏。大企業的經理必須快速學習，消化大量資訊，解決複雜的問題，並從經驗習得教訓。遠見是一種向前看事情的能力，能預見並解決即將到來的問題。經理人必須能預期問題，避免問題發生或大禍臨頭之前解決問題。經理人若沒有預見未來的能力，只能任憑命運擺布，最後將會面臨無法預料的重重危機。至於洞察力則是一種長程的遠見。此種資質使得經理人得以想像未來年代的世界、業界以及自己公司會變成怎樣，因此，他可以開始計畫並解決未來的問題。

十、活力 (Vitality)

企業要永續經營，大家應該使它藉著成長與改變而成為充滿活力之組織。一個企業組織若因充滿著因循苟且、得過且過的成員而變得呆滯，那它將很快失去優秀的人才、顧客以及所有一切。

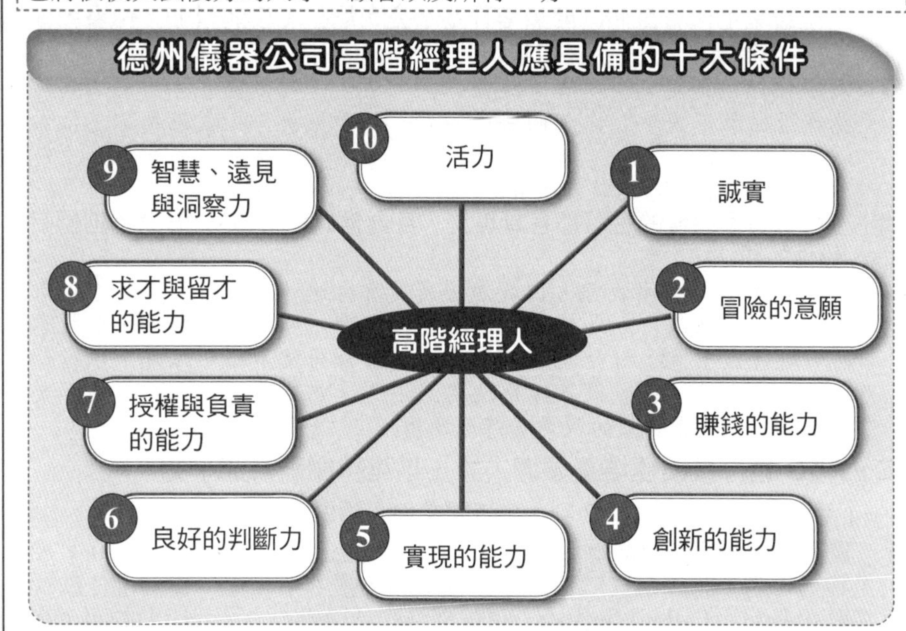

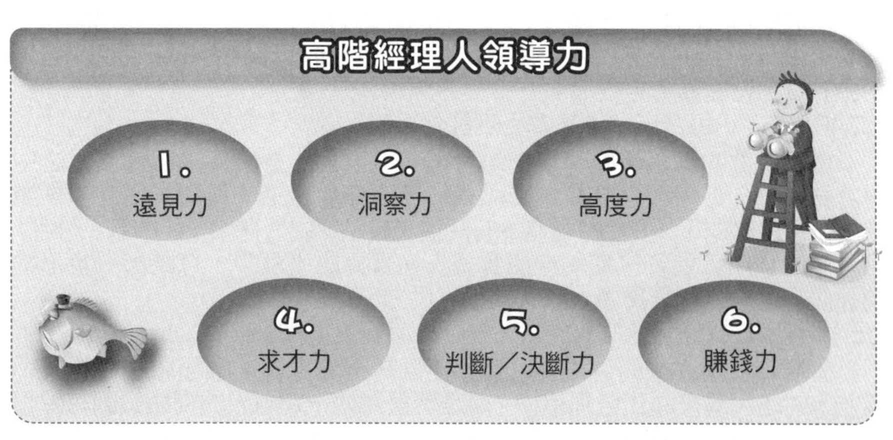

Unit 5-9 台積電及美國P&G公司領導人如何培育人才

一、台積電公司張忠謀對選才用將的個人看法

台積電公司張忠謀董事長在接受《天下》雜誌專訪時，提到他個人對選才用將的看法，十分有建設性，特別摘述重要對談段落，如下：

問：你在選才用將上的原則是什麼？

答：個人特質和在職表現。個人特質就是要先看我們的四個重點：品德、創新、顧客服務、信守承諾。在職表現的衡量標準就是他的上司跟他合訂的一年的工作目標，一年以後看看你做了多少。

問：一個職場工作者每個階層需要什麼？公司能給怎樣的幫助？你會如何協助中、高階層？

答：我跟他們談話是滿多、滿有建設性的，我覺得這很重要。一個上司，不應該跟他屬下說：「你這個做得不好」，而應說：「我認為你怎樣做，就會做得更好。」

我跟他們幾乎是每週談話，有的人是每月一次個別談話。

問：台積電每個領域的主管都各具專業，身為他們的 CEO，怎麼給他們有建設性的想法？

答：他們的專業可能比我強，但我看得廣、看得遠。如法務做這件事也許在專業上是應該的，可是對客戶會有不好影響，那就不能做。又如生意忙時，趕著做生意，研發就做得少了，這對公司就不好。另外，以行銷部門來說，生意不好，很多客戶就要減價，這就要看得遠一點。在專業部分我相信我所能貢獻的就是看得遠及廣。

二、P&G 執行長積極培養領導人才，以維持創新及競爭力

(一) 雷富禮執行長花費 1/3 到 1/2 時間在培育領導人才上

寶僑，一個產品網路遍及全球 160 個國家的企業，獲選全球前 20 大領導人企業第一名，原因是其管理具延續性，並拔擢內部人才，寶僑現任執行長雷富禮 (Alan G. Lafley) 曾說：「在對寶僑的長期成功上，我所做的事，沒有一件比協助培育出其他領導人更具長遠的影響力。」年逾六旬的雷富禮表示，他的時間有 1/3 到 1/2 都用在培育領袖人才上，而寶僑花在這上面的錢雖無法準確計算，但金額肯定很大。

(二)P&G 人，每踏出一步都會受到評估

寶僑所做的就是讓領導能力培育變成全面性，並且深入寶僑文化之中。雷富禮認為，最大要點就在於寶僑是一部不停做汰選的機器，從大學畢業生進到寶僑就展開了，寶僑有流程、有評估工具。寶僑依據價值、才智、創造力、領導能力和成就進行拔擢。一個寶僑人在寶僑的生涯中，每踏出一步都會受到評估，這應該就是寶僑人成長的最大動力。

(三) 培育方式為短期訓練

在培育領袖人才的方法上，寶僑不同於奇異電器、摩托羅拉等企業，寶僑並未興建大學校園式培訓機構，而是著重為期一或兩天的密集式訓練課程，然後就要受訓主管返回工作崗位。此外，寶僑會從外頭聘請企管教練來上課，也採用過由顧問或大學設計的教學課程。

台積電選才用將的原則

(一)個人特質

- 品德
- 創新
- 顧客服務
- 信守承諾

(二)工作表現

- 工作績效
- 工作達成度

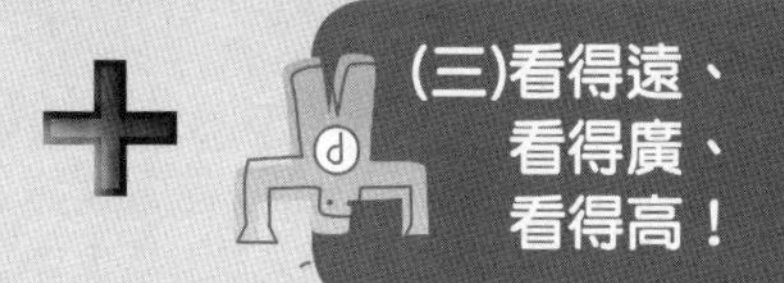

(三)看得遠、看得廣、看得高！

P&G 培育領導人才

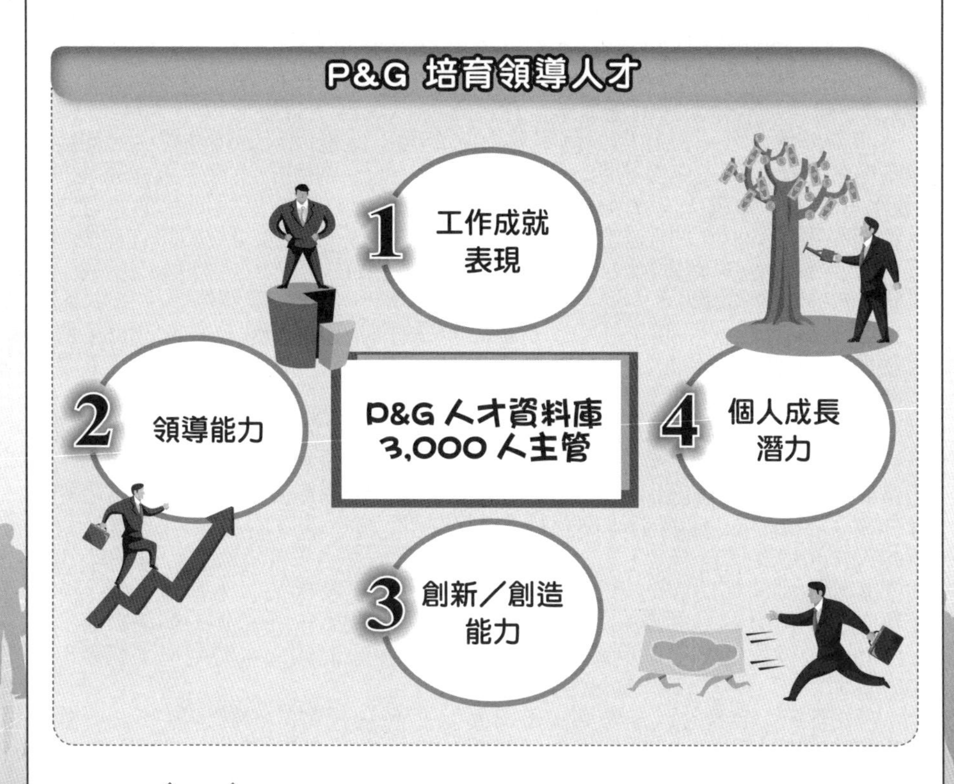

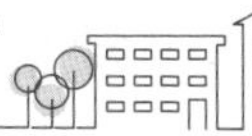

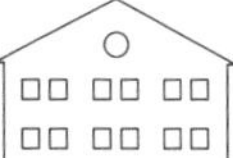

Unit 5-10 GE公司前執行長傑克・威爾許的七項領導守則

領導在於栽培——以前，顧好自己；現在，顧好別人。領導人應做些什麼事？——領導的七項守則。

(一) 守則1：領導人孜孜矻矻於提升團隊的層次，把每一次的接觸都當作評量、指導部屬和培養部屬自信的機會。1. 必須量才任用：把對的人擺在對的位置，支持和拔擢適任的人選，汰除不適任者。2. 必須指導部屬：引導、評斷並協助部屬，從所有面向來改善績效。3. 最後，必須建立自信：不吝鼓勵、關懷和表揚。自信能帶來活力，讓部屬勇於全力以赴、冒險犯難、超越夢想。自信是致勝團隊的燃料。

(二) 守則2：領導人不但力求部屬看到願景，也要部屬為願景打拚，起居作息都圍繞著願景運作。不消說，領導人必須為團隊描繪一幅願景，大部分領導人也都這麼做了。但是談到願景，該做的事遠不僅止於此。身為領導人，你必須讓願景活起來。

(三) 守則3：帶人要帶心，領導人應該散發正面的能量和樂觀的氣氛。

有句老話說：「上樑不正下樑歪。」這主要是形容政治和腐化如何經由上行下效而遍及整個組織。不過，這句話也可以用來描述上級的不良態度，對任何團隊（不拘大小）所造成的影響。其結果會感染到每個人。

(四) 守則4：領導人因胸襟坦率、作風透明以及信用聲譽而獲得信賴。

何謂信賴？我可以給你一個字典上的定義：但是你只要親身體會，便能明白何謂信賴。當領導人作風透明、坦誠、講信用，信賴便油然而生。就是那麼簡單。

(五) 守則5：領導人有勇氣做出不討好的決定，並根據直覺下判斷。有些人天生就是和事佬；有的人則是處處討好，渴望被大家接受和喜愛。如果你是領導人，這些行為無異是搬磚砸腳；不論你工作的場合或內容為何，總有必須做出艱難決定的時刻。例如解聘某些人、削減某個專案的預算、關閉廠房。這些困難的決定當然會招來怨言和阻力。你要做的事是仔細傾聽部屬怎麼說，而且把你的做法解釋清楚。終究你還是必須義無反顧勇往直前，做你該做的事，不要躊躇不前或花言巧語。

(六) 守則6：領導人抱持懷疑與好奇心，探索並敦促，務使所有疑問都獲得具體的行動回應。你還是專業人士的時候，必須想辦法找出所有答案。你的工作就是當個專家，成為自己那一行的頂尖高手，甚至整個辦公室裡就只有你最聰明。等你當了領導人，你的工作便是提出所有的問題。就算看起來像是辦公室裡最笨的人，你也泰然自若，不以為意。討論決策、提案、某項市場資訊的每次談話，你都必須用到諸如此類的句子：「如果這樣，會怎麼樣？」「有何不可？」「怎麼會呢？」但發問是領導人的工作。你要的是更寬廣、更完美的解決方案。
提出問題、健康的辯論、擬定決策、採取行動，才能讓大家得到完美寬廣的解決方案。

(七) 守則7：領導人以身作則，鼓舞冒險犯難和學習的精神。贏家公司歡迎冒險犯難和學習精神。事實上，這兩個觀念常常是徒有口惠，少有實際作為。有太多經理人敦促部屬嘗試新事物，一旦失敗就狠狠指責下屬。也有太多人活在自以為是、孤芳自賞的世界裡。如果你希望部屬勇於實驗並擴大視野，就請以身作則。以冒險犯難來說，不避諱談論自己犯過的錯，暢談你從中學到的教訓，據以塑造鼓勵冒險犯難的風氣。

GE前執行長傑克・威爾許的七項領導守則

1 領導人必須用心努力於提升團隊的層次！

2 領導人要能激勵部屬為願景而打拚！

3 領導人帶人要帶心，激起大家正面能量！

4 領導人要胸襟坦率、作風透明，以及因信用、聲譽而獲得信賴！

5 領導人要有勇氣做出不討好的決定！

6 領導人要抱持好奇心，並使疑問獲得行動回應！

7 領導人要以身作則，鼓舞冒險犯難和學習的精神！

領導人用人哲學

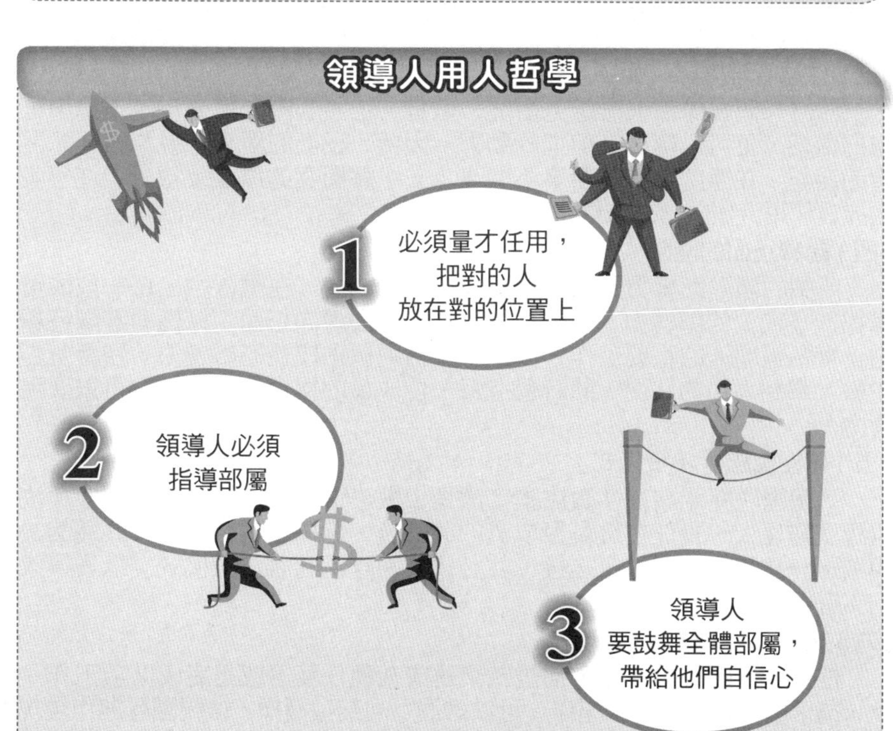

Unit 5-11 如何成功領導團隊

一、如何成功領導團隊？

在講究專業分工的現代社會，企業所面對的環境及任務往往相當複雜，必須集合眾人智慧及團隊運作，群策群力達成目標。因此，如何有效帶領團隊達成企業目標，已成為經理人的重要任務。

建議經理人可以從下列七大關鍵因素著手，掌握團隊運作的訣竅：

(一)建立良好的團隊「關係」

團隊的成功與否，主要繫於成員之間良好的互動與默契。身為經理人，除了可以觀察成員之間的互動情況，更須時時鼓勵成員相互支持。可以運用技巧，逐步鞏固團隊成員的關係，例如，鼓勵團隊成員分享好的創意點子、共同尋求進步與突破、共同追求成功與榮譽……等。唯有團隊成員互相了解與支持，尊重彼此的感受，方能維持正向提升的團隊關係。

(二)提高成員的團隊「參與」

由於任務與階段的不同，團隊成員的參與也就有所差異。因此，如何讓成員明白彼此的參與程度，以及尊重彼此的角色，是團隊領導者的重要工作。經理人有責任、也有義務塑造一個良好而善意的溝通環境，讓每一位成員皆有表達意見的機會，並願意分享自己的經驗，進而提高成員的團隊參與。

(三)注意管理團隊「衝突」

任何一個團隊都很難避免衝突。但是，正面的團隊衝突不僅不會傷害團隊的情感，更可以轉換為前進的動力。因此，正面的衝突應視為一種意見整合的過程。在態度上應該對事不對人，去了解衝突的原因及背景，進一步鼓勵成員使用合理的方式去解決衝突。

(四)誘導正面的團隊「影響力」

所謂的團隊影響力是指改變團隊行為的能力。在團隊中，每一位成員都掌握或多或少的影響力。但是，如何將影響力導向正面，以協助團隊持續努力，實為經理人的重要工作。可以試著檢視個別成員的影響力、判斷是否有少數人牽制大局的狀況，同時營造每一位成員的機會，讓他們也可以展現影響力。

(五)確立團隊「決策模式」

一個團隊究竟該採多數決策？還是少數決策？究竟有多少人應參與決策過程？經理人的責任在於凝聚成員的共識後，選擇一個合理的、共通的決策模式。一旦決策模式確定之後，就必須與團隊溝通該決策模式，以獲得成員的支持與配合。

(六)維持健全的團隊「合作」

任何一個團隊的運作，都是為了達成某種任務，或是完成某項工作。因此，為了確保健全的團隊運作，可以透過下列幾項指標，檢視團隊運作現況：團隊的目標是否經過全體成員的同意？團隊解決問題的方式是否有效且具體？團隊成員是否具有時間管理能力？團隊成員是否會互相幫助以促使任務順利達成？這些都有助於經理人偵測現況，以維持健全的團隊運作。

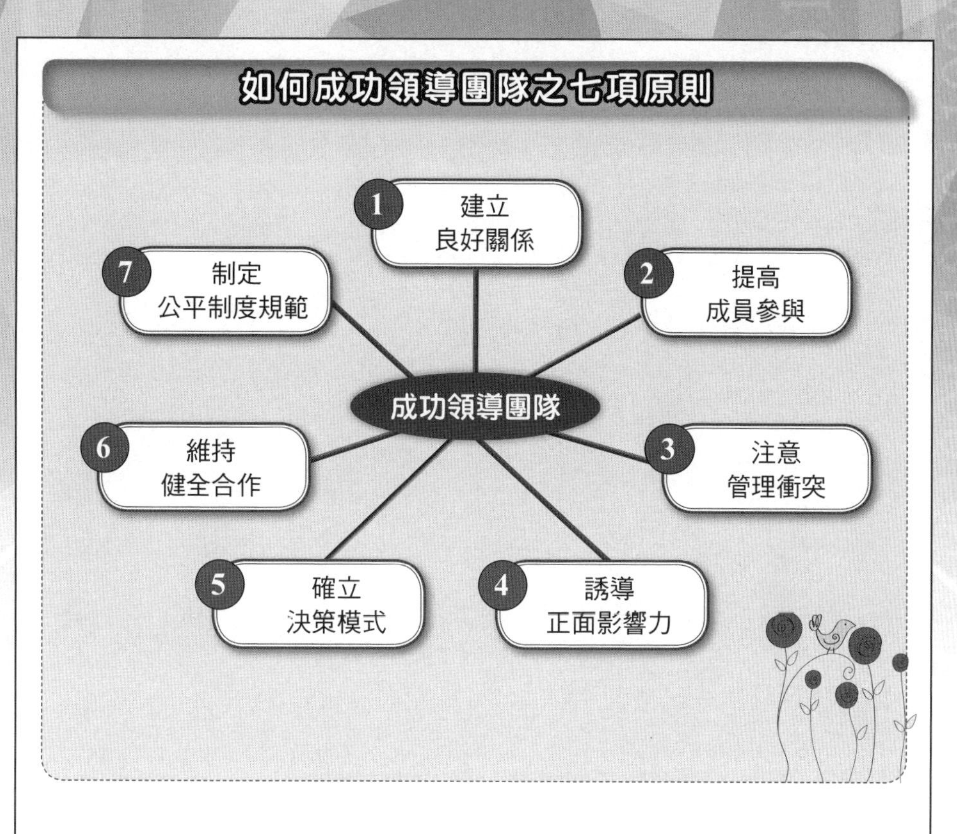
如何成功領導團隊之七項原則
成功領導團隊
1 建立良好關係
2 提高成員參與
3 注意管理衝突
4 誘導正面影響力
5 確立決策模式
6 維持健全合作
7 制定公平制度規範

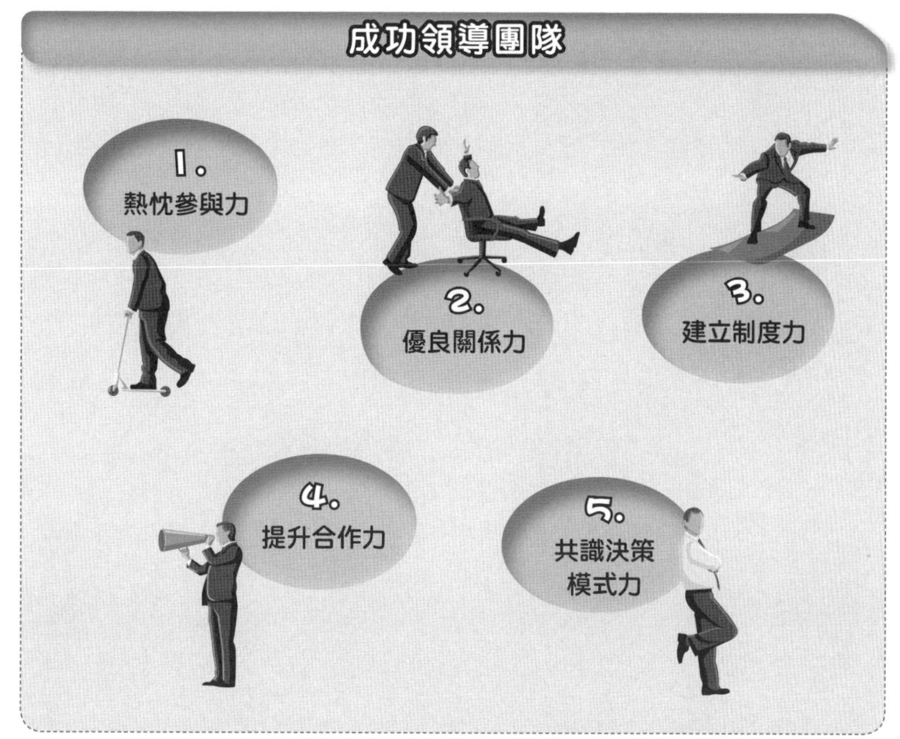
成功領導團隊
1. 熱忱參與力
2. 優良關係力
3. 建立制度力
4. 提升合作力
5. 共識決策模式力

第6章

團隊管理

章節體系架構

Unit 6-1 團隊的目的及特質

一、團隊的目的

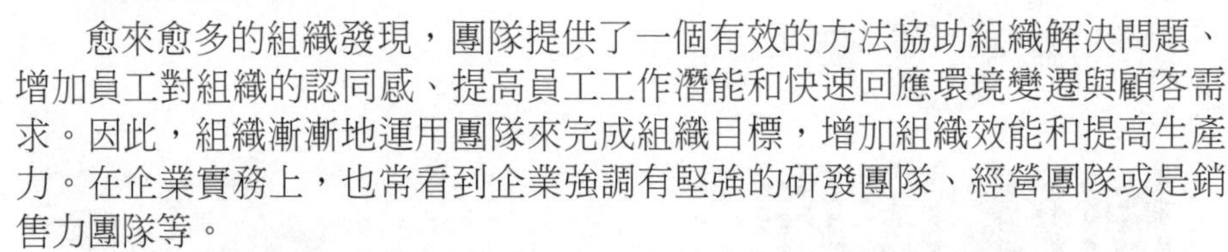

愈來愈多的組織發現，團隊提供了一個有效的方法協助組織解決問題、增加員工對組織的認同感、提高員工工作潛能和快速回應環境變遷與顧客需求。因此，組織漸漸地運用團隊來完成組織目標，增加組織效能和提高生產力。在企業實務上，也常看到企業強調有堅強的研發團隊、經營團隊或是銷售力團隊等。

團隊的主要目的是透過組織和管理一群人，讓他們在團隊所投入的心力能有效地凝聚、發揮，同時也能夠透過團隊的運作過程學習到更多工作上的知識、技巧與經驗。簡言之，團隊即是指將幾個人集結在一起，去完成一特定的工作或任務。進一步而言，團隊是一群人共同為一特定的目標，一起分擔工作，並為他們努力的成果共同擔負成敗責任。例如，可能是一個研發團隊、西進中國設廠團隊、新事業籌備小組團隊、降低成本工作團隊、海外融資財務工作團隊或是教育訓練講師團隊等。

二、團隊的特質

基本上，團隊具有下列四項特質：

(一) 團隊隊員具「相互依存性」：在團隊中，每個隊員均具有不同的技能、知識或經驗。每個隊員都能對這個團隊有不同的貢獻，團隊隊員能了解彼此的特長及在團隊中的角色與重要性。團隊的隊員在團隊中分工合作、分享資訊、交換資訊，並相互接納。團隊的隊員體認到每個人的重要性，缺一不可，少了任何一個隊員，團隊的目標將法順利達成。

(二)「協調」是在團隊運作過程中不可缺少的活動：團隊的隊員通常具有不同的背景，或來自不同的單位。為凝聚共識，致力於達成團隊的共同目標，團隊隊員應摒棄本位主義，敞開心胸，加強溝通協調，針對問題、解決問題。因此，身為團隊隊員應體認，唯有透過協調及充分溝通，才能完成團隊的共同目標。

(三) 了解到這個團隊「為何存在」：了解團隊的界限 (boundaries) 何在，及團隊在組織中所扮演的角色地位和功能性為何。

(四) 團隊隊員「共同擔負」團隊的「成敗責任」：團隊隊員的責任分享可分為兩個層面來加以分析。第一個層面是隊員在平常的團隊運作過程中或團隊會議中共同分攤團隊的工作。例如，團隊的領導角色 (team leadership) 或團隊的各項任務指派。第二個層面是針對團隊的最後成果而言。團隊的存在都有其特定任務，能否達成此一任務便有成敗責任歸屬問題。團隊的特色之一，即在於順利完成團隊的目標時，全體團隊隊員將分享此一成果，共同接受組織的激勵與獎勵。相同的，當團體無法順利完成特定任務時，則全體團隊隊友將共同承擔此一失敗的責任，而非由單獨的團隊領導者 (team leader) 或管理者 (manager) 承擔失敗的責任。

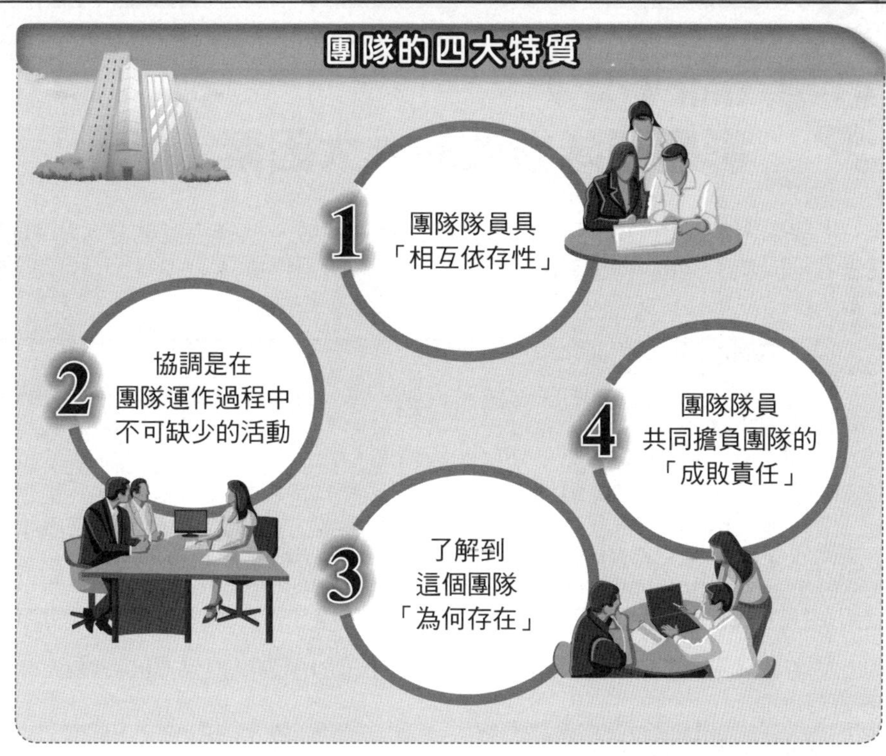
團隊的四大特質
1
團隊隊員具
「相互依存性」
2
協調是在
團隊運作過程中
不可缺少的活動
4
團隊隊員
共同擔負團隊的
「成敗責任」
3
了解到
這個團隊
「為何存在」

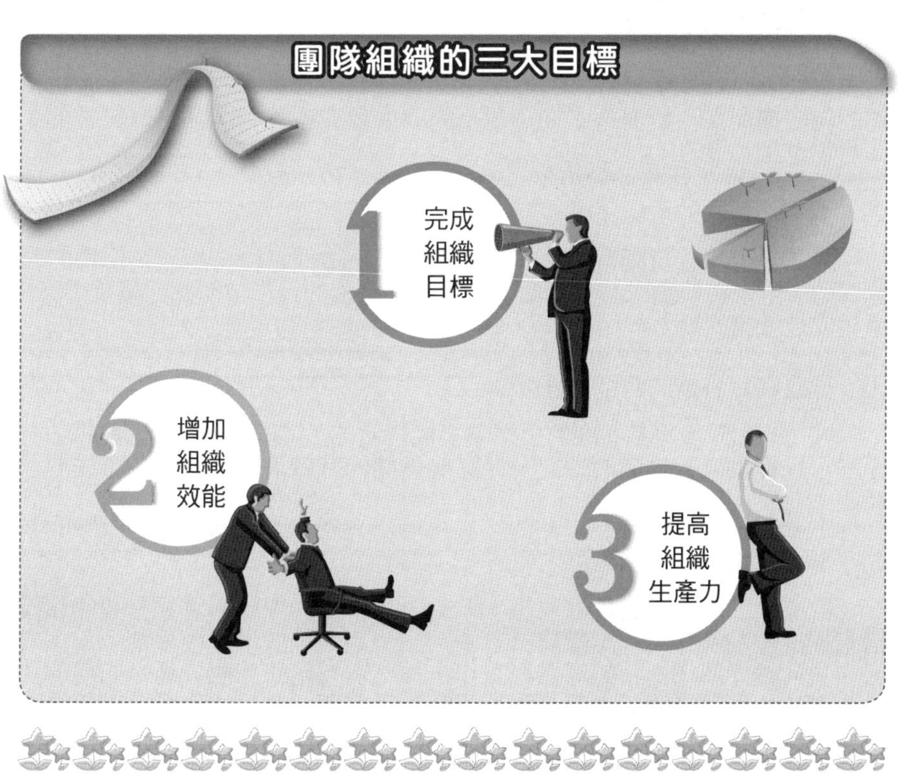
團隊組織的三大目標
1
完成
組織
目標
2
增加
組織
效能
3
提高
組織
生產力

Unit 6-2 影響團隊績效的九大因素

了解影響團隊績效的因素有助於提升團隊績效。值得注意的是，不是把團體改個名稱叫做工作團隊就會增加生產力，有效的工作團隊必須具備以下幾個重要特徵：

一、工作團隊成員人數的多寡

一般而言，好的工作團隊其成員人數不多。如果人數過多，不僅會造成溝通上的困難，而且也容易造成權責不分、無凝聚力及無承諾的現象。專案組織是工作團隊的一個特定形式。當群體變得愈來愈大時，成員的工作滿足感會降低，而缺勤率及離職率會增加。但是有些專案非常複雜，區區人數很難應付自如，還是必須考慮完成專案的時間，來決定專案人員的數目。團隊成員小則有5至7人，中則10至20人，大則20至50人均有可能存在。

二、成員的能力好壞

團隊成員要能發揮效能，必須具備四種技能：技術的、人際的、觀念化的、溝通的技能。

三、角色及差異性的互補性大小

每個團隊都有特定目標及需求，因此在遴選團隊成員時，必須考慮到成員的人格特質及偏好。績效高的團隊必然會使其成員「適才適所」，讓每位成員都能夠發揮所長、扮演適當的角色。團隊成員亦不適宜全部是同質性的，存在異質化也是必須的。

四、對共同目標的承諾深度

團隊是否有成員願意施展其抱負的目標？這個目標必須比特定標的具有更寬廣的視野。有效團隊必有一個共同的、有意義的目標，而此目標是指導行動、激發成員承諾的動力。

五、建立特定目標的明確化程度

成功的團隊會將其共同的目標轉換成特定的、可衡量的、實際的績效標的。標的可以提供成員無窮的動力，促進成員間的有效溝通，使成員專注於目標的達成。

六、領導人與結構適當與否

目標界定了成員的最終理想，但是，高績效的團隊還需要有效的領導及結構來提供焦點及方向。團隊成員必須共同決定：誰該做什麼事情？每個成員的工作負荷量如何均衡？如何做好工作排程？需要培養什麼技術？如何解決可能的衝突？如何做決策、調整決策？要解決這些問題並達成共識，以整合成員的技術，就需要領導及結構。由企業高層指派或由成員推舉。被推舉者必須能夠扮演促進者、組織者、生產者、維持者及連結者的角色。

七、社會賦閒及責任（不能容忍混水摸魚的成員存在）

成員可能「混」在團隊內不做任何貢獻，但卻搭別人的便車，這種現象稱為社會賦閒。成功的團隊不允許這種現象發生，它會要每位成員肩負起責任。

八、績效評估及報酬制度

如何讓每位成員都能肩負起責任？傳統個人導向的績效評估及報酬制度必須加以調整，才能夠反映出團隊績效。個人的績效評估、固定時段的報酬、個人的誘因等，並不能完全適用於高績效的團隊，所以除了以個人為基礎的評估及報酬制度外，還要重視以整個群體為基礎的評價、利潤分享、小團隊誘因，以及其他能增強團隊努力及承諾的誘因。

影響團隊績效的九大因素

1. 工作團隊成員人數的多寡
2. 成員的能力好壞
3. 角色及差異性的互補性大小
4. 對共同目標的承諾深度
5. 建立特定目標的明確化程度
6. 領導人與結構適當與否

7. 不能容忍混水摸魚的成員存在
8. 績效評估及報酬制度

實務上團隊績效的決定要素

成功的團隊

1. 團隊領導人的領導能力優秀
2. 團隊成員的各種能力之組成與搭配
3. 團隊的願景與目標很明確
4. 團隊所須人力、物力、財力支援充足
5. 團隊的物質激勵誘因足夠

Unit 6-3 組織走向團隊化最新趨勢，以及如何領導任務團隊

一、組織走向「團隊化」的最新趨勢

近幾年來，另一種組織模型不斷出現在有關企業的報導和文獻中，一般稱之為「以團隊為基礎的組織」(team-based-organization)，或簡稱為「團隊型」組織，代表人類進入所謂「知識社會」的產生。這種組織具備靈活和彈性的優點，適合知識社會所帶來的創新和多元的需要。

由於這種團隊具有完整自主和自我負責的特性，使得往昔那些用於監督、協調和指揮作用的層層上級單位也都變為不必要了，所謂「組織扁平化」也就成為自然而然的結果。

今天的企業已不能完全依靠傳統金字塔組織，也可能須藉助外部專家，結合內部各個部門的專業人士，一起針對一個目標去推動，達到某個績效。

團隊的種類非常多，國家有國家團隊、內閣有內閣團隊，公司也一樣，有經營團隊、董事會團隊、管理團隊、部門的矩陣組織，以及任務團隊。

在發展團隊組織的過程中，和一般傳統的組織概念不一樣。比如說，一個在國內發展的企業，有一天要到中國或東南亞投資，就要發展出一個投資團隊或先遣部隊，這個先遣部隊派駐在上海、廣州或北京，他們有一個明確的目標要達成，將原來分散在各地的專業人才，比如財務、管銷或工程人員整合起來，成為一個有特殊目的團體。

二、任務團隊的「領導」

成功的組織可能會複製，將組織再擴大，人員重新分配，接受新任務。

一個團隊的發展，是周而復始的階段。在這幾個階段中如何去維持，使大家能夠很投入，並且在工作上有好的表現呢？

1. 領導人應該將團隊的表現做為最高的表徵，而不是強調個人的英雄主義。2. 鼓勵團隊成員之間充分的溝通，願意表達、願意分享。3. 讓每個人都產生互相依賴的感覺，發展一個好的關係。4. 如果有問題發生時，應該列為專案，立即處理。5. 要求員工有隨時做簡報和口頭報告的能力。6. 提供資源和協助，幫助全體成員成長。7. 領導者應清楚自己的角色定位也是團隊成員之一，不要高高在上。8. 針對每個人對目標的承諾，進行監控，但不是傳統的管制方式。9. 透過工作的挑戰、定期訓練和生涯發展，來激發成員共同成長。

很多人對團隊的看法，只是一群人在一起工作而已。但團隊領導者的領導方式，是會影響到這個團隊成敗的。歸納來說，要發展一個好的團隊，首先要有共同的價值觀。這個團隊之所以存在，是建立在某個價值的信念之下，大家願意為此付出，成員之間彼此依賴。群體中每個人都願意表達自己對事物的感受和感覺，他們不是被壓抑的，可以充分表達自己的感想。每個成員也要對團隊有承諾，既然被挑選到這個團隊中，就要將自己的能力貢獻出來，不能留一手，要竭盡心力為團隊創造績效。

組織走向團隊化趨勢

以團隊為基柱的組織體

1. 公司經營團隊
2. 技術與研發團隊
3. 業務團隊
4. 生產團隊
5. 專案小組團隊
6. 跨公司、跨部門團隊

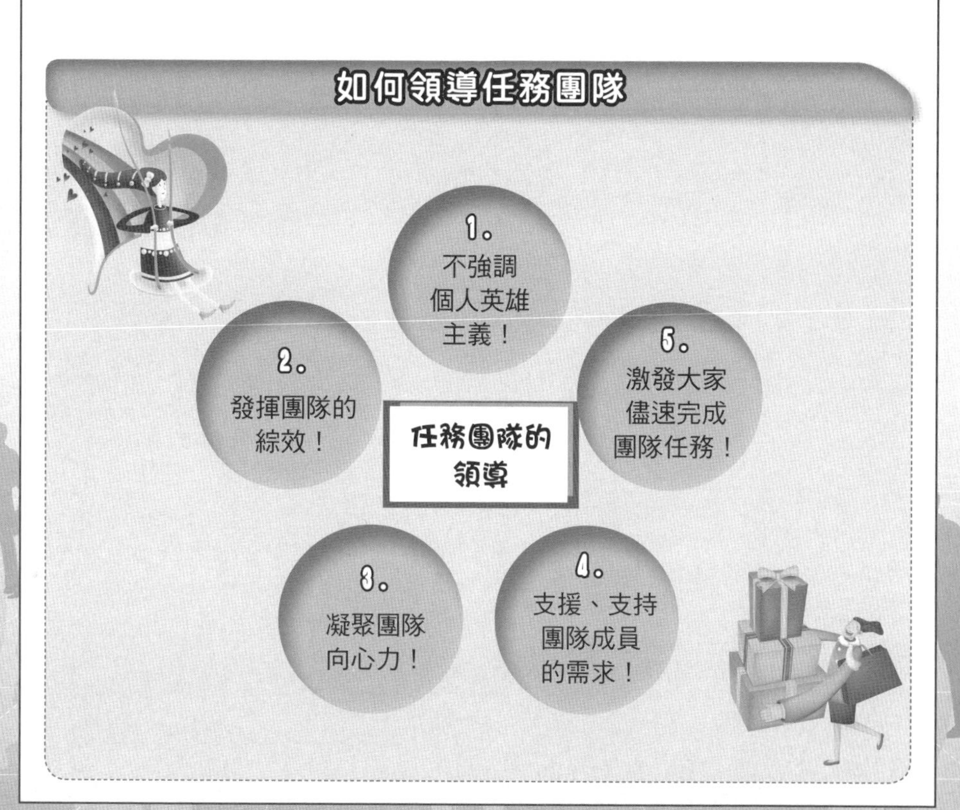

第7章

溝通與協調

章節體系架構

Unit 7-1 溝通協調的意義，以及正式溝通與非正式溝通

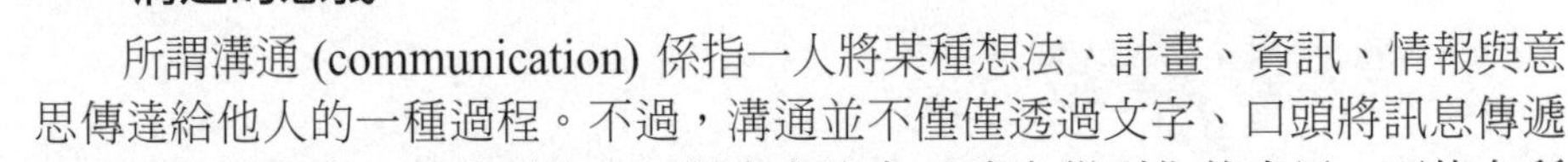

一、溝通的意義

所謂溝通 (communication) 係指一人將某種想法、計畫、資訊、情報與意思傳達給他人的一種過程。不過，溝通並不僅僅透過文字、口頭將訊息傳遞給某人就算完事，更重要的是，對方有沒有正確察覺到你的意思，不能有所誤解，而且要有某種程度之接受，不能全然拒絕，否則這種無效的溝通，稱不上是真正的溝通。

因此，溝通不只是一種情感表達交流，更是一種認知的過程。再進一步看，溝通具有二種層面：

(一) 認知層面

訊息必須分享，才能達到溝通效果。

(二) 行為層面

進而必須引起對方之行為反應，溝通才算完成。

二、正式溝通 (Formal Communication)

(一) 意義

係指依公司組織體內正式化部門及其權責關係而進行之各種聯繫與協調工作。

(二) 類別

1. 下行溝通

一般以命令方式傳達公司之決策、計畫、規定等信息，包括各種人事令、通令、內部刊物、公告等。

2. 上行溝通

是由部屬依照規定向上級主管提出正式書面或口頭報告。此外也有像意見箱、態度調查、提案建議制度、動員月會、主管會報或是 e-mail 等方式。

3. 水平溝通

常以跨部門集體開會研討，成立委員會小組，也有用「會簽」方式執行水平溝通的。

三、非正式溝通 (Informal Communication)

意義：係指經由正式組織架構及途徑以外之資訊流通程序，此種途徑通常無定型、較為繁多，而信息也較不可靠，常有小道消息出現。

溝通的意涵

1. 某人、或某些人、或某部門

・傳達某些訊息、或想法、或做法

・能夠理解並有行為及行動正面的反應與配合

2. 溝通的對象（個人或部門）

一個公司管理者（經理人）人際溝通網路

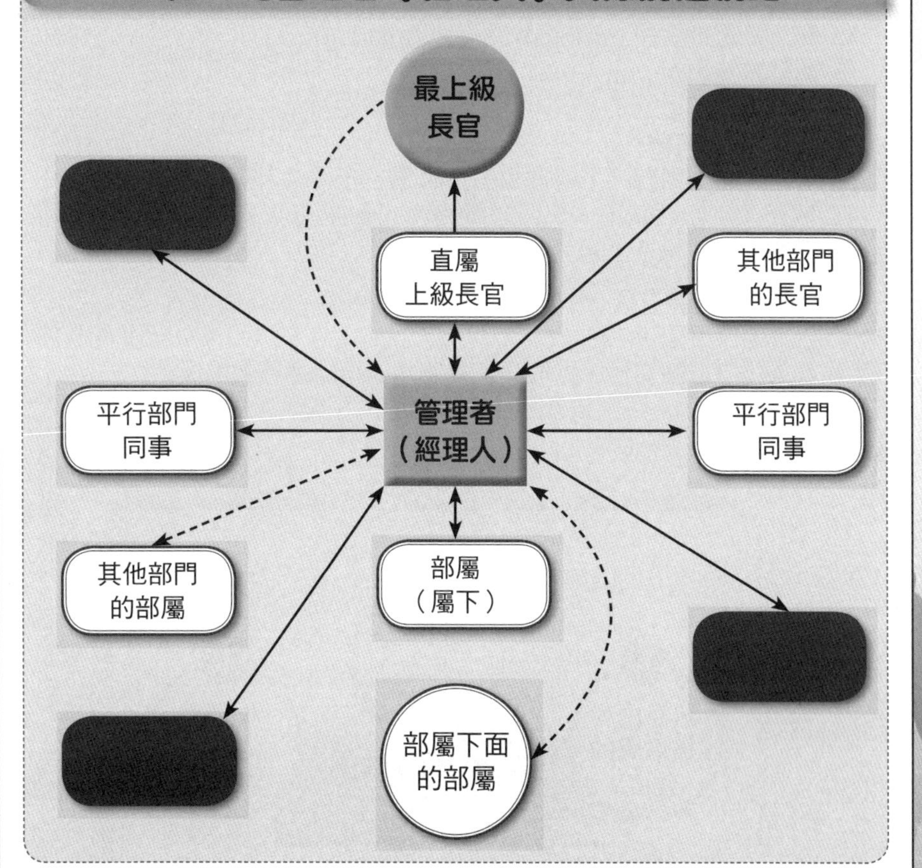

Unit 7-2 影響溝通的因素

根據學者 Shaw 的研究，影響溝通成效之因素，可從三大角度來看：

一、影響方向及頻次之因素

(一) 互動機會

員工雙方及多方互動交流機會愈多，就會加強有效溝通。

(二) 員工的向心力

員工向心力愈強，愈能更加相互信任及有效溝通。

(三) 溝通流程

溝通流程是否能簡化縮短，避免中間太多傳遞而失真，面對面開會表達是最佳的溝通。

二、影響準確性因素

(一) 訊息傳遞問題

1. 訊息是否未被充分傳遞或接收。
2. 訊息是否被歪曲 (distored) 或過濾 (filtering)。
3. 訊息未被預定收訊人接收。
4. 訊息未準時遞送。

(二) 訊息了解之問題

1. 發訊人在準備時，可能漏掉主要訊息，亦可能未充分表達。
2. 收訊人之心理狀態，對訊息做錯誤之解釋或忽略，或因知識、經驗不足，而無法了解本訊息之涵意。

三、影響溝通效能之因素

(一) 收訊人對訊息來源之認知程度。例如訊息來源如果是董事長（老闆）的手諭或是親自電話交代，則收訊人接收後，可能會馬上處理。

(二) 訊息內容之特性以及被收訊人信服的程度。

(三) 收訊人的特性如何。

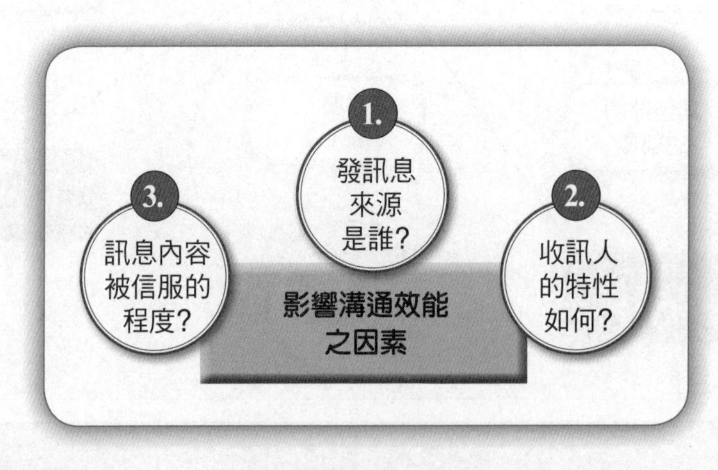

Shaw研究之影響溝通成效的三大類因素

影響溝通成效三大角度因素

1. 影響方向及頻次因素
   1. 互動機會多寡
   2. 員工向心力大小
   3. 溝通流程長短

2. 影響準確性因素
   1. 訊息傳遞問題
   2. 訊息了解問題
3. 影響溝通效能因素
   1. 收訊人對訊息來源之認知程度
   2. 訊息內容之特性以及被收訊人信服程度
   3. 收訊人的特性如何

影響溝通效能三大面向

1. 主動發起溝通者！（其地位、能力、代表性、層級如何）

2. 被動的接受溝通者！（地位、代表性、決定性、層級）

3. 溝通表達的方式、訊息、表達力、精準性之程度！

Unit 7-3 組織溝通障礙的各種面向原因

一、組織溝通障礙之原因

最常發生組織溝通之障礙，大致有以下五項原因：

(一) 訊息被歪曲 (message distortion)：在資訊流通過程中，不管是向上或向下或平行，此訊息經常被有意或無意的歪曲，導致收不到真實的訊息。

(二) 過多的溝通 (communication overload)：管理人員常要審閱或聽取太多不重要且細微的資訊，而他們又不見得都會判斷哪些是不需要看或聽的。

(三) 組織架構的不健全 (poor organizational structure)：很多組織中出現溝通問題，但其問題本質不在溝通，而是在組織架構出了差錯。此包括指揮體系不明、權責不明、過於集權、授權不足、公共事務單位未設立、職掌未明、任務目標模糊以及組織配置不當等。

(四) 表達不良 (roon-complete expression)：此即對發訊人之表達不良，例如，未能抓住重點及方向，或語言混淆。

(五) 素質的差異：不同教育學歷程度的人，在發訊及收訊方面亦可能會產生落差。

二、阻礙企業實務溝通的六大原因

溝通是不可或缺的，要「正確」溝通卻不是一件很容易的事。尤其是想在像「企業」這種由比較複雜的成員所構成的團體中順利溝通，實在是困難重重。

茲從實務工作面來看，阻礙組織的順暢溝通，大致可歸納為以下六項原因：

(一) 溝通機會常被上級獨占：在企業裡，溝通機會常被握有權力的支配階層人員所獨占。根據調查，溝通對象的 60% 是上司，這是指中堅幹部在聆聽訓示或在開會中向上級報告，甚至用在阿諛上司所耗用的時間。在獨裁色彩愈濃厚的集團中，溝通機會被高階人員獨占的情況會愈嚴重。

如果溝通只是由上而下，或者雖是由下而上的溝通，卻是在觀察上司臉色的情況下進行的話，一來上司無法掌握真實情況，二來會引起可怕的後果。

(二) 上級與部屬看法、想法均不一致：另外，企業內溝通之所以不順利的另一個原因是，上司與部屬的想法往往不一致。上司以要求提高工作效率為基本立場，但是部屬們常常以滿足自己的需求為思考點。

領導者必須了解這種立場的差異，設法察覺每一位待溝通部屬當時的情況，以及他的立場與想法，然後以正確的溝通技巧進行溝通。

(三) 彼此的出發點不同：以「工資」為例，老闆都希望「工資要少一些」，員工們卻希望「工資要多一些」。

(四) 態度不一樣：有錢人的兒子看不起 10 元，窮人的兒子把 10 元當作寶貝，見仁見智的態度阻礙溝通。

(五) 過度投射自己的看法：有一些情報在被傳遞的過程中，由於傳送者會投射自己的意見而影響其真實性。

(六) 過度簡化：有些事除了會被傳送情報者加油添醋之外，也會被他們在無意中脫落其中的一些重點，而變成不完整的資訊。

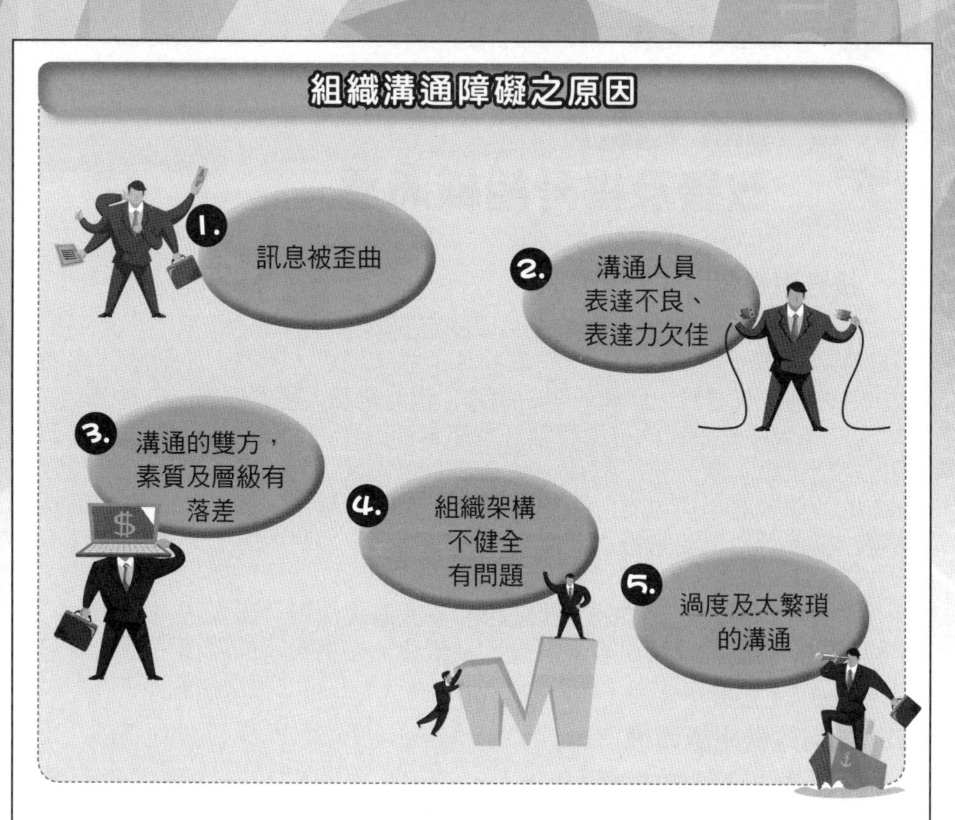
組織溝通障礙之原因
1.
訊息被歪曲
2.
溝通人員
表達不良、
表達力欠佳
3.
溝通的雙方，
素質及層級有
落差
4.
組織架構
不健全
有問題
5.
過度及太繁瑣
的溝通

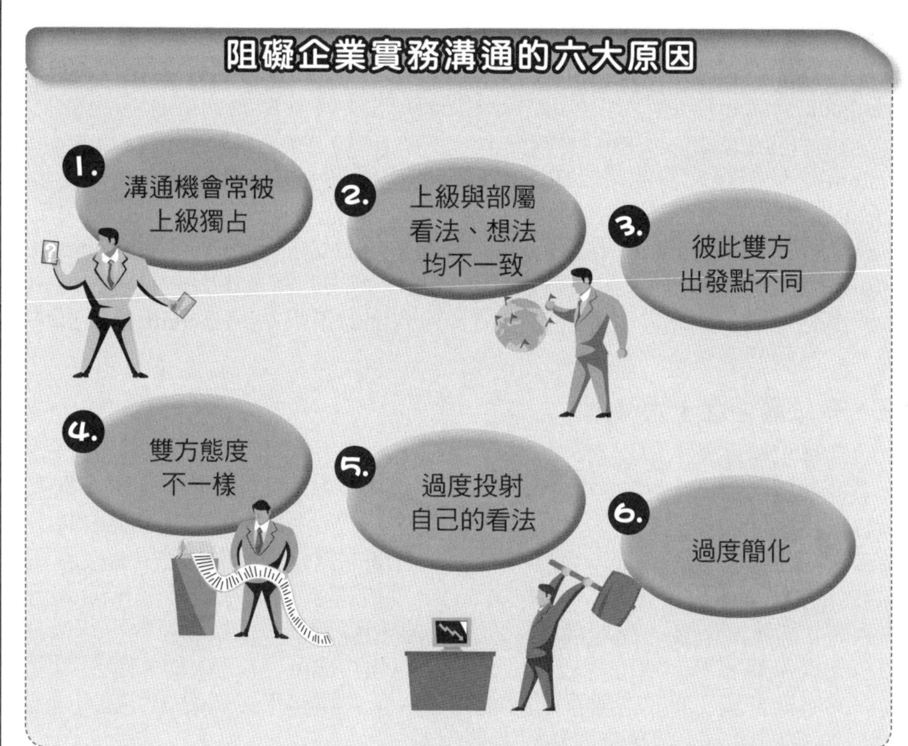
阻礙企業實務溝通的六大原因
1.
溝通機會常被
上級獨占
2.
上級與部屬
看法、想法
均不一致
3.
彼此雙方
出發點不同
4.
雙方態度
不一樣
5.
過度投射
自己的看法
6.
過度簡化

Unit 7-4 改善及提升組織溝通

一、提升溝通能力的二大要訣

(一) 要提升溝通能力，首先必須確定對於想要表達的「事」，是不是有系統性與結構性的了解。若能夠掌握其系統與結構，不需口才便給、滔滔雄辯，只要進行有邏輯、條理分明的論述，也能夠讓人輕鬆理解。

(二) 大多數事物的推動與執行，都牽涉到與「人」之間的溝通與協調，因此在對「事」有一定了解後，就必須考慮「人」的因素。溝通時應該考慮對方的背景、立場與思維，設想在溝通當下的環境中，對方對此事的反應與態度；模擬各種情境來修正表達方式，一步一步地將對方的想法導引到預期的方向。

以上兩點要訣，其源頭並非訓練口才或演說技巧，而是透過日常不斷累積的習慣來完成。平時對事就養成「系統化、結構化」的習慣，以及「了解對方、站在對方角度思考」的態度，假以時日，必能改善溝通能力。

二、如何改善組織溝通

要徹底改善組織溝通障礙，可從幾個方向著手：(一) 將溝通管道流程化與制度化 (regulate communication flow)， 即以「機制」代替隨興。(二) 將管理功能（規劃、組織、執行、激勵、溝通、控制、督導）的行動加以落實而改善資訊流通 (managerial action)。(三) 應建立回饋系統 (set up feedback system)，讓上、下、水平組織部門及成員都能知道任務將如何執行？執行的成果如何？將如何執行下一步？ (四) 應建立建議系統 (suggestion system)，使組織成員能將心中不滿或疑惑、建言，讓上級得知並予以處理。(五) 運用組織的快訊、出版品、錄影帶、廣播等，做為溝通之輔助工具 (newsletter、publication、videotape、broadcast)。(六) 運用資訊科技 (advanced information technology) 來改善溝通，例如，跨國的衛星電視會議等（視訊會議或電話會議）。此外，亦經常使用公司內部員工網站或 E-mail 電子郵件系統，以達到傳達溝通效果。

三、有效溝通之十大準則

為尋求組織及人際之有效溝通，提出下列十大準則：(一) 重視面對面親自溝通及雙向溝通。(二) 適時親自追蹤了解發訊狀況並做回應。(三) 掌握、專心、用心傾聽發訊人所表達的內容及重點。(四) 訊息宜簡潔，必要時，可做二次、三次之重複。(五) 溝通要在第一時間即刻迅速反映出去，切勿延滯。(六) 溝通發訊出去的對象（即收訊人），如果是同時必須讓多數相關人員均收到時，即應同時多人處理溝通。(七) 改善組織架構，根據體系、平行溝通、領導架構、傳遞專業單位等組織與人力之加強和變革。(八) 加強跨部門互動交流的定期會議，形成常態互動溝通。(九) 正式與非正式溝通均可雙方推動。(十) 培養同理心，設身處地為對方著想。

提升溝通能力的二大要訣

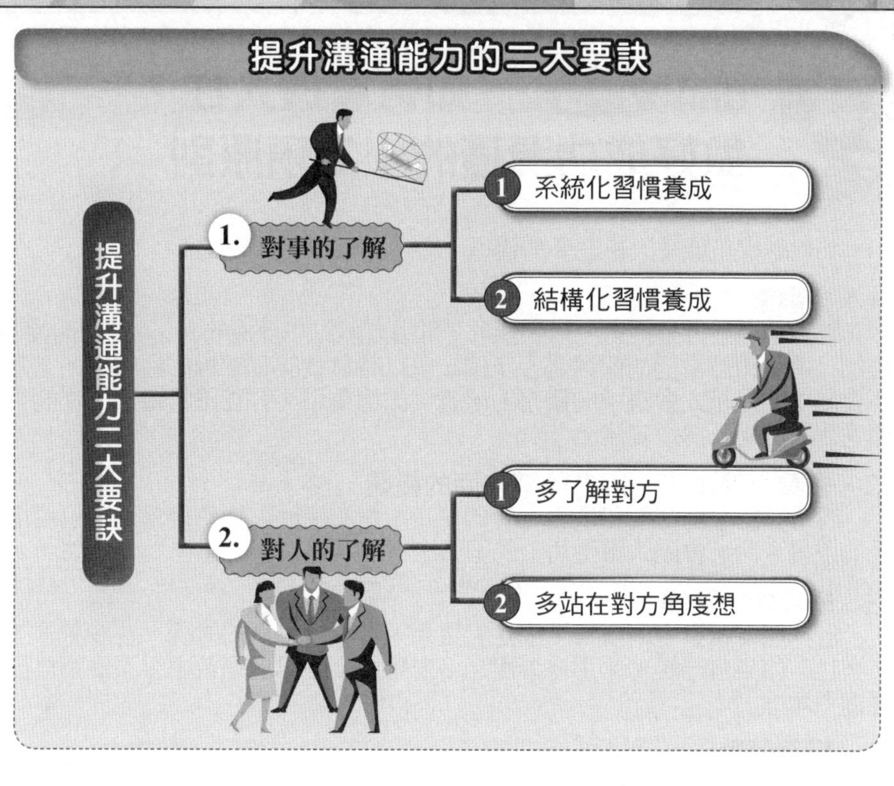

如何改善組織溝通

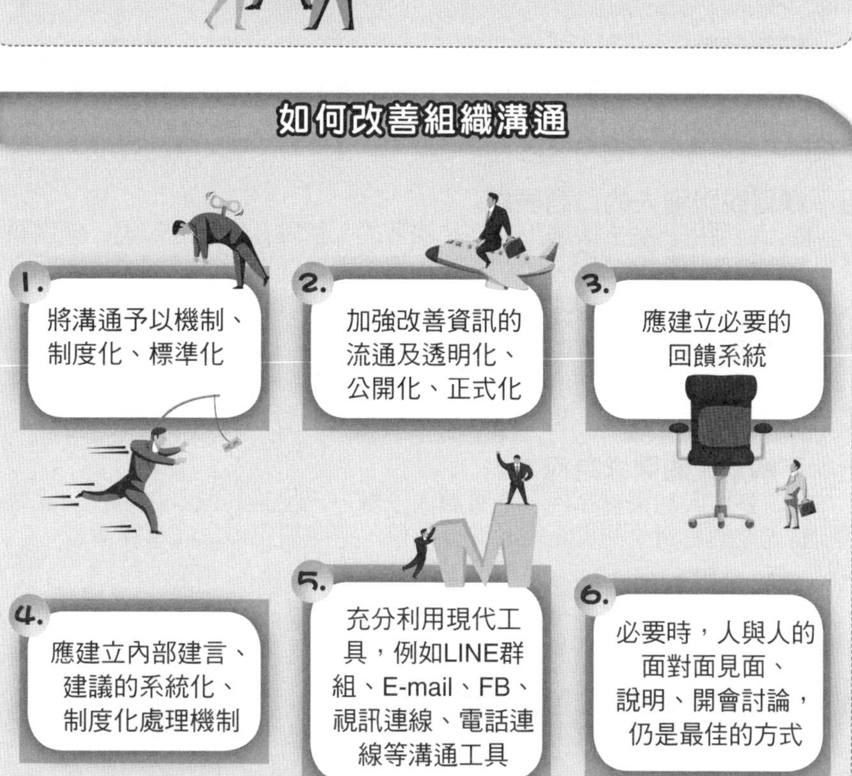

Unit 7-5 如何掌握人性，做好成功溝通的十二項原則

如何做好組織及人員之間的溝通，有十二項原則大致如下：

一、多觀察

敏銳的觀察力是絕對可以訓練的。可由自然界和身邊的人、事、物開始訓練，再加以追蹤印證自己的觀察是否正確，假以時日就能有敏銳的觀察力。尤其在私下會議中或是正式會議中的觀察力培養，尤應重視。有正確的觀察，才能有適當與適時的回應及溝通表達。

二、多看心理勵志、活化頭腦方面的書籍

看看有關心理方面和啟發心智的書籍，對於了解人性會有幫助，也能增進頭腦的啟發。而不會陷入鑽牛角尖的困頓之中，這對人性溝通也大有助益。

三、學習角色互換

看到朋友所發生的事情，或是看電視、電影裡主角的遭遇，在腦袋裡互換一下角色，如果自己是他，那會怎麼想？怎麼做？在思考學習中，不斷使自己的溝通能力增強。

四、學習傾聽

「傾聽」是需要不斷練習的，一開始可能必須忍耐住先讓別人表達，但是一定要真的聽進心裡，然後思考、分析、判斷一下，如果自己有更好的意見，再說出來也不遲。專心傾聽是溝通的第一步，而且也是一種真誠的表現。

五、練習說服別人的口語表達

要如何運用言語去說服人是必須學習的。把聲音盡量放輕柔，態度要誠懇，雙眼堅定地注視對方的眼睛，切勿讓人有不確定的感覺，遣詞用字要簡單易懂，最好是有一語道破的功力，切忌嘮叨不已。務必點到為止，讓人有思考的空間。

六、注意別人心態的平衡

要注意別人心理平衡的問題，所以挖東補西，適度的補償有助於心理平衡。因此，有利要大家分享，有權要大家分權。

七、了解別人的需求為何？

要清楚別人的需求為何，並且讓人了解自己提議的願景在哪裡。欲做有效溝通，首先要清楚對象的真正需求究竟為何，這些都必須當面溝通清楚。

八、意見是否有建設性？

同樣是意見，有人只是批評，有人從比較正面的方向思考，意見要有建設性才能夠真正解決問題。因此，溝通的方案，必須是有利於雙方的建設性解答。

九、態度是否誠懇？能否得到別人信任？

誠懇的態度才更容易得到對方的信任。如果沒有信任，根本無從溝通。

十、學習妥協、折衷的方法

沒有共識就要運用妥協、折衷的辦法將問題解決，所以也要學習妥協折衷的藝術。當雙方均有相當之資源與優勢條件時，就必須妥協。

六種溝通工具及資訊達成效果

溝通方法

1. 面對面討論溝通
2. 電話中交談
3. 長官的手諭指示
4. 視訊會議、電話會議
5. 電子郵件(E-mail)、手機簡訊及line群組
6. 正式的公文及正式的複雜文件內容

訊息達成效果

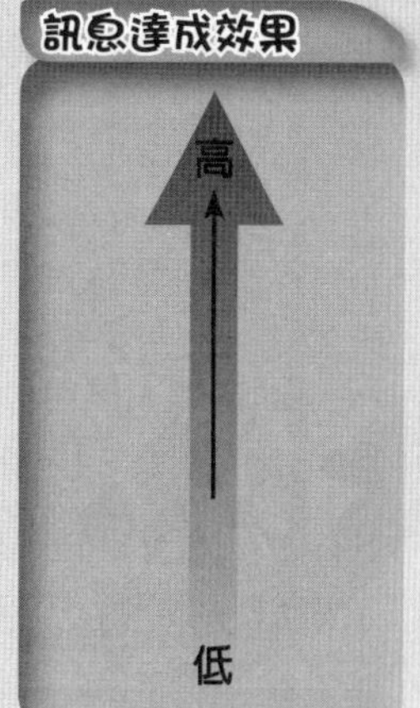

如何掌握人性，做好成功溝通的十項原則

1. 多觀察
2. 多看心理勵志、活化頭腦方面的書籍
3. 學習傾聽
4. 學習角色互換
5. 練習說服別人的口語表達
6. 注意別人心態的平衡

7. 了解別人的需求為何
8. 意見是否有建設性
9. 態度是否誠懇？能否得到別人信任
10. 學習妥協、折衷的方法

Unit 7-6 日本7-11公司 鈴木敏文董事長徹底執行直接的溝通

日本 7-11 公司迄 2016 年 1 月，計有 17,000 多家便利商店，營業額達三兆日圓，是全球最大的便利商店連鎖公司，也是一家卓越的零售公司。

該公司 40 多年來，在每週二均召回全日本 1,200 名的指導加盟店的區顧問，以及各地區經理，回到東京總公司進行每週一次的經營檢討大會。合計參加該會的人員達 1,500 人，把日本 7-11 總公司一樓地下室擠得滿滿的。日本記者曾專訪鈴木敏文董事長，下面是重點摘述：

一、1,500 人大會，每週一次，40 年不間斷

其中最明顯的例子是 7-11 的 FC 大會。每個星期二一大早，1,200 名負責加盟店進行經營指導與建言的區顧問 (OFC)，從全國各地前來本部集合。北海道、九州、東北、中國等，距東京較遠地區的 OFC 需要前一天到東京，並在飯店住一晚。會議從上午九點半開始舉行，結束一整天的活動後，晚上再回到各自的責任區。

除了 OFC 之外，負責開發新加盟的 RFC（Recruit Field Counselor，意即門市開發員）共 100 人，加上全國 14 個區域的經理、各區域再細分為 129 個 DO (District Office) 的各個經理，以及本部的商品負責人等，這些相關經理階級組員共約 1,500 人，全部需要參加 FC 大會。

FC 大會自從創業以來，20 年未曾間斷。各家便利商店中，只有 7-11 實施這項政策，由於這是 7-11 之所以過人的祕密所在，所以到目前為止，都還對外界保密。

二、傾聽鈴木董事長的演講

我是在 7 月底時前往 FC 大會進行採訪的，當時正值盛夏，十分悶熱。禮堂位於總部大樓地下室，裡面擠滿一群年齡介於 20 到 30 歲的 OFC。這次會議進行一整個上午。禮堂布置相當樸素，看起來就像是學校的體育館，完全看不出這是全日本最大連鎖店的設施。裡面沒有桌子，只排滿了鐵椅子，OFC 將資料放在大腿膝蓋上，並寫著筆記。但是禮堂裡只能容納 600 人，其他人只好分散在其他樓層的會議室，由電視螢幕觀看整個內容，不過，他們每週都會輪流交換參加大會的場地。

全員大會中，由總部各部門提供商品情報與活動情報。此外，也會在全部 OFC 面前公開表揚上一週績效優異的 OFC 與 DO。每當完成一次報告後，當場都會確認大家是否能夠理解報告內容，這時場內就會響起「知道了！」的呼應聲。

一到上午 11 點，開始進入全員大會的重頭戲，就是鈴木會長的演講。鈴木先生一站上臺，不說客套話，立刻直接進入主題。

「要如何改變訂貨的方式呢？若採用和去年相同的方式，營業額一定會

下滑。不是景氣變差，也不是顧客不願意花錢，更不是因為競爭對手增加。就算同一地區內沒有其他競爭對手，如果還是採用與過去相同的經營方式，銷售量依然會下滑。大家都知道，商品的生命週期變短了。這代表什麼意思呢？從顧客的觀點來看，如果商品和過去一樣的話，怎麼會想買呢？」

平常進行訪問時，鈴木先生總是心平氣和地說話。但是演講時的口氣卻十分強硬，好像是在訓話一般。場內十分安靜，連一聲咳嗽聲都聽不到。大家忙著做筆記，專心聽著會長的演講。

三、即使每年花費 30 億日圓在此種會議上，也沒白花掉

每次舉行 FC 大會時所需的費用包含交通費、住宿費、誤餐費等，一年約要花費 30 億日圓。除了掃墓與黃金週等交通繁忙時期以外，假設每年舉辦 50 次，則每次需要花費 6,000 萬日圓。如果只為了傳遞情報，可以運用網際網路。如果不需要同步播放的話，也可以採用錄影帶的方式。動員龐大的人力去花費時間與金錢，每週往返於東京與工作現場。與其這樣，倒不如在現場把工作做好更為實際。事實上，鈴木先生周遭也有人向他提出建言：「現在資訊如此發達，為什麼要做這麼沒效率又浪費金錢的事呢？」公司內部也不斷有要求再檢討的呼聲。即使如此，鈴木先生仍堅持創業以來的一貫傳統，他明白的說：「只要我還沒離開公司就不打算廢止。」為什麼他那麼堅持 FC 會議呢？

四、即使在 IT 時代，直接的溝通仍是最好的

大學生為什麼要上大學呢？如果只是單純的接收情報的話，空中大學應該也可以做得到。但是，這不只是單方面接收情報，還包含向老師問問題、與老師對話、與朋友交換情報，以及從問題的解答過程中學習各式各樣的技巧，以提升自己的能力等。學校就是為了直接溝通而存在的。相同的，對便利商店而言，情報就是生命，所以我才堅持要直接溝通。自己前來總部參加會議，與經營者這個最大情報源做直接面對面的接觸，自己進行情報的消化吸收。接著回到工作現場，與各位店長進行直接溝通。或許在我一個小時的談話內容當中，傳達給店長時只剩 1/3 或 1/5，但我還是寧可採用「直接溝通的方式。」

五、情報是活的，所以新鮮度很重要，經手的人不要太多層次

整個 IY 集團，每年 3 月與 9 月共兩次，將全世界將近 9,000 名公司幹部級以上員工召集至橫濱 ARENA。由高層直接進行一個半到兩個小時的經營方針說明，希望藉此取得共識。此外，7-11 設有加盟諮商室，可以與加盟主直接對話，聽到他們的心聲。在這裡蒐集到的心聲直接轉達給社長與會長。因為如果靠漸層式傳遞的話，不好的情報很容易遭到中途攔截。

情報是活的，所以新鮮度很重要。情報經手的人愈多，被加工的程度就愈嚴重。即使不是刻意要這麼做，人也會選取對自己有利的。之所以會執著直接的溝通，乃是因為其背後包含了對人性的洞察及情報本質——此乃強調效率與合理的理論所無法表述出來——之洞見。

情報是活的，新鮮度很重要

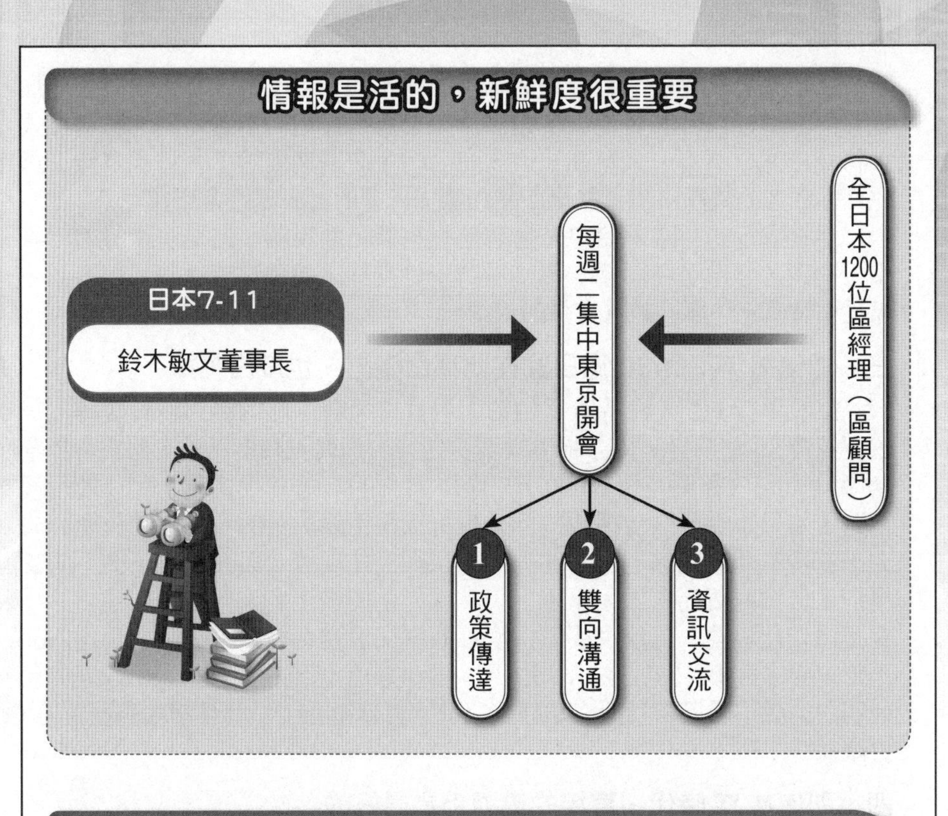

即使在IT時代，直接面對面溝通仍是最好的

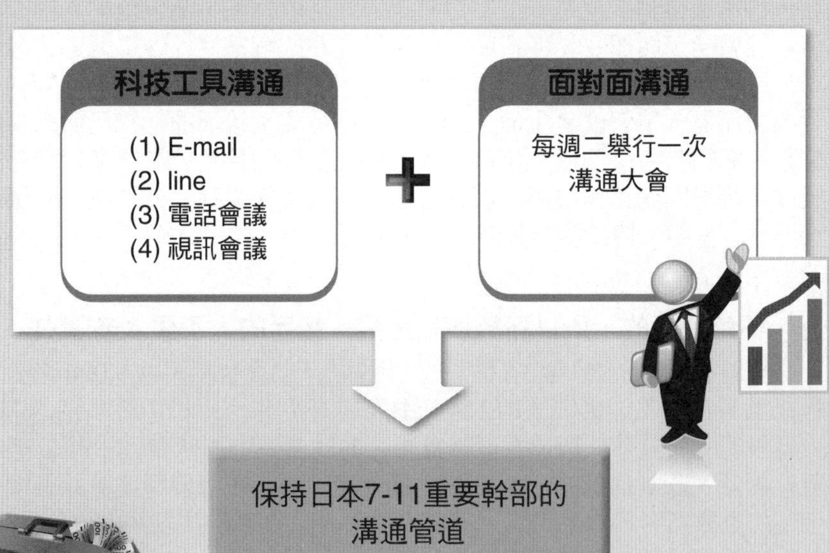

第 8 章

組織設計

章節體系架構

Unit 8-1 組織設計的定義、需求及設計步驟

一、組織設計定義及三項需求

所謂組織 (organization) 是一群執行不同工作，但彼此協調統合與專業分工的人之組合，並努力有效率推動工作，以共同達成組織目標。

而「組織設計」則是指為達成組織目標，而對組織的結構、正式溝通系統、權威與責任等新進行的診斷與選擇的管理程序而言。

因此，組織設計應該符合三個需求，才算是一個好的組織設計：1. 它必須能夠加快資訊流通及決策研訂的速度，以期能夠有效處理各種不確定性及達成組織的目標。2. 它必須能夠明確界定工作和單位的權力與責任，以使部門及專長分工的利益及工作設計的效果能夠實現。3. 它必須能夠增加不同部門間的整合及協調程度。如產銷間的協調。

二、設立組織的設計步驟

企業在設立新部門組織時，應注意下列六點事項：

(一) 確定要做什麼 (dene what thing to do)

組織工作的第一步就是先考慮指派給本單位的任務是什麼，以確定必須執行的主要工作是哪些。例如，要成立新的事業部門，或是革新既有的組織架構，成為利潤中心制度的「事業總部」或「事業群」組織架構。再如，成立一個臨時性且急迫性的跨部門專案小組組織目的。

(二) 部門劃分與指派工作

第二步驟乃是決定如何分割需要完成的工作，亦即部門劃分 (departmentalization) 或單位劃分，並依此劃分而授予應完成之工作 (task)。例如，要區分為幾個部門，每個部門之下，又要區分為哪些處級單位。

(三) 決定如何從事協調工作

有效的各部門配合與協調，才能順利達成組織整體目標，而協調（水平部門）流程及機制為何。

(四) 決定控制幅度

所謂控制幅度 (span of control) 係指直接向主管報告的部屬人數為多少。例如，一個公司總經理，應該管制公司副總經理級以上主管即可，中型公司能有 8 個，大公司也可能有 15 個副總主管。

(五) 決定應該授予多少職權

第五個步驟為決定應該授予部屬多少的職權，亦即授權的範圍、幅度及程度有多少。通常公司訂有各級主管的授權權限表，以制度化運作。例如，副總級以上主管任用，必須由董事長權限決定；而處級主管則由總經理核定即可。

(六) 勾繪出組織圖

最後必須將組織正式化 (formalize)，繪出組織圖，以呈現組織各關係之架構，包括董事長、總經理、各事業部門副總經理、各廠廠長、各幕僚部副總經理及細節部門名稱，以及指揮體系圖。

設立組織的考慮事項（或組織活動步驟）

1. 確定要做什麼
2. 部門劃分與指派工作
3. 決定如何從事協調工作
4. 決定控制幅度
5. 決定應該授予多少職權
6. 勾繪出組織圖

滿足四項需求，才是好的組織設計

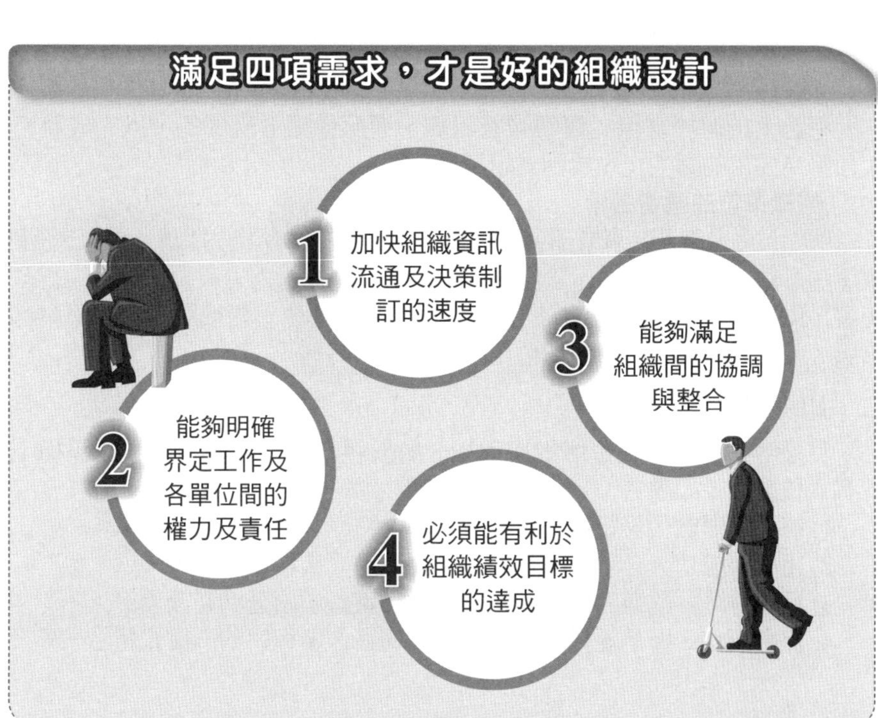

Unit 8-2 組織設計的原則與變數

一、組織設計之原則

(一) 確定組織目的

1. 組織一致目標原則。
2. 組織效率 (efficiency) 原則。
3. 組織效能 (effectiveness) 原則。
4. 組織願景 (vision) 原則。

(二) 組織層級考量

因控制幅度原則的考量與組織扁平化最新設計趨勢，因此，必須精簡組織層級架構的規劃。

(三) 組織權責界定

1. 授權原則。
2. 權責相稱原則。
3. 統一指揮原則。
4. 職掌明確原則。

(四) 組織部門劃分

1. 分工原則。
2. 專業原則。

(五) 組織彈性運作目標

不必太拘泥於官僚式僵硬層級組織，而應像變形蟲式的，以完成特定重大任務為要求的彈性化、機動式組織因應。

(六) 組織單位的適當名稱

例如，專業總部、事業部或事業群，再如財務、會計、採購、法務、企劃、生產、行銷、倉儲、資訊、策略、經營分析、稽核、人力資源、總務、行政、祕書、R&D 研究、工程技術、品管、海外事業單位、售後服務、客服中心、分店、分公司、直營門市、加盟店……等適當名稱。

二、組織設計變數

美國華頓管理學院蓋博爾斯教授，對於組織設計變數曾圖示關係如下，計有六種變數（如圖右），概說如下：

1. 每一種變數代表組織的選擇。
2. 組織要成功，必須使變數的設計與產品／市場策略相符。
3. 只要策略一改變，以下的所有變數，就必須跟著調整改變。
4. 綜合而言，即是經營策略→組織架構→作業程序的一貫化組合。

組織設計的六大考量原則

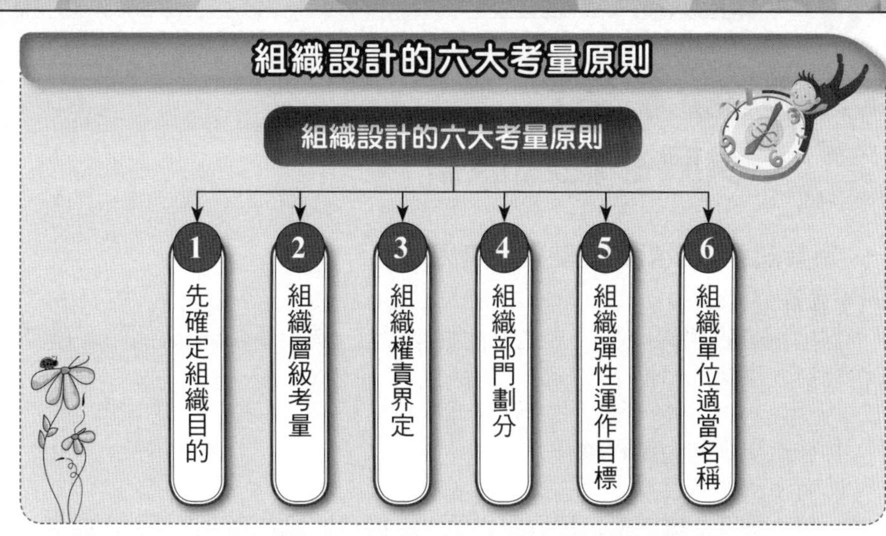

組織的設計變數關係

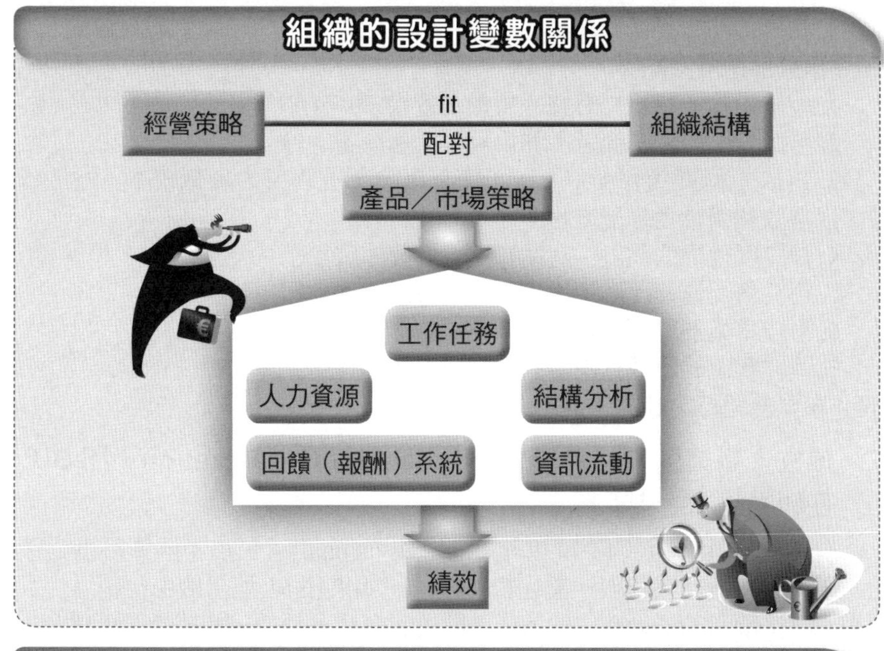

組織權責界定四原則

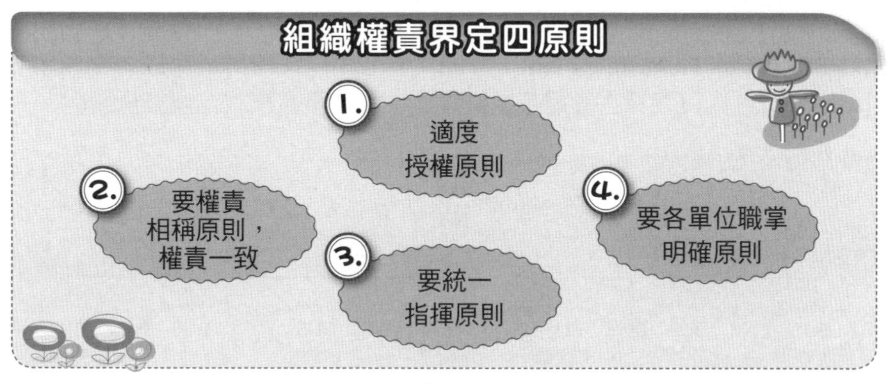

Unit 8-3 事業部組織設計

一、事業部組織設計的優缺點及適用狀況

(一) 意義

係指企業將相同產品線之產銷活動結合在一起，形成一個部門來運作，又可稱為「事業部組織」。

(二) 適用

1. 較大規模的企業組織。
2. 有不同的產品線，可加以劃分。
3. 每一種產品線，其市場容量均足以支撐這種獨立事業部產銷之運作。
4. 強調各部門責任利潤中心式經營，以自負盈虧之經營管理為導向。

(三) 事業部組織優點

1. 產銷集於一體，具有整合力量之效果。
2. 可減少不同部門間過多的協調與溝通成本。
3. 自成一個責任利潤中心，可使其事業部主管努力降低成本，增加營業額，以獲取利潤獎金分配之報償。
4. 是高度授權的代表，有助獨當一面將才之培養。
5. 可有效及快速反應市場之變化，尋求因應對策。
6. 形成事業部間相互競爭的組織氣氛。
7. 建立明確的績效管理導向，以獎優汰劣。

(四) 事業部組織之缺點：通才領導者難尋。

二、成立「事業部」組織模式（Divisional Organization，即 BU 責任利潤中心組織）

事業部組織又稱為 M 型組織 (multi-divisional)，係以不同產品別之產、銷、研、管四大作業集於一體之組織模式。如果在 M 型組織中再輔以「責任利潤中心」(profit center) 式的運作，則更能發揮高績效。此組織又可稱為「戰略事業部門」(strategic business unit, SBU)，此為新名詞。有時，SBU 也被簡化為 BU 組織（即 business unit），即代表公司組織設計，可以有很多個 BU 組織單位，各自負責獨立營運及損益責任。此種組織模式已愈來愈盛行。

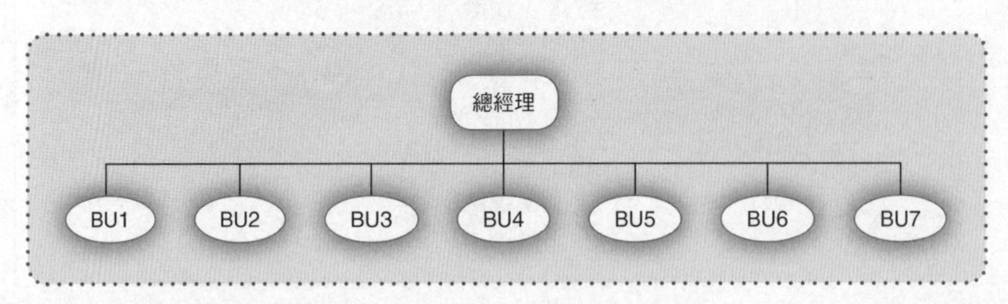

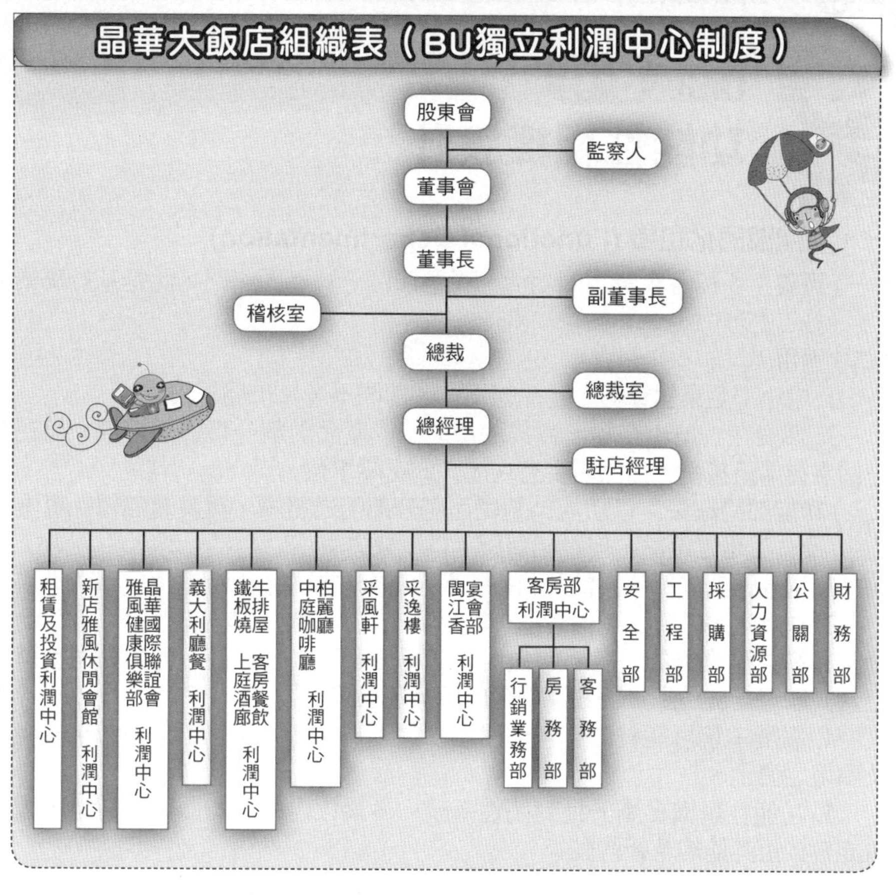
晶華大飯店組織表（BU獨立利潤中心制度）
股東會
監察人
董事會
董事長
副董事長
稽核室
總裁
總裁室
總經理
駐店經理
租賃及投資利潤中心
新店雅風休閒會館 利潤中心
晶華國際聯誼會 雅風健康俱樂部 利潤中心
義大利廳餐 利潤中心
牛排屋 鐵板燒 客房餐飲 上庭酒廊 利潤中心
柏麗廳 中庭咖啡廳 利潤中心
采風軒 利潤中心
采逸樓 利潤中心
宴會部 閩江香 利潤中心
客房部 利潤中心
行銷業務部
房務部
客務部
安全部
工程部
採購部
人力資源部
公關部
財務部

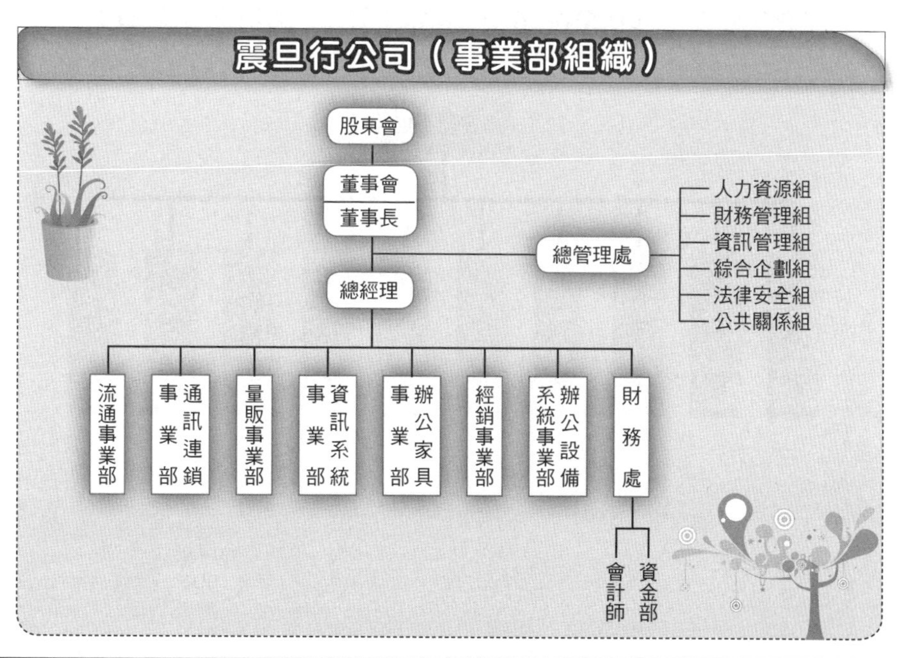
震旦行公司（事業部組織）
股東會
董事會
董事長
總管理處
人力資源組
財務管理組
資訊管理組
綜合企劃組
法律安全組
公共關係組
總經理
流通事業部
通訊連鎖事業部
量販事業部
資訊系統事業部
辦公家具事業部
經銷事業部
辦公設備系統事業部
財務處
資金部
會計師

Unit 8-4 功能性組織設計

一、功能部門化組織 (Functional Departmentation)

(一) 意義：係按各企業不同功能，而予以區分為不同部門，此是基於專業與分工之理由。

(二) 適用：

1. 中小型企業組織體，產品線不多、部門不多、市場不複雜。

2. 即使在大型企業裡，會按地理區域或產品別劃分事業部組織，但在每一個事業部組織裡，仍然需要有功能式的組織單位。

(三) 功能部門缺失：以功能為基礎而劃分部門之組織，雖具有簡單、專業化及分工化之優點，但也相對顯示以下缺失：

1. 過分強調本單位目標及利益，而忽略公司整體目標及利益。

2. 缺乏水平系統之順暢溝通，容易形成部門對立或本位主義。

3. 缺乏整合機能，該部門只能就各單位事務進行解決，但對公司整體之整合機能則無法做到，而在事業部的組織裡則可。

4. 高階主管可能會忙於各部門之協調與整合，而疏忽了公司未來之發展及環境之變化。

5. 功能性組織實屬一種封閉性系統，各單位內成員均屬同一背景，因此可能會抗拒其他的革新行動。

二、功能性組織（Functional Organization，簡稱 F 型組織）

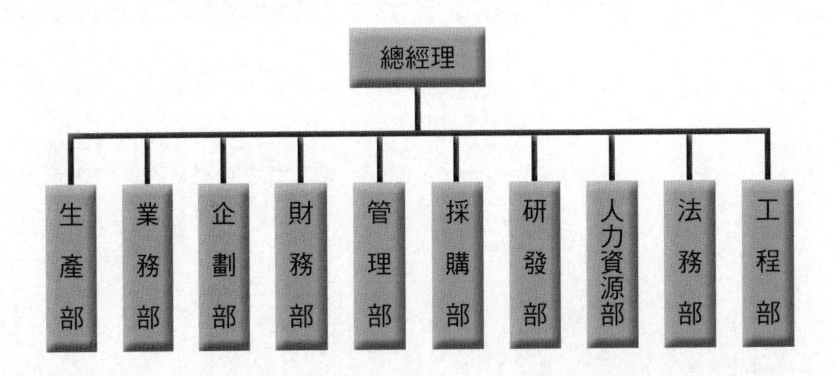

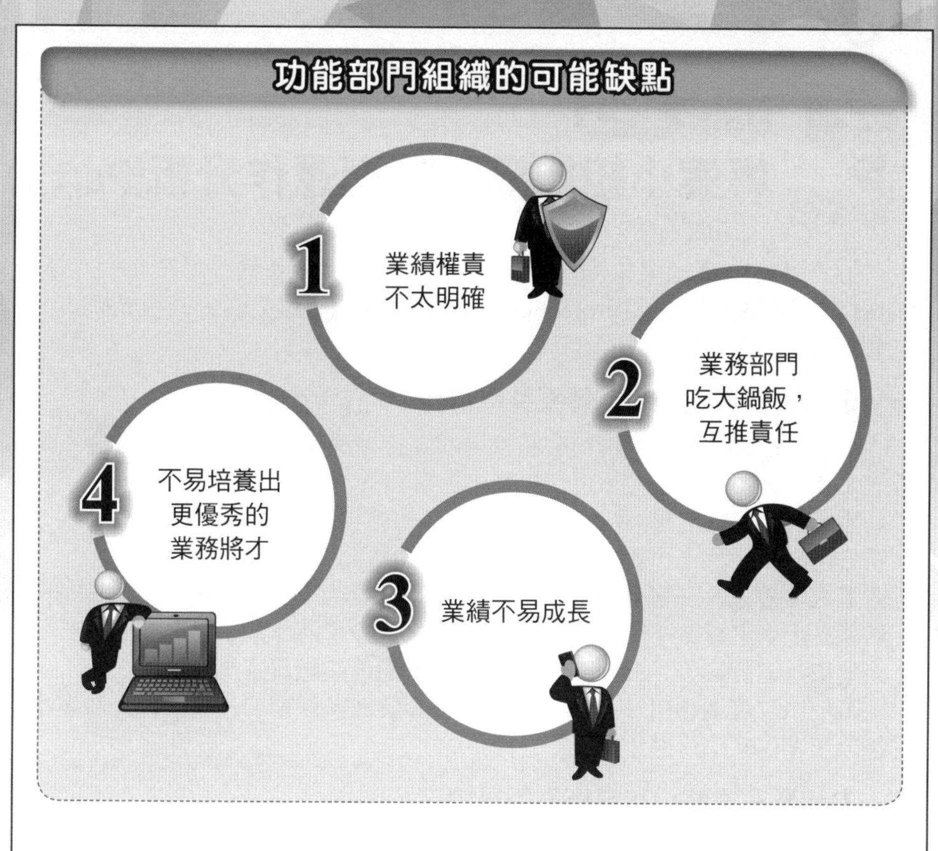
功能部門組織的可能缺點
1
業績權責
不太明確
2
業務部門
吃大鍋飯，
互推責任
3
業績不易成長
4
不易培養出
更優秀的
業務將才

功能部門組織常見的公司
1.
中小企業
很適用
2.
產品線
不會太多
3.
市場不會
太複雜
4.
不適用
大型企業、
跨國企業

Unit 8-5 專案小組組織設計與運作分析(Part I)

在大型公司或企業集團中，經常可以看到成立各種「專案小組」(project team) 或「專案委員會」(project commitee)，運用專案委員會的組織模式，以達成重要與特定的任務。

一、會有哪些專案小組或專案委員會

對大型企劃案而言，公司必然會以成立各種專案小組或專案委員會，來推動這些大型計畫案。實務上，這些專案小組常包括：

1. 新事業部門成立之專案小組。
2. 新公司成立之專案小組。
3. 西進大陸投資成立之專案小組。
4. 新產品上市之專案小組。
5. 大型銀行聯貸案。
6. 上市上櫃之專案小組。
7. 搶攻市場占有率專案小組。
8. 組織再造專案小組。
9. 新資訊專案小組。
10. 投資決策專案小組。
11. 研發精進專案小組。
12. 海外建廠專案小組
13. 其他各種重要任務導向之專案小組。

二、為何要有專案小組或專案委員會？

很多人會問到，既然公司有正式的組織體系，那為何還要組成什麼專案小組呢？主要有幾個原因：

1. 公司有一些事情，是涉及跨部門、跨功能，甚至是跨公司的事情，不是既有常態性固定式與分工性的組織所能夠做的。

因此，必須把相關部門的各種專業人才調派出來，才可以共同完成某一件重大事務。此時，就有必要成立專案小組或專案委員會來運作，才可以打破部門本位主義，並集結各部門的專業人才在一起工作。

2. 公司有一些新的業務或新的事業發展，這些功能與發展，是既有組織架構與人力所無法兼顧的，或者並非他們所專長的。因此，公司也會成立專案小組邀聘外部專業人才來負責。

3. 現在集團企業經常強調集團內各公司資源應有效加以利用、整合及發揮，以母雞帶小雞的原則，讓小雞未來也都能發展得很好，這需要企業內部的各項資源整合，因而也就有必要成立專案小組來負責。

4. 公司是不斷追求成長的。而在追求成長的過程中，必然會有很多專案的工作，需要有專責的人負責到底，因此也就有成立專案小組的必要。

5. 公司亦經常發現某一項任務，在既有的部門做不好，老闆不滿意其表現，也不想馬上換掉主管，或沒有更好的人來接。此時，老闆可能會成立某種專案小組，擴大成員共同參與，把某部門做不好的事，由大家共同支援把它做好。

公司常見的專案小組或專案委員會

1. 新產品上市小組
2. 新事業部籌備小組
3. 上市櫃專案小組
4. 轉投資小組
5. 組織再造專案小組
6. 銷售強化小組
7. 大陸投資小組
8. 銀行聯貸小組
9. 新廠建設專案小組

為何要成立專案小組或專案委員會

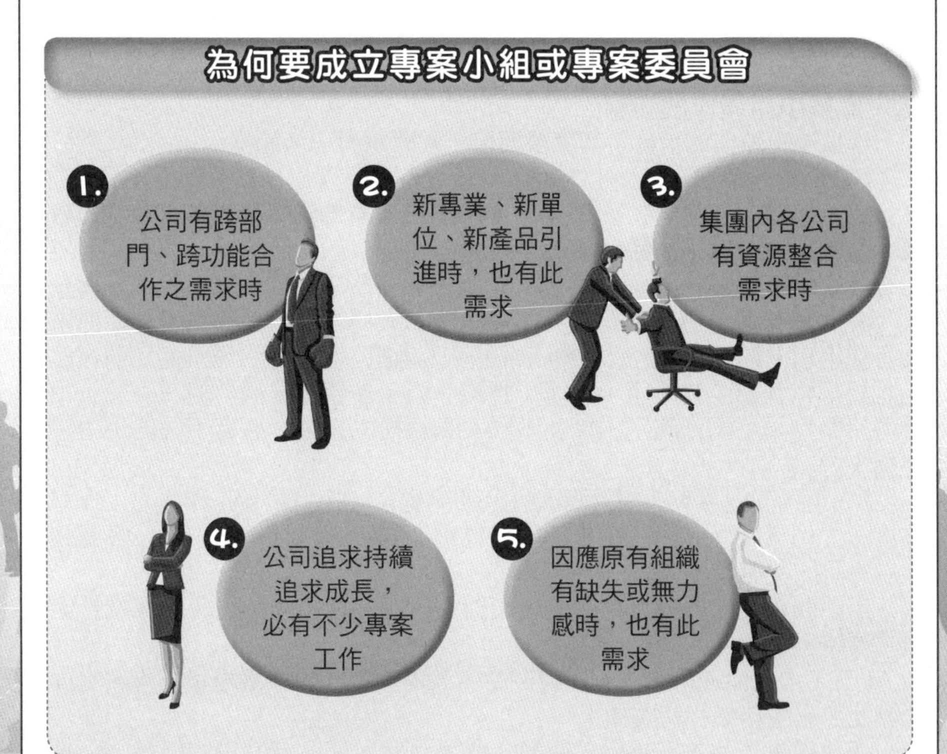

Unit 8-6 專案小組組織設計與運作分析(Part II)

三、專案小組有哪幾種模式？

專案小組在不同任務導向與不同條件下，通常會有三種組織模式：

(一) 成立籌備小組模式

此模式是為了因應往後可能要成立新的公司、擴建新廠、成立新事業部門等狀況。因此，籌備專案小組將是過渡性質，一旦三個月、六個月過後，專案小組就變成新公司、新事業部門或新工廠的正式編制人員，而專案小組也就解散掉。

(二) 以任務為導向的模式

由專責人員負責某項專案工作，直到專案任務達成才停止。這是專責專人的專案小組制度。

(三) 由各部門暫時支援某個專案小組

這些人在自己原來的部門裡，仍然負責既有的工作，他們只是挪出上班的部分時間來支援某項專案工作。這種狀況也經常出現在公司內部。

例如，公司推動資訊化、推動教育訓練、推動上市上櫃作業等，相關各部門主管都會參加這些會議，並配合這個專案小組的任務分配。

綜合來說，在大公司常可見到這三種專案小組組織模式同時存在及運用，因為這三種模式有其不同的運用目的、背景條件與功能。

四、專案小組運作的步驟

專案小組運作的步驟，其實很簡單，大概只有三個過程：

(一) 首先編製專案小組的組織架構、人力配置、分工主管及各組的功能職掌等。這裡面包括：1. 召集人是誰？副召集人是誰？執行祕書是誰？各功能組組長是誰？底下有哪些組員？公司內部及外部的諮詢委員或顧問是誰？2. 各組的功能職掌應予明確審定。3. 執行祕書是未來此專案小組的統籌負責人。4. 一般來說，專案小組或專案委員會，大概均依員工的專長功能而區分為各種組別。包括：行銷組（業務組）、企劃組、財務組、管理組、研發組、工程組、採購組、物流組、生產（製造）組、法務組、國外組……等。須視不同行業別、不同任務別，以及不同大小規模的企業，而有不同的小組組別名稱。

(二) 接著由專案小組召集人「定期開會」，以追蹤各工作組之工作執行進度，並由老闆及時做決策指示。這種定期開會，包括每週一次、每雙週一次或每月一次等狀況。

定期開會是老闆對專案的重視與對員工的適度壓力，以使專案推進能有成果展現。

(三) 依此而繼續下去，一邊開會、一邊下指示、一邊再推動專案進度，直到此專案任務最終完成為止。

任務結束，此專案小組就解散，或者也有可能改為常設的組織，一直存在著。

專案小組運作的三大步驟

1. 先成立專案小組的組織架構、分工、人員配置、各組功能職掌。

2. 決定定期開會的時間表。包括：每週一次、二次或每月一次等。

3. 一邊開會、報告各組工作進度，一邊下指示，逐步推展下去，直到任務完成！

專案小組或專案委員會的組織設部案例

召集人
○○○董事長

副召集人
○○○總經理

諮詢委員及顧問

執行祕書組

1. 企劃組
2. 業務組
3. 財務組
4. 資訊組
5. 研發組
6. 法務組
7. 採購組

Unit 8-7 專案小組組織設計與運作分析(Part III)

五、專案小組成功運作的注意要點

專案小組或專案委員會是大型公司在正式組織架構外，經常被運用的組織制度，也可以說是一種任務導向 (task-oriented) 組織。事實上這是非常必要的。

專案小組要能順利達成任務或發揮功能必須注意到下列十一個要點：

(一) 公司老闆必須親自參與投入，甚至主導領軍。在國內企業的習性上，員工仍然視老闆一人為最後與最大的決策者，大家做的、聽的，也唯老闆馬首是瞻，其他主管未必能叫得動全部部門的主管，讓他們能真正投入此專案小組。

(二) 公司老闆必須確立此專案小組要達成什麼樣的目的或目標。此種目的與目標雖具挑戰性，但仍是可以達成的，而不是打高空。

(三) 此專案小組必須是專責專人的負責制，不應由公司既有組織的人以兼差、兼任方式為之，要負責，就必須是專任、專心對此事做唯一的事與唯一的負責，不要分心，不要掛名，要的是實質，要的是權責合一制度。

(四) 專案小組的專任成員，包括執行祕書及各小組組長，都必須適才適所，而且都是高手、強將強兵，能獨當一面的好手。成員中，不能用經驗不足、能力不足、企圖心不足的人。

(五) 當公司內部既有人才不足時，必須趕快招聘新人或用挖角方式也可以。此外，也應適度聘用外界的學者專家、顧問，或研究機構等之外部力量的協助，以補自己力量的不足。

(六) 老闆必須定期開會，要求各工作小組提出工作進度報告，有效率與有效能地推進專案的進度，並做適時的決策指示。

(七) 應該訂下各種主要工作項目的時程表 (schedule)，以時間點做為管控的重點指標。

(八) 專案小組也應訂定激勵獎賞制度與辦法，用獎金誘因促使專案同仁努力朝此專案達成目標。

例如，在筆者過去的經驗中，老闆也經常針對順利完成銀行聯貸案、信用評等案、上市櫃案、e 化推動案、年度業績預算目標達成案等，發放一筆不算小的獎金，讓參與這些專案的人都能得到獎金，以資鼓勵。

此外，有時候，在專案小組一成立的時候，也會出現為這些成員的薪水加 50% 的立即鼓勵效果。換言之，在專案進行的六個月內，每個月薪水都多出 50%。直到專案結束後才停止。

(九) 老闆應賦予此專案小組的副召集人（可能是副董事長、總經理或執行副總等）**以及執行祕書這二個重要人員實質的權力**，以至高的權力，讓此專案小組能夠順利推動事情，而不會受到原有組織的限制或不配合。

（十）**多利用及發揮集團內跨公司資源整合，放到專案小組上**，以得到集團各關係企業的真心與有力支援，專案小組的推動才會事半功倍。

（十一）**專案小組也是人才培養與人才拔擢的好地方**。很多年輕的基層幹部或中層幹部，透過專案小組的歷練，常會得到晉升的機會。例如，國內統一(7-11)公司，公司內部經常透過「一人，一專案」(one person, one project)的模式，培養有潛力的年輕幹部，磨練他們獨當一面的能力。

專案小組成功運作的十一個要點

1. 公司老闆必須親自參與投入並主導領軍
2. 必須確立此專案小組要達成哪些明確目的與目標
3. 必須採專責專人的負責制，不可兼任
4. 專任小組成員，必須是強將強兵
5. 必須邀聘外部顧問、業者、專家、機構之協助
6. 老闆應定期開會，有效推展進度
7. 事前、事中及事後應提出獎賞措施
8. 專案小組成員必須有至高的權力
9. 必須訂定完成的時程表
10. 必須多利用集團內部各公司的資源整合
11. 是人力培育、養成及拔擢年輕人才的最好來源模式

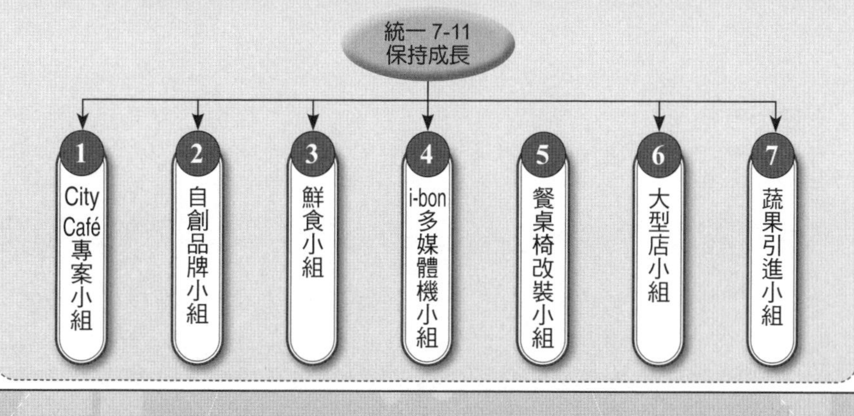

第9章

組織文化

章節體系架構 

Unit 9-1 組織文化的意義與要素

一、組織文化的意義及要素

(一)組織文化意義

組織中共同具有的價值觀與信念，就是所謂的組織文化或企業文化。

組織（或企業）亦如同個人，有其人格特質，藉以推測其態度或行為。譬如組織富積極創新、自由開放的精神，或屬消極僵化、保守謹慎的風格，此即代表該組織之特質，由此亦可探知組織個人之行為。組織文化主宰著個人的價值、活動及目標，且可告知員工事情進行之重要性及方式。換言之，組織文化是一種員工的「行為準則」，藉以潛移默化，改變員工之行為態度。組織文化 (organizational culture) 又可稱為「組織人格」(organization Personality)，也許更流行的說法為「組織氣候」(organization climate)，但此種說法的涵義不如本章所提的「組織文化」一詞來得豐富，因為「組織文化」更能說明組織中長期持續之傳統、價值、習俗、實務及社會過程，並對成員態度與行為之影響有更清楚的了解，有人亦用「企業文化」稱之。具體而言，「組織文化」意味著組織內部及其成員之間具有一致性之知覺，為各組織與其他組織區別之特性，因此涵蓋了個體、群體及組織系統等構面。

(二)組織文化的五大要素

除上述組織文化考慮構面之外，哈佛大學教授狄爾 (T. E. Deal) 及麥肯錫 (McKinsey) 顧問公司甘迺迪 (A. A. Kennedy) 曾對十八家美國傑出公司（如NCR、GE、IBM）進行研究，認為決定組織文化，可以由企業環境、價值觀、英雄人物、儀式與典禮、溝通網路中表現出來，略述如下：

1. 企業環境

每個環境因產品、競爭對手、顧客、技術，以及政府的影響而有差異，面臨不同市場情況時，要在市場上獲得成功，每家公司都必須具有某種特長，這種特長因市場性質而異，有的是指推銷、有些則是創新發明或成本管理。簡而言之，公司營運的環境決定這個公司應選擇哪一種特長才能成功。企業環境是塑造企業文化的首要因素。例如，高科技公司因技術變化非常快速，產品力求創新，因此組織文化不可能太過官僚或制式化，而是講求創新績效、組織應變彈性、員工個人表現及滿足 OEM 代工大顧客為優先的最高政策。

2. 價值觀念

指組織的基本概念和信念，這是構成企業文化的核心，價值觀以具體的字眼向員工說明「成功」的定義—假使你這樣做，你也會成功—因而在公司裡設定成就的標準。例如，法商家樂福量販店的首要價值觀是：天天都便宜。員工應共同有此認知。

3. 英雄人物

上述價值觀常藉由英雄把企業文化的價值觀具體表現出來，作為其他員工樹立具體楷模。有些人天生就是英雄人物，比如美國企業界那些獨具慧眼的公司創始人，另外的則是企業生涯過程中時勢造就的英雄。例如，台塑集團的英雄人物就是王永慶、台積電為張忠謀、鴻海公司為郭台銘、統一企業是高清愿。

4. 儀式典禮

這是公司日常生活中固定的例行活動。所謂的儀式，事實上不過是一般例行的活動，主管利用這個機會向員工灌輸公司的教條。在慶典的時候，將這種盛會叫做典禮，主管會用明顯有力的例子向員工昭示公司的宗旨意義。有強勁企業文化的公司更會不厭其煩地詳細告訴員工，公司要求員工遵循的一切行為。例如，台塑、台積電公司每年會舉辦的運動大會，均屬之。

5. 溝通網路

溝通網路雖不是機構中正式的組織，但卻是機構裡主要的溝通與傳播的樞紐，公司的價值觀和英雄事蹟，也都是靠這條管道來傳播。例如，公司內部網站、E-mail 系統、公司雜誌、小道消息傳播、公告公函、訓練手冊等均屬之。

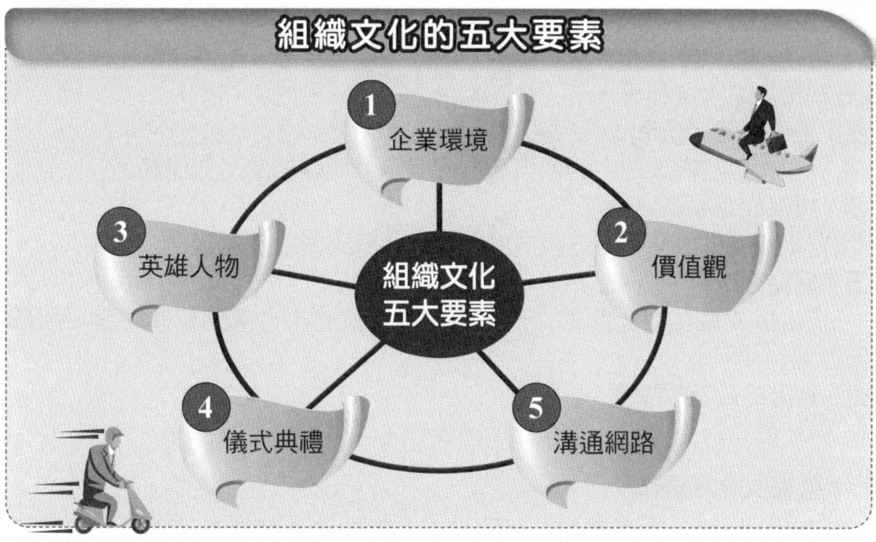

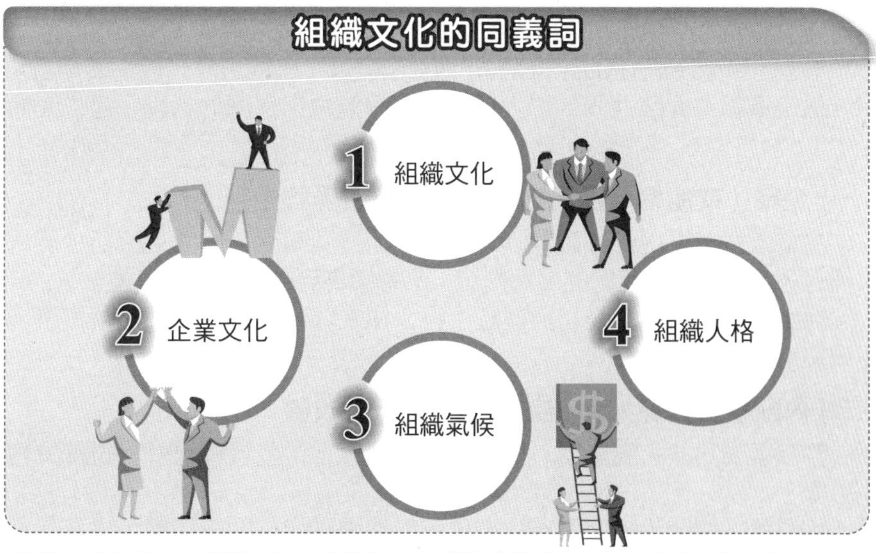

Unit 9-2 組織文化的特性與形成

一、組織文化的特性

何謂「組織文化」？它是指一種由全體成員共同擁有的一種複雜，但有共識的信念與期望之行為模式。

具體來看，組織文化應包括六個構面的特性：

(一) 可見到的行為準則 (observed behavioral regularities)

包括組織內部的儀式、規劃、開會及語言。

(二) 組織主流價值 (dominant value)

組織中必然擁有的一些價值觀。例如，顧客至上、低價政策、品質第一、名牌政策、追求便利等。

(三) 工作規範 (norm)

係指整個組織工作中的個人與群體必須共同遵循的工作規範。

(四) 規則 (rules)

在組織中，也有它的遊戲規則，新加入者應學習及遵守這些規則。

(五) 感覺或氣氛

指組織成員在每天的工作歷程中、開會文化中、部門協調中等，所感受到的氣氛。

(六) 組織的政策哲學觀

亦即公司對待員工、顧客、供應商等之政策與理念堅持。

二、組織文化的形成

組織文化的形成很難加以明確指出，因為它是歷經很久的歲月累積、融合而逐步形成的，只能意會，難以言傳。

不過，學者薛思 (Edgar Schein) 則提出組織文化的形成，最主要是因為：每一個組織都會面臨共同的二大問題，而對此做出反應的過程。這二大問題是：

(一) 企業（或組織）究竟如何適應外部環境與生存

在諸多外部環境的挑戰及變化中，如何過關斬將，努力克服而仍能屹立不搖呢？這種外部環境的輕鬆與嚴苛，都會影響到組織文化的模型。

例如，一個高科技公司與傳統水泥公司在外部環境大不同之情形下，其組織文化也會不同。

(二) 內部整合究竟如何有效進行、解決與改善

整合需要共識、放棄私心與建立一致信念，這些過程也會對組織文化產生影響。

我們可以如此說，一個充斥本位主義與團隊合作的組織體，當然其呈現出來的組織文化也會不同。右圖即列示與組織文化形成相關的問題。

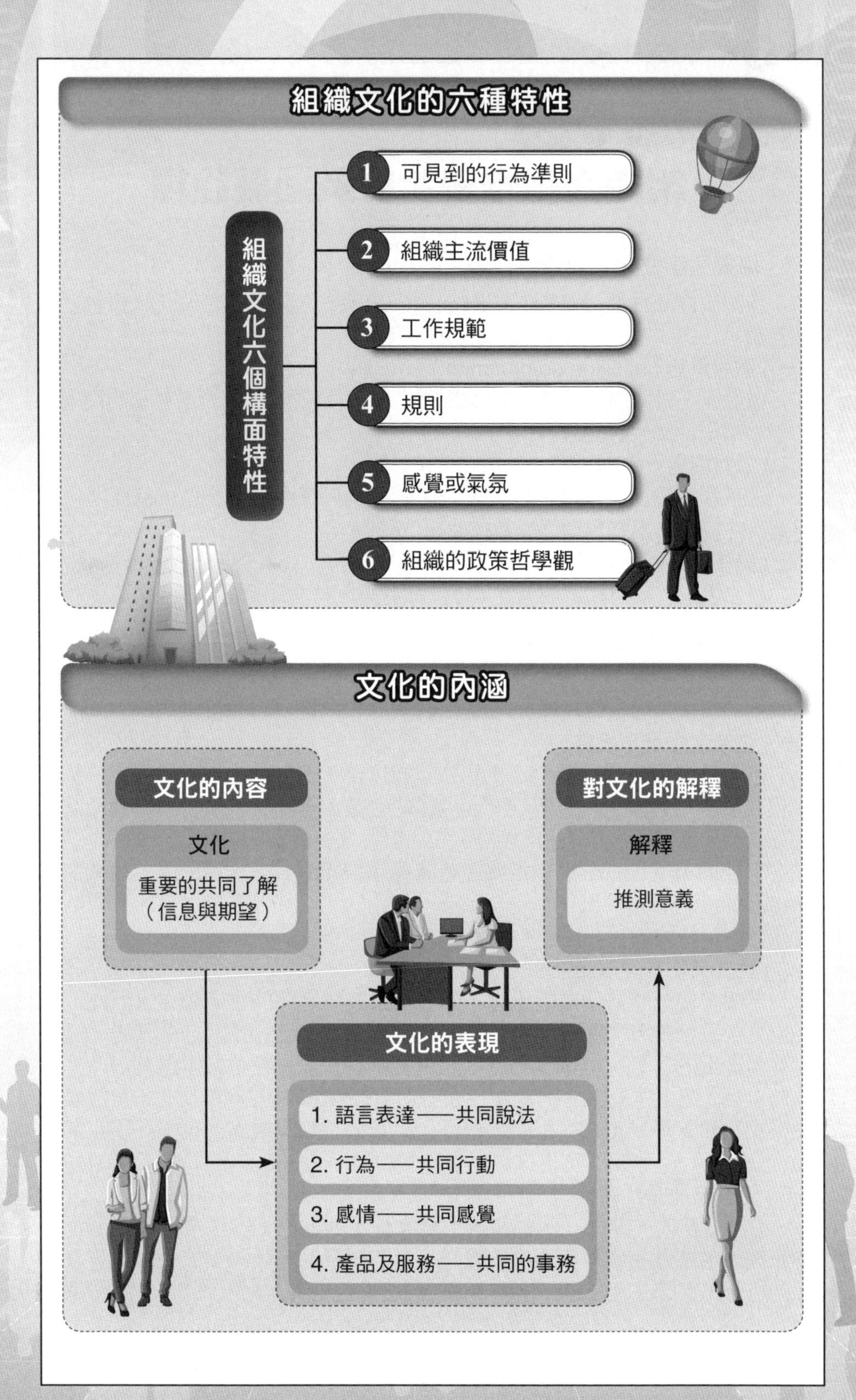
組織文化的六種特性
組織文化六個構面特性
1 可見到的行為準則
2 組織主流價值
3 工作規範
4 規則
5 感覺或氣氛
6 組織的政策哲學觀
文化的內涵
文化的內容
文化
重要的共同了解
（信息與期望）
對文化的解釋
解釋
推測意義
文化的表現
1. 語言表達——共同說法
2. 行為——共同行動
3. 感情——共同感覺
4. 產品及服務——共同的事務

Unit 9-3 組織文化培養步驟及涵義詮釋

一、培養組織文化之步驟

根據狄爾及甘迺迪 (Deal & Kennedy) 之看法，培養組織文化大概包括三個步驟：

(一) 激發承諾 (instilling commitment)

激發員工對共同價值觀念或目標做承諾，並承認員工對企業哲學的投入，當然必須符合個人與團體的利益。

(二) 獎賞能力 (rewarding competence)

培養和獎勵重要領域的技能，並切記一次只集中培養少數技能而非一網打盡，才能真正培養專精之高級技能。

(三) 維持一致 (maintaining consistency)

藉由吸引、培植和留住適當人才，來持續維持承諾及能力。

二、企業文化的三種涵義詮釋

企業文化會深刻影響企業的整體發展與存亡命脈。而企業文化是存在於組織內的一種無形生命靈魂。茲從三種觀點來分析企業文化的內涵：

(一) 企業文化是「包裝」

企業是產品，企業文化是產品外面的包裝，細部的「核心價值觀、基本價值觀」等是包裝上的說明文字。這樣的包裝，有利於推廣企業這個產品，樹立企業形象，增加企業在市場中、在政府中、在客戶中、在員工中的競爭力。站在老闆的角度，企業文化是傳達老闆思想的好方式。也可以說，企業文化是老闆的軟性廣告。例如，統一企業所強調的「三好一公道」，即可視為統一企業文化精神的包裝代表。

(二) 企業文化是「規矩」

老闆要統一整個企業的思想，要求大家按照老闆的意志動作。因此企業中制定了很多規章和制度。但是所有這些規章和制度，都有一個基礎，這個基礎是老闆的思想。但畢竟制度不能規定所有事情。在企業中還有很多不成文的規矩，把這些規矩進行集中，進行試煉，就總結出了企業文化。就這樣，企業文化和管理制度相互配合，使得企業降低了管理成本，也提升了企業的執行力。

(三) 企業文化是「宗教」

有種說法是，掌握了人的精神，就掌握了他的一切。企業文化就是企業的宗教，老闆就相當於企業中的教皇，老闆要學習宗教的發展，掌握宗教傳播的技巧，實踐在企業中，建設、提升出優秀的企業文化。

培養組織文化之步驟

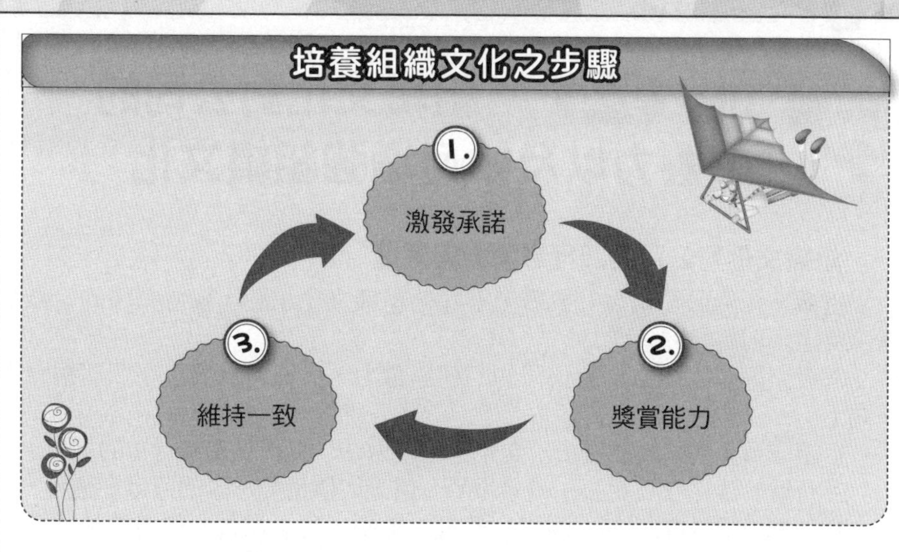

企業文化的三種涵義

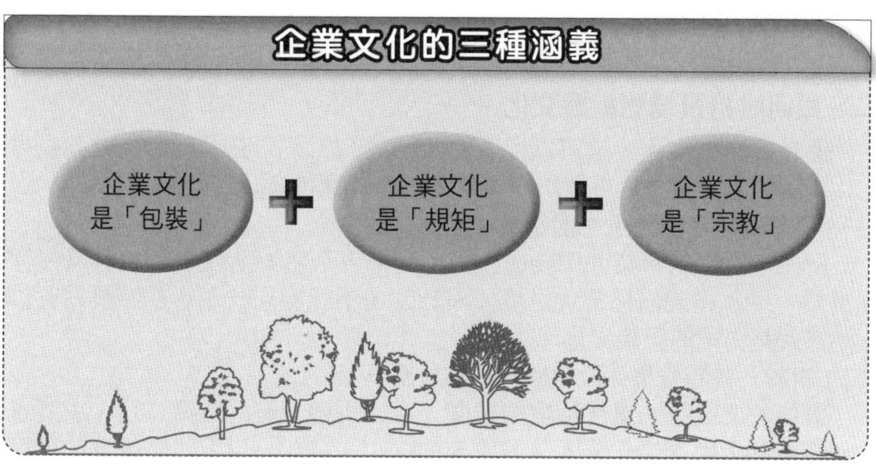

統一企業的企業文化

三好一公道

- 產品好
- 品質好
- 感覺好
- 價格公道

用人文化

- 勤勞樸實
- 少用空降部隊
- 品德第一，能力第二
- 團隊合作

Unit 9-4 組織文化對公司的影響力以及如何增強組織文化

一、組織文化對公司的四種影響力與好處

組織文化對公司當然有影響，不好的組織文化示範，就會有壞的組織影響，反之，則有好的影響力。

一般來講，組織文化對公司的四種影響力，大概可以表現在四個觀念與方向上：

1. 讓成員了解組織的歷史、文化、目前做法，以提供未來行為的指引。
2. 有助於建立成員對公司經營哲學、信念與價值觀承諾的堅定守護者。
3. 組織文化中的規範、規則、升遷、獎酬，可以做為一種對成員的控制方法及期望手段。
4. 有助於使公司產生更好的績效及生產力，總體對公司發展更好。

二、如何維持及增強組織文化？

優良的組織文化，是可以提升組織績效的。下列五項要點為增強組織文化比較有效的方法，值得做為一個高階管理者應該加以注意：

(一) 高階管理者應注意、衡量及控制部屬改變：

例如，某個新事業部門要成立時，高階管理者應明確告訴執行者如何處理事情，以及達成何種績效目標，因為公司不能容忍一個新部門長期虧損，因為這就是公司的組織文化。

(二) 對於一些特殊事件及組織危機的反應

這種危機或特殊事件處理的態度，可以增強原有的組織文化，或者會產生一些新的價值觀文化，而改變原來的文化。例如，以坦然與誠實的態度面對企業危機事件，也是組織文化的反應。

(三) 角色塑造、教育訓練及指導推動

組織文化也常透過組織高階人員的角色扮演，內部教育訓練的持續洗腦推動，以及一對一長官指導部屬的模式，而維繫整個組織文化。

(四) 組織的儀式

在組織文化中有很多的信念、象徵及價值觀，是必須透過公開的盛大儀式或典禮，得到親身感受的。

(五) 激勵及地位分配

組織亦常透過賞罰分明的系統，並提供更高地位的感受，以強化組織文化的貫徹。

(六) 招聘、選擇、升遷及解聘等人事權運作手段

人事決策權也常被用來當作維護組織文化的一種手段，這也是很有效的手段。因為員工們都了解到真正符合、貫徹組織文化的人，才會被晉升、被加薪、被授權，而擢升至最高位子。

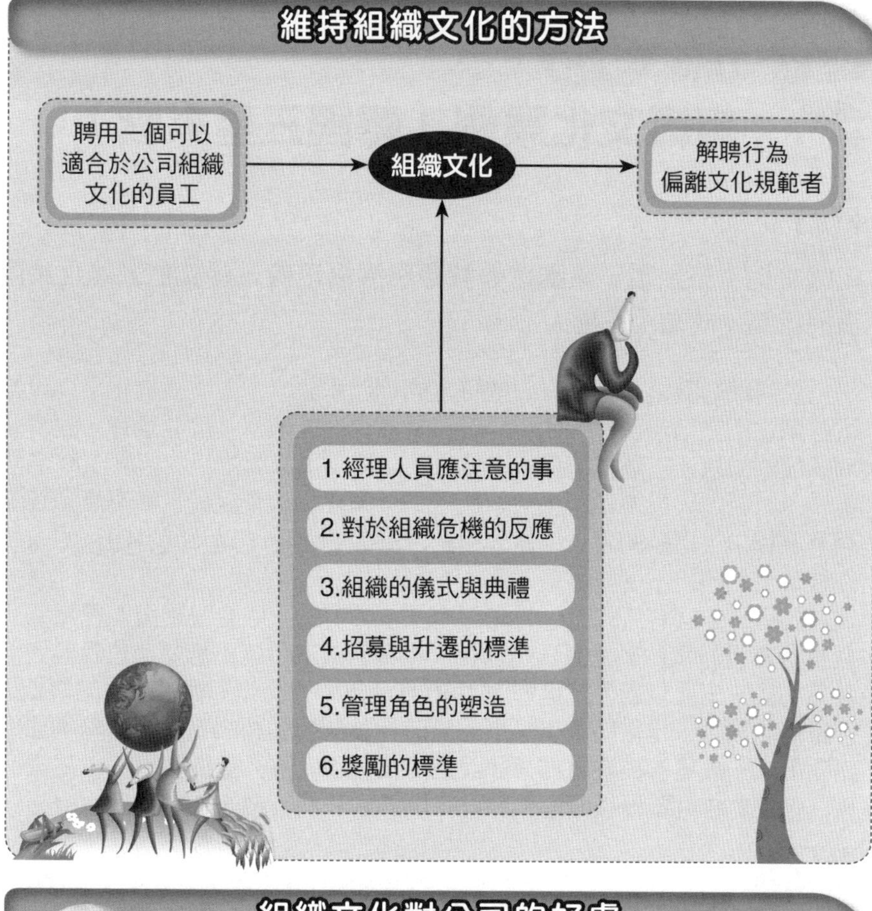
維持組織文化的方法
聘用一個可以
適合於公司組織
文化的員工
組織文化
解聘行為
偏離文化規範者
1.經理人員應注意的事
2.對於組織危機的反應
3.組織的儀式與典禮
4.招募與升遷的標準
5.管理角色的塑造
6.獎勵的標準

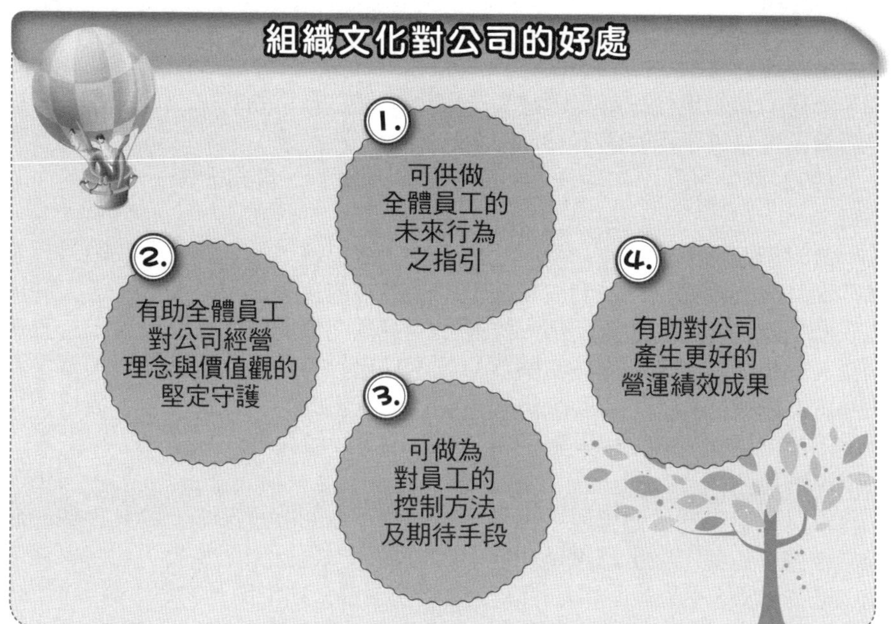
組織文化對公司的好處
1.
可供做
全體員工的
未來行為
之指引
2.
有助全體員工
對公司經營
理念與價值觀的
堅定守護
3.
可做為
對員工的
控制方法
及期待手段
4.
有助對公司
產生更好的
營運績效成果

Unit 9-5 組織文化案例（韓國三星集團）

案例1

組織文化：三星電子集團透過教育訓練以培養三星文化，建立共同語言與行為，成為「三星人」。

三星內部的職員之間，有一些特定的專門用語，像是「複合化」、「業」等外人乍聽之下完全無法理解的用語，三星職員卻能輕易了解並意會，教育是形成共同意識的方法。三星在招募新進社員的時候，不分單位一次招募300名左右，然後，所有新進人員要集體生活一個月，共同接受教育課程。從清晨到晚上連續的教育課程中，透過閱讀「三星人用語」的說明手冊，以及問答題目的方式，讓新進社員自然地記下這些用語。

對於行為方式有所規定，也是只有三星才有的。「合乎禮儀的行為舉止」這些話語對三星的職員來說都耳熟能詳。三星職員之所以不需要上司對他們個人行為多花心思，主要是新入社員即經由ROTC軍隊式文化訓練已養成的傳統。

嚴格的教育，是從前董事長李秉喆時代就開始強調的。結構調整本部出身的P協理說：「故董事長李秉喆曾經說過，要重視新進人員的教育，就得細心照顧花圃，連花的排列都要很費心。教育，關係到我們集團的未來。」

案例2

三星電子集團李健熙董事長堅持「第一主義」的深刻企業文化

年逾六旬的現任三星集團會長李健熙，是三星集團的第二代掌門人，被公認是將韓國三星電子由韓國第一走向全球第一的最大推手。

1992年2月的一次美國行，讓李健熙理解到，非得要來一次根本性的改革不可。

當時李健熙帶著幾個分公司社長到美國洛杉磯，抵達旅館不久剛下行李，李健熙即直奔附近賣場。看到三星的電子產品被放在不起眼的角落，乏人問津，布滿灰塵；反之，新力的產品卻光鮮亮眼的被擺在最顯眼的焦點位置。一直有大量閱讀、追根究柢習慣，也經常購買科技產品自行拆解研究的李健熙，當場買了不同品牌的好幾個樣品，「回來拆解後發現，三星的零件比別人多，價格卻比別人便宜兩成，意味成本比競爭對手高，卻賣不了好價錢。」

深切體認邁向超級一流之路迢迢，李健熙第一步向不良品開刀。1995年，三星電子剛上市的手機出現不良品，李健熙下令回收全部十五萬具手機，收回後集中堆疊，並在工廠全體職員面前引火燒毀，一百五十億韓圜（約合新臺幣四億元）化為煙塵。不只是手機部門，李健熙甚至要公司內部刊物以「攝影機出動」，現場突擊不良品。「要就做到第一，不然就退出。」李健熙一再重複「第一主義」的精神。

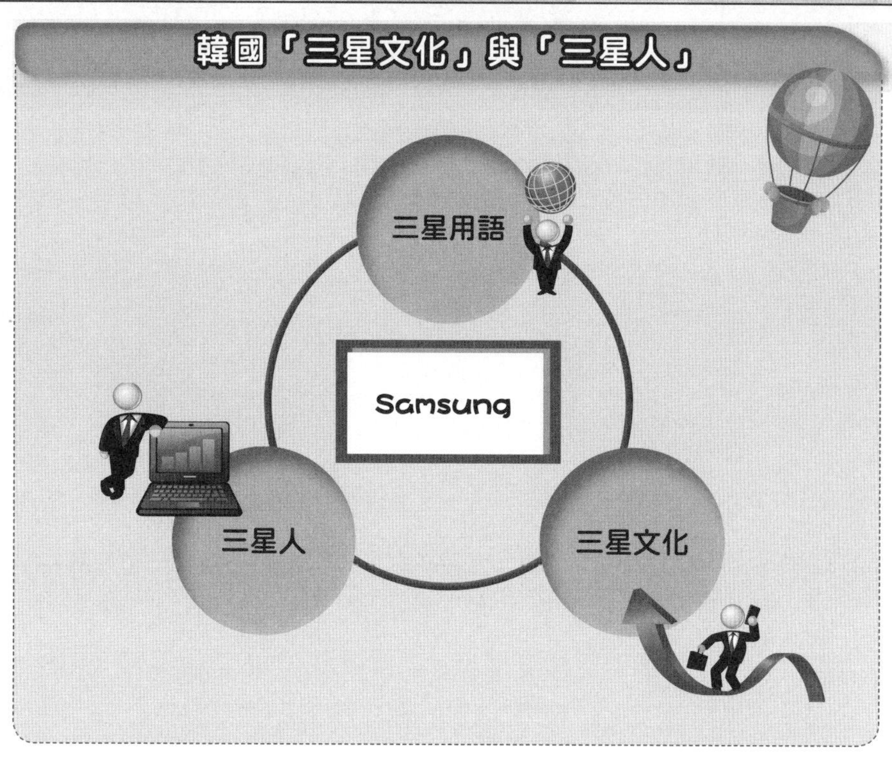
韓國「三星文化」與「三星人」
三星用語
Samsung
三星人
三星文化

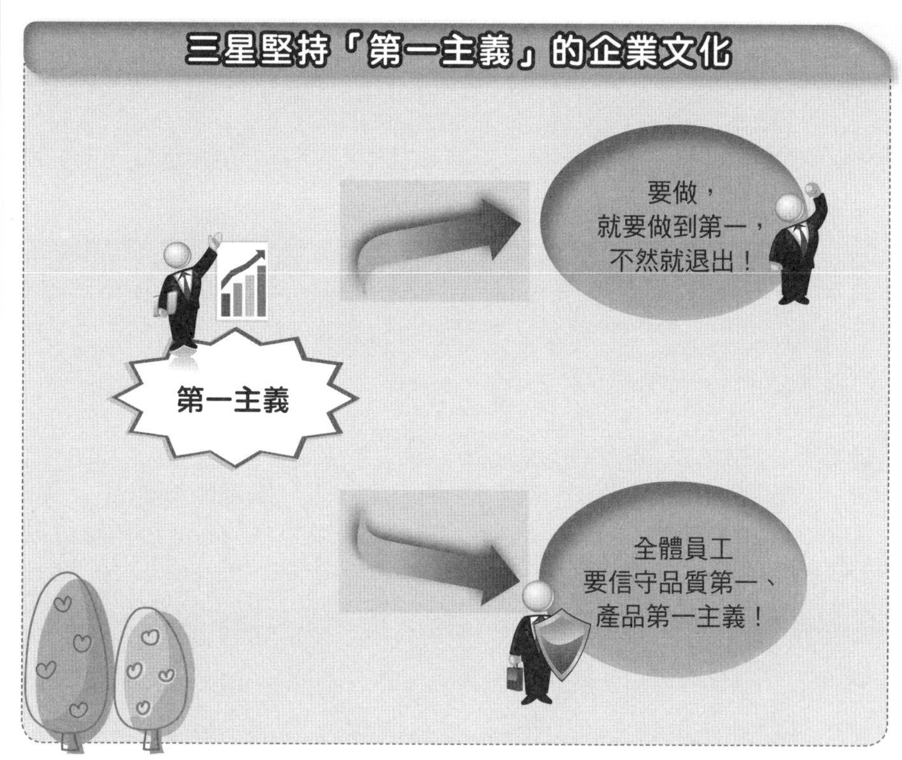
三星堅持「第一主義」的企業文化
要做，
就要做到第一，
不然就退出！
第一主義
全體員工
要信守品質第一、
產品第一主義！

第10章

決策

章節體系架構 

Unit 10-1 決策模式的類型及影響決策七大構成因素

決策是高階主管及各級經理人很重要的工作，也是管理的最後一環。決策最中心的意義，自然是「選擇」。

一、決策模式的類別

決策程度模式可以區分為四種型態：

(一) 直覺性決策 (instinctive decision)：此種決策係基於決策者靠「感覺」什麼是正確的，而加以選定。不過，這種決策模式已愈來愈少。

(二) 經驗判斷性決策 (judgemental decision)：此種決策係基於決策者靠著「過去的經驗與知識」以擇定方案。這種決策在老闆心中，仍然存在的。

(三) 理性的決策 (rational decision)：此種決策係基於決策者靠「系統性分析」、「目標分析」與「優劣比較分析」、「SOWT 分析」、「產業五力架構分析」及「市場分析」、損益預算數據等而選定最後決策，這種決策模式是最常用的決策分析。

(四) 政治模式的決策 (political decision)：依據政治模式決策來看，最後的組織決策均會照顧到各相關部門，或各有力高階主管的個別需求、偏好、方向與利益。這就是政治性決策，也可以說是具有高度妥協性的組織決策。這種決策模式，無所謂對或錯、好或壞，而必須再配合其他觀點與角度來看。

二、影響決策七大構面因素

決策是一個決策者在一個決策環境中所做之選擇，以下將概述此七個決策因素，亦可稱之為決策分析的七個構面：

(一) 策略規劃者或各部門經理人員的經驗與態度：經理人員過去對企業發展成功或失敗的經驗，常造成首要的影響因素。而對環境變化的看法與態度也會影響決策之選擇，有些經理人員目光短淺只重近利，則與目光宏遠、重視短長期利潤協調之經理人員自有很大不同。因此，成功的策略規劃人員及專業經理人最好都應該受過策略規劃課程的訓練。

(二) 企業歷史的長短：若企業營運歷史長久，而且經理人員也是識途老馬時，對決策選擇之掌握，會做得比無經驗或較新的企業為佳。

(三) 企業的規模與力量：如果企業規模與力量相形強大，則對環境變化之掌握控制力會比較得心應手，亦即對外界的依賴性會較小。因此，大企業的各種資源及力量也比較厚實，包括人才、品牌、財力、設備、R&D 技術、通路據點等資源項目。因此，其決策的正確性、多元性及可執行性也就較佳。

(四) 科技變化的程度：第四個構面是所處的科技環境相對的穩定程度，此包括環境變動之頻率、幅度與不可預知性等。當科技環境變動多、幅度大，且常不可預知時，則經理人員對其所投入之心力與財力就應較大，否則不能做出正確之決策。

(五) 地理範圍是地方性、全國性或全球性：其決策構面的複雜性也不同。例如，小區域之企業，決策就較單純；大區域之企業，決策就較複雜。全球化企業的決策，其眼光與視野就必須更高、更遠了。

(六) 企業業務的複雜性：企業的產品線與市場愈複雜，其決策過程就較難執行，因為要顧慮太多的牽扯變化。若只賣單一產品，其決策就較容易執行。

(七) 老闆個人因素：有些老闆好大喜功、有些謹言慎行、有些格局遠大、有些保守不前、有些企圖心旺盛、有些沒唸過書、有些知人善任、有些優柔寡斷、有些很小氣……等，老闆有各種型態，因此，其所有的平常決策展現型態，也就會有所不同。

決策模式之四種類型

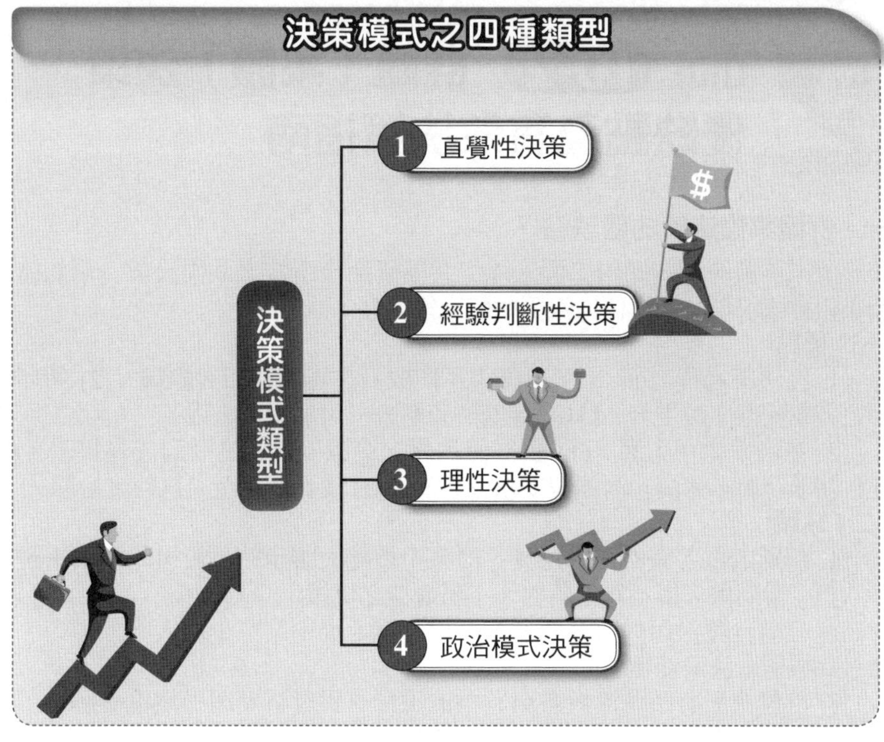

影響決策之七大構面因素

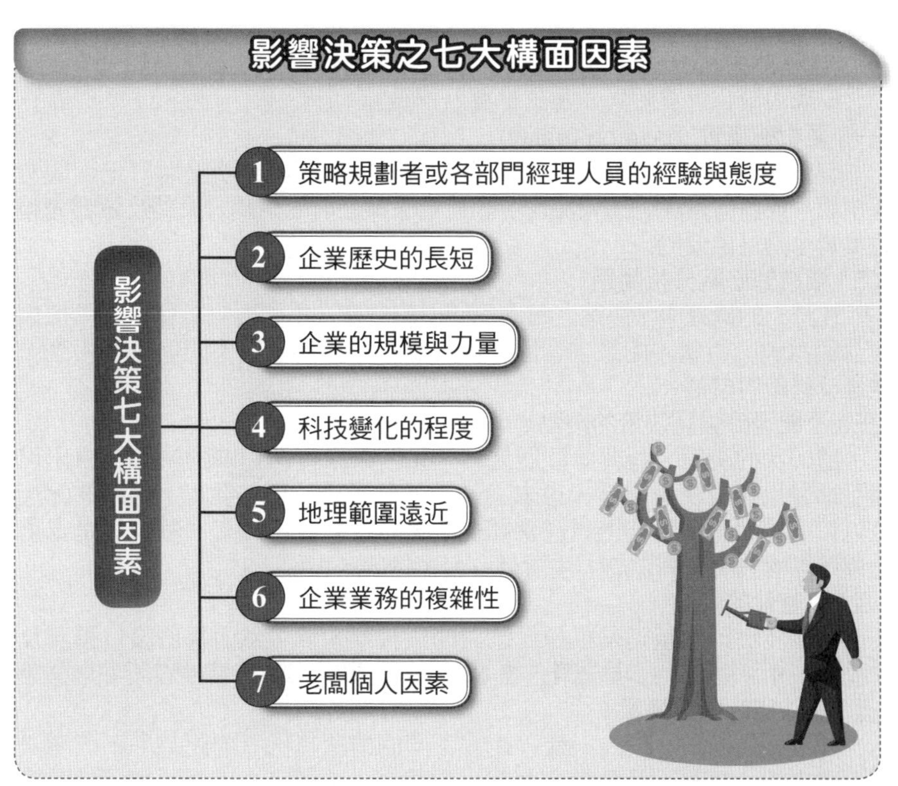

Unit 10-2 群體（集體）決策優缺點及有效決策指南

一、群體集體決策的優缺點

所謂群體決策，即由二個人以上共同研商後所做之共同決策。例如跨部門小組會議決策，其與個人決策相較之優缺點，概述如下：

(一) 優點

1. 在決策過程方面：(1) 可獲得不同成員之專業知識與經驗。(2) 所能想到之方案較多亦較周全。(3) 有豐富的資料分析可供決策之用。

2. 在決策執行方面：(1) 由群體達成之決策，較容易受到成員接受。(2) 在付諸執行時，協調、溝通與要求較容易。(3) 成員較有全力以赴之心態。

(二) 缺點

1. 個別成員各有看法與意見，而又不做重大讓步時，最後的決策常是七折八扣，偏向保守與不夠創新性，不是最佳之決策。

2. 有時群體決策只有名稱形式，但實質上仍由某些少數人掌握權力，因此，此與個人決策並無不同。

3. 群體決策有時會流於各自利益的瓜分，對實質問題仍然沒有解決，反而埋下未來之問題。

二、有效決策之指南

要讓決策有實質效果，應該掌握以下幾點：

(一) 要根據事實 (base on reality)

有效的決策，必須根據事實的數字資料與實際發生情況而訂下，切勿道聽塗說，或誤信錯誤的情報流言。因此，決策之前的市調、民調及資料完整、蒐集齊全是很重要的。

(二) 要敞開心胸分析問題

在分析的過程中，決策人員必須將心胸敞開，不能侷限於個人的價值觀、理念與私利，如此才能尋求客觀性與可觀性。另外，也不能報喜不報憂，或是過於輕敵與自信。

(三) 不要過分強調決策的終點

這一次的決策，並非此問題之終結點，未來接續相關的決策還會出現，而且即便以本次決策來看，也未必一試就會成功，有必要時，仍應要彈性修正以符實際狀況。實務上也經常如此，邊做邊修改，沒有一個決策是十全十美或可以解決所有問題的，決策是有累積性的。

(四) 檢查你的假設

有很多決策的基礎是根源於已訂的假設或預測，然而當假設、預測及原先構想大相逕庭時，這項決策必屬錯誤，因此事前必須確實檢查所做之假設。

(五) 下決策時機要適當

決策人員也跟一般人一樣，也有不同的情緒起伏，因此為了不影響決策之正確走向，決策人員應於心緒最「平和」、「穩定」以及頭腦清楚時才去做決策。

群體（集體）決策的優缺點

(一)優點

1. 可以獲得不同成員之專業知識與經驗。
2. 所能想到之方案亦較周延。
3. 可有較充足資料分析供決策之用。
4. 大家表達意見，比較會有共識。
5. 不會有一言堂現象。

(二)缺點

1. 時效較慢些。
2. 意見想法較分歧。
3. 缺乏擔當及膽識。

有效決策之五項指南

1. 要根據事實！
2. 要敞開心胸分析問題！
3. 不要過份強調決策的終點！
4. 檢查你的假設！
5. 下決策時機要適當！

Unit 10-3 成功企業決策制定分析 (Part I)

成功企業必定會有一個成功的與高品質的決策制定機制，與決策制定的工作成員。對企業而言，最重要的事情就是做決策、下決策、修正決策。

本章將針對成功企業或企業成功決策者的決策制度，就其關鍵概念分別詳述如下。

一、思考力

思考是決策制度的深層東西，它雖看不到，但卻很重要。我們日常的行動過程或是面對問題的決策過程，大致如右圖所示。

思考能力是三種東西的組合力量，即：「思考」能力＝累積「知識」能力＋累積「經驗」能力＋「資訊情報」蒐集能力。

二、高度注意資訊情報的變化與蒐集

成功的企業者或企劃高手，共通的特性之一就是對各方資訊情報的變化相當敏感，且能隨時反映想法。那麼，究竟要注意哪些資訊情報的變化呢？包括（如右圖）：

(一) 經常觀察四周，注意「環境的變化」。

(二) 注意強勁或潛在「競爭對手」的動向，因為這些少數競爭對手，可能對未來產生極大的影響。

(三) 也要回過頭來注意自己公司本身的資訊情報，包括已養成的人才、能力、技術、資金、Know How、品牌等重要資源的條件。

三、冷靜審視自我，並追求優勢

企業負責人及高階管理團隊必須定下心來，定期冷靜審視自我，這種自省功夫確實不易，但卻很重要。那麼究竟須冷靜審視自我什麼東西？內容包括：(一) 過去成功的事。(二) 過去失敗的事。(三) 現在能做好的事。(四) 現在不能做好的事。(五) 未來不能做好的事。

然後，還要進一步探求企業應「追求優勢」，特別是目前的優勢何在？往後的優勢靠山又有哪些？新增哪些及流失哪些？

四、分析三種戰略引擎力

當企業在某個產業領域進行爭奪戰略時，通常都必須分析三種戰略引擎力，即：(一) 市場 (market)。(二) 商品／服務 (products/service)。(三) 能力 (capabilities)。

此即：(一) 請問企業想在哪個目標市場競爭？ (二) 請問企業想提供哪些產品及服務到這個市場？(三) 請問企業是否有此能耐完成此種提供？

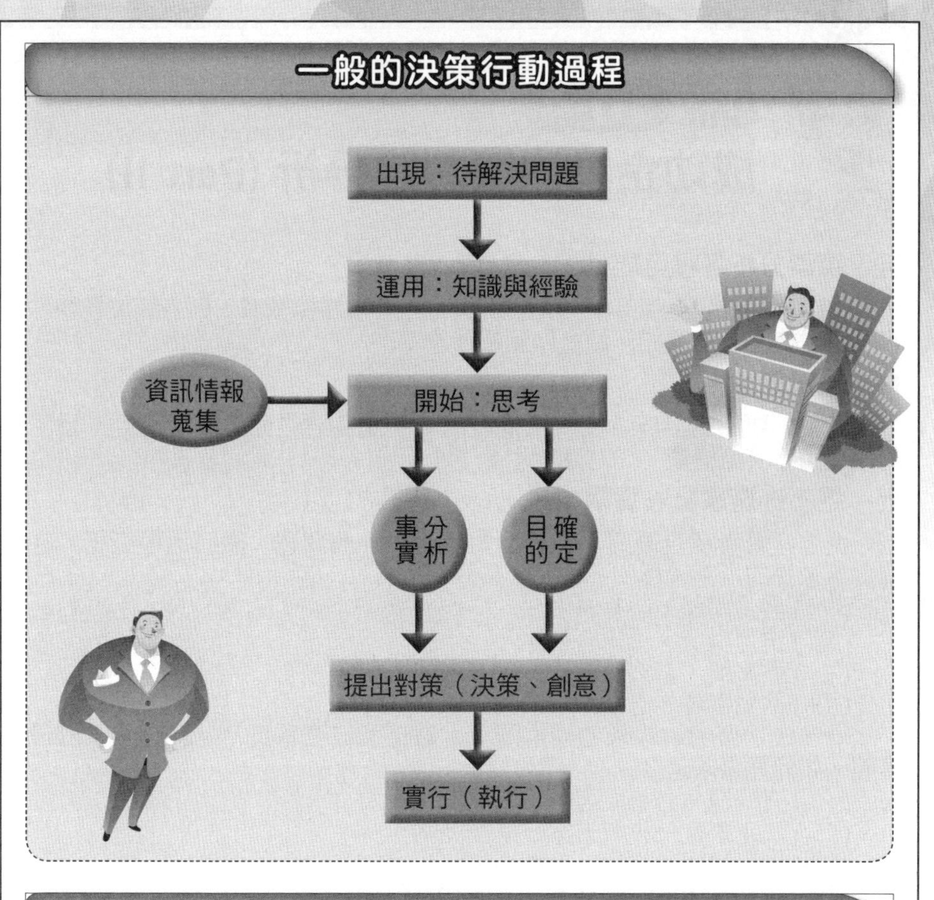

蒐集變化中的資訊情報三大範例

（一）環境變化

・各種環境的變化

1. 經濟動向
2. 金融動向
3. 消費者動向
4. 人口動態
5. 政府法規產品
6. 產業週期
7. 技術革新
8. 產業結構變化
9. 全球環境
10. 網際網路
11. 勞動力環境
12. 企業國際化
13. 其他

（二）競爭對手的變化

・比自己所擁有的優勢
・比自己公司的弱勢

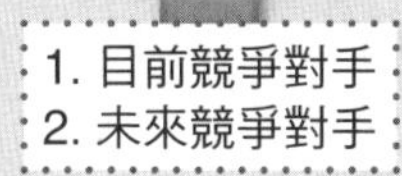
1. 目前競爭對手
2. 未來競爭對手

（三）自己經驗的變化

能力／技術／資金／設備／人才

1. 技術
2. 人才
3. 原物料
4. 市場占有率
5. 生產能量
6. 品牌
7. 品質
8. 行銷
9. 通路
10. 收益

Unit 10-4 成功企業決策制定分析 (Part II)

五、探索分析各種可能性

接下來，企業應就市場、商品及能力三大類條件領域，列表陳述各條件，我們將會如何做？應如何做？做到些什麼？

六、決策構型

最後，要簡易形成一個決策構型的說明圖表，從此可以快速且一目了然的知道策略決策構型，如右圖所示。

七、絕不逃避事實—實事求是

企業經營者及企劃高手應該要對重大事件與問題，徹底追根究柢。在整個實事求是的企劃過程中，企劃人員應該力行四句話，即：

(一) 發生問題，必有原因。
(二) 決定事情，應先有方案。
(三) 做事情，當然有風險。
(四) 欲知事實，必須深入調查。

很多成功傑出的經營者經常問：「看見了什麼事實？」就是本文的最佳寫照。如何實事求是？

(一) 有問題→必有原因→查明原因。
(二) 決定事實→先有方案→選擇方案。
(三) 做事情→有風險→分析未來。
(四) 欲知事實→必經調查→才能掌握狀況。

八、決策選擇的不同考量點

當最高經營者或決策者要對公司重大決策做選擇時，經常要面對不同觀點的考量，包括：

(一) 是長期觀點或是短期觀點？
(二) 是有形效益或是無形效益觀點？
(三) 是戰略觀點或是戰術觀點？
(四) 是巨觀的或是微觀的？
(五) 是看一事業部，或是看整個公司的觀點？
(六) 是迫切觀點或是可以緩慢些的觀點？
(七) 是短痛或是長痛觀點？
(八) 是集中觀點或是分散觀點？

在實務上，面對不同現象的考量時，如何取得「平衡」觀點，兩者兼顧，以及「捨小取大」，應是思考的主軸。

九、創造性解決問題流程圖（CPSI 法）

CPSI 是創造性解決問題機構 (Creative Problem Solving Institute) 的簡稱。此方法是從「發現問題」到「解決問題」有系統的思考過程，以做好創造性解決問題的階段。

如圖右所示，CPSI 將解決問題的步驟大致區分為五個階段，在各個步驟中，依照需要使用腦力激盪法、型態分析等。

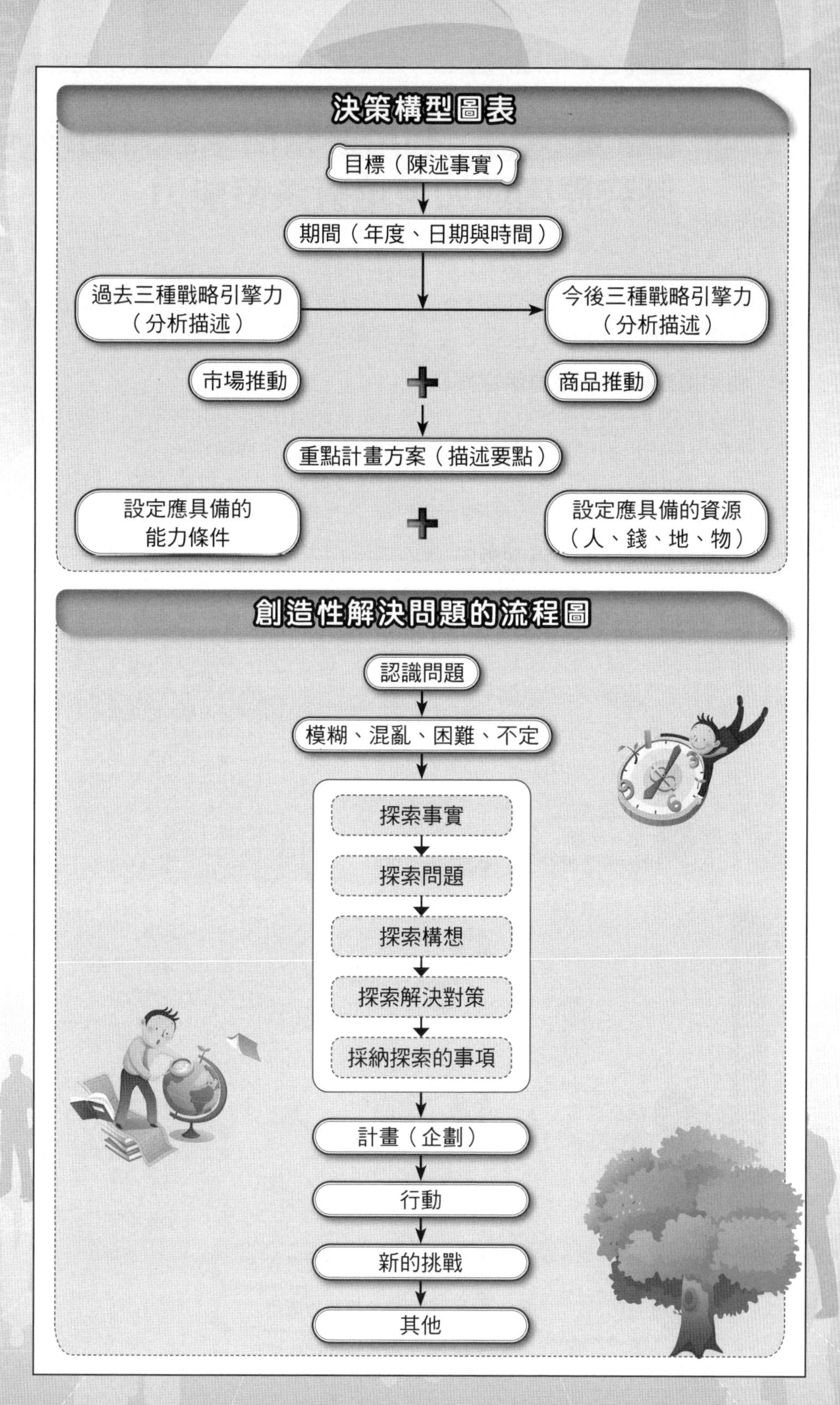
決策構型圖表
目標（陳述事實）
期間（年度、日期與時間）
過去三種戰略引擎力
（分析描述）
今後三種戰略引擎力
（分析描述）
市場推動
商品推動
重點計畫方案（描述要點）
設定應具備的
能力條件
設定應具備的資源
（人、錢、地、物）
創造性解決問題的流程圖
認識問題
模糊、混亂、困難、不定
探索事實
探索問題
探索構想
探索解決對策
採納探索的事項
計畫（企劃）
行動
新的挑戰
其他

Unit 10-5 利用邏輯樹來思考對策、深究原因與如何培養決策能力

企劃人員經常面對思考與分析。思考什麼呢？思考對策該如何下？分析什麼呢？分析探究原因為何。在實務上，依據筆者經驗，可以利用邏輯樹來做為思考對策與探究原因的技能工具，而且簡易可行。

一、利用邏輯樹來思考對策之案例

(一) 當公司老闆（董事長）下令希望今年度能夠增加「稅前淨利」（獲利）時，企劃人員可以利用邏輯樹，如下圖的各種可能方法與做法。

(二) 當企業主希望能全面提升企業集團整體形象時，行銷企劃人員亦可利用邏輯樹做進一步分析，如右圖列示可能之方法與做法。

二、利用邏輯樹分析「探究原因」

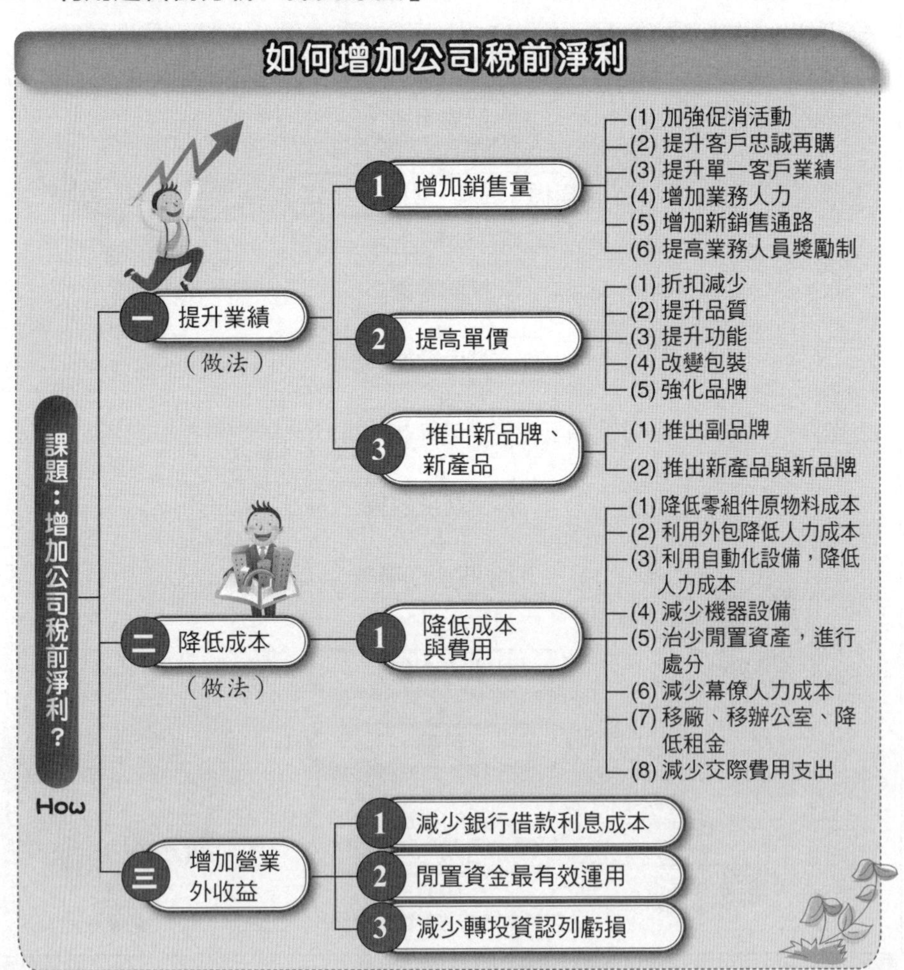

如何提升企業集團形象

課題：如何提升企業集團形象？

- 一 成立文教慈善基金會
  - 1. 定期舉辦各種文教與慈善活動，回饋社會大眾
  - 2. 與外部各種社團保持互動良好關係及活動關係
- 二 加強與各媒體關係
  - 1. 定期與各平面電子、廣播媒體負責人或主編餐聯誼
  - 2. 給予媒體廣告刊登業務的回饋
  - 3. 邀請專訪負責人
- 三 經營資訊完全透明公開
  - 1. 定期舉行法人公開證明會
  - 2. 定期發布各種新聞稿
- 四 提升經營績效獲得外界人士肯定
  - 1. 自我努力提升經營績效，名列前茅
  - 2. 參加國內外各種競賽或評比排名

利用邏輯樹探究原因（一）

為何本公司某品牌銷售量會突然下降？

- 一 強力競爭者介入
  - 1 新品上市
    - (1) 低價新品上市
    - (2) 同類產品價格下滑
  - 2 品牌運作
    - (1) 強力大打產品宣傳
    - (2) 競爭者的品牌風潮
  - 3 通路商全力配合
    - (1) 通路商全力配合吃貨
    - (2) 通路商享受各種優惠及各種好處
- 二 本身問題
  - 1 品質下降
    - (1) 抱怨增加
    - (2) 設計變更
  - 2 廣告太少
    - (1) 節省廣告支出
  - 3 新品上市太少
    - (1) 顧客喜新厭舊
- 三 顧客（消費者）本身的變化

Why?

利用邏輯樹探究原因（二）

為何競爭對手某品牌洗髮精突然成為市場占有率的第一品牌？

- 一 強力廣告宣傳成功
  - 1. 大額度支出，一次支出，一炮而紅
  - 2. 電視 CF 代言人明星找對人
  - 3. 媒體報導配合良好，記者公關成功
- 二 定位與區隔市場成功
  - 1. 產品定位清晰有立基點，訴求成功
  - 2. 區隔市場明確擊中目標市場
- 三 價位合宜
  - 1. 價位感覺物超所值
  - 2. 價格在宣傳促銷有特別優惠價
- 四 通路商全力配合
  - 1. 通路商因為大量廣告宣傳故大量吃貨配合
  - 2. 通路商在賣場位置配合理想
- 五 產品很好
  - 1. 包裝設計突出
  - 2. 品牌容易記住
  - 3. 品質功能佳

Unit 10-6 增強決策信心的九項原則

企業界高階主管每天都在做決策，但是如何做正確與及時的決策，則是一件非常重要的事情。而在這過程中，經常會面臨對決策的信心不足，或是憂慮做出錯誤決策。根據美國管理協會所提出的一項研究報告，指出對公司決策人員如何有效增強決策信心，可以參考以下九項原則：

一、認清並避免你的偏見

問題也許出在解決方法本身或是建議者，抑或是你剖析問題的工具。認清偏見及避免偏見，有助於深入了解你的思考模式，進而改善決策品質。

二、讓別人參與集思廣益，比自己一個人強

理想的情況是，應該邀集觀點不同的人士參與決策過程。強迫自己傾聽與自己相左的意見，不宜太有戒心。豎起雙耳，敞開心胸，參考異己的觀點，因為每個人都有優點及長處，而且有助於做出最佳的決定。

三、別用昨日的辦法來解決今日的問題

世界變化的步調太快，不容以陳腐的答案來解答新的問題。

四、讓可能受影響的人也參與其事

謹記：不論最後的決定如何，若受影響的員工不覺得事前被徵詢過意見，就不能有效執行。他們的加入不但能促使他們更投入行動計畫，而且也更能共同承擔決策的成敗與執行的信心。

五、確定是對症下藥

常常我們把重點擺在症狀，卻沒把問題看清楚。因此，應該看到問題的本質，而非表面而已。

六、考慮盡可能多元的解決方法

經過個別或集體腦力激盪後，找出盡可能多元的解決方法，然後逐一評估其利弊得失，再選擇最後最好的辦法。

七、檢查情報數據是否正確

若根據具體的資料做決定，先驗證數據確實無誤，以免被誤導。因此，幕僚作業很重要。

八、認清你的解決方法有可能製造新的問題（先小規模試行看看）

觀察你的決定會產生什麼影響。如果可能的話，先進行小範圍測試，看看效果如何，然後再全面落實。

九、徵詢批評指教

在宣布決定之前，應該讓已參與初步討論的人士有機會提供他們不同或反對的意見。

增強決策信心的九項原則

1. 認清並避免你的偏見
2. 讓別人參與集思廣益，比自己一個人下決策強
3. 別用昨日的辦法來解決今日的問題
4. 讓可能受影響的人也參與其事
5. 確定是對症下藥
6. 考慮盡可能多元的解決方法
7. 檢查情報數據是否正確
8. 認清你的解決方法有可能製造新的問題
9. 徵詢各種批評與指教

下重大決策前，應檢查各項內外部資訊情報與數據

下決策之四大資訊情報為依據！

1. 公司自己內部的各種數據資料做參考

2. 蒐集到主力競爭對手的數據資料及資訊情報為何

3. 蒐集國外先進標竿企業的資訊情報為何

4. 蒐集消費者、上游供應商、下游通路商的數據及資訊情報

Unit 10-7 解決問題的九大步驟（鴻海集團）(Part I)

國內第一大民營製造廠鴻海精密董事長郭台銘，他所自創的「郭語錄」，在鴻海公司內部很有名，幾乎他身邊每個特助及中高階主管都必須熟悉這些郭董事長數十年來的經營心得與管理智慧。

在「郭語錄」中，廣泛被員工熟記且經常被問到的，就是如何解決問題的智慧及做法？郭董事長提出九項步驟，茲摘述闡釋如下：

一、發掘問題

企業運作，其實都是在解決當前浮現出來的問題。如果沒有問題，就按照慣常的方式，例行的做下去。但是，如果出現了事業競爭對手，就要馬上尋求解決問題的方法。

不過，企業卓越經營者的定義有二種：(一) 把處理事情的模式，盡量標準化 (standard of procedure, SOP)，亦即我們常說的，要建立一種「機制」(mechanism)，透過法治，而不是人治，法治才可以久遠，人治則將依人而改變處理原則及方式，那將會製造出更多問題。有了標準化及機制化之後，問題出現可能就會減少些。(二) 但是，企業不可能在標準化之後，就沒有問題了。一方面是內部環境改變使問題出現，另一方面是外部環境改變使問題出現。尤其是後者更難以掌控，實屬不可控制的因素。例如，某個國外大 OEM 代工客戶，因某些因素而可能轉向競爭對手，就是大問題。

因此，卓越企業的準則是希望提早發現問題，使問題在剛萌芽或發酵的潛伏期中，就能即刻掌握到，而儘快予以因應、撲滅或解決尚未形成的問題。因此，「發掘問題」是一門重要的工作與任務。

任何公司應有專業部門單位來處理這些潛藏問題的發現與分析。另外，在各既有部門之中，也會有附屬的單位來做這方面的事情。當這些單位發掘問題之後，就應循著一定的機制（或制度、規章、流程）反映給董事長、總經理或事業總部副總經理，好讓他們及時掌握問題的變化訊息，然後，才能預先防範及思考因應對策。

二、選定題目（選定問題）

問題被發掘之後，可能會有幾種狀況：(一) 問題很複雜也有多種面向，這時候必須深入探索分析，打開盤根錯節，挑出最核心、最根本且最必須放在優先角度來處理的。(二) 問題比較單純，比較單一面向，這時候就比較容易決定如何處理。

不管是上述哪一種狀況，在此階段，就是必須選定題目，確定您要處理的主題或題目是什麼。例如，就製造業來說，國外客戶抱怨我們最近研發的新產品，品質出了問題，美國消費者迭有反應。此時選定的題目，就是「品質不穩定」或「加強品質」等題目，做好進一步的處理。就服務業來說，當康師傅速食麵殺進臺灣市場時，採取的行銷主軸策略，就是低價格策略（或稱割喉戰）。因此，對統一、味王、維力等各速食麵廠來說，此時所應選定的題目，應該就是競爭對手激烈的「殺價行動」所引起的威脅，以及我們的因應之道。因此，「價格因應」就成了解決的選定題目了。

總的來說，選定題目有幾項原則，就是此題目必須是：(一) 當前的（當下的）問題；(二) 優先處理的問題；(三) 重大性的問題；(四) 影響深遠的問題；(五) 急迫的問題；(六) 影響多層面的問題。以上這些問題，都必須經由老闆或高階主管出面做決策。至於小問題，就由第一線人員，或現場人員或各部門人員處理即可。

鴻海集團郭台銘董事長解決問題的九大步驟

1. 發掘問題
2. 選定題目
3. 追查原因
4. 分析資料
5. 提出辦法
6. 選擇對策
7. 草擬行動
8. 成果比較
9. 標準化

選定問題探討的六項原則

Unit 10-8 解決問題的九大步驟（鴻海集團）(Part II)

三、追查原因

在追查原因時，要分幾個層面來看：

(一) 分析的工具：分析的工具，比較有系統的，大概以「魚骨圖」方式或是以「樹狀圖」方式為之，是比較常見的。以魚骨圖為例，如右圖所示。

上述圖示，表示某一個浮現的問題，可以從四大因素與面向來看待，而每個因素又可分析出兩項小因子，因此，總計有八個因子，造成此問題的出現。以「樹狀圖」為例，如右圖所示。

(二) 有形原因與無形原因：此外，在追查原因上，我們還要再區分為有形的原因（即是可找出數據支撐、來源支撐或對象支撐的），以及無形的原因（即是無法量化、無法有明確數據，不易具體化的，比較主觀的、抽象的、感覺的或是經驗的）。

然後，綜合這些有形原因與無形原因，做為追查原因的總結論。

四、分析資料

分析最好要有科學化、統計化的以及系列性、長期性的數據加以支撐才可以。不可以憑短暫的、短期的、主觀的、片面的及單向性的數據就對問題做出判斷。

因此，數據分析原則，在進行時，應注意並切記以下幾項原則：(一) 與過去數據相較，看看發生什麼變化（歷史性、長期性比較分析）。(二) 與所在的產業相比較，看看發生了什麼變化（產業比較分析）。(三) 與所面對的競爭者相比較，看看發生了什麼變化（競爭者比較分析）。(四) 採取行動後，跟沒有採取行動之前相較，看看發生什麼變化（事件行動比較分析）。(五) 拿外部環境的變化狀況與自己的現在數據相比較，看看發生了什麼變化（環境影響比較分析）。(六) 與政策改變後相較，看看發生什麼變化（政策改變影響比較分析）。(七) 與人員改變後相較，看看發生什麼變化（人員改變影響比較分析）。(八) 與作業方式改變後相較，看看發生什麼變化（作業方式改變影響比較分析）。

五、提出解決辦法

在資料分析過後，大體知道該如何處理。接下來，即是要集思廣益，提出辦法或是對策。

其中，辦法對策不應只限於一種而已，應該從各種不同角度來看待問題與相對應的不同辦法，主要是希望盡量思考周全一些、視野放遠一些，以利老闆從各種面向考量，而做出最有利於當階段的最好決策。在提出辦法與對策時，應注意以下原則：

(一) 應進行自己部門內的跨單位共同討論，提出辦法。

(二) 應進行跨別人部門的共同聯合開會討論、辯正、交叉詢問，然後才能形成跨部門、跨單位的共識辦法及對策。

(三) 所提出的辦法應具有立竿見影之效，應具有面對現實的勇氣，以及分析它可能產生的不同正面效果或連帶產生的負面效果。

利用魚骨圖展開，分析問題的原因

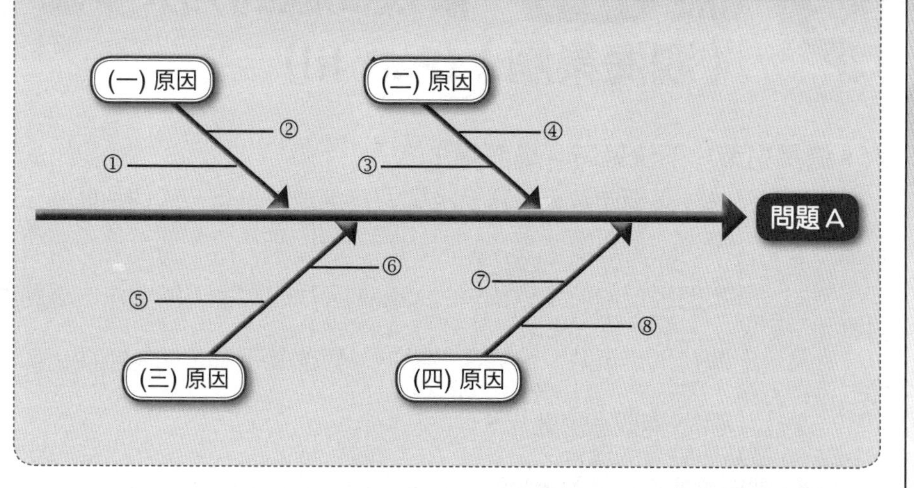

利用樹狀圖展開，分析原因

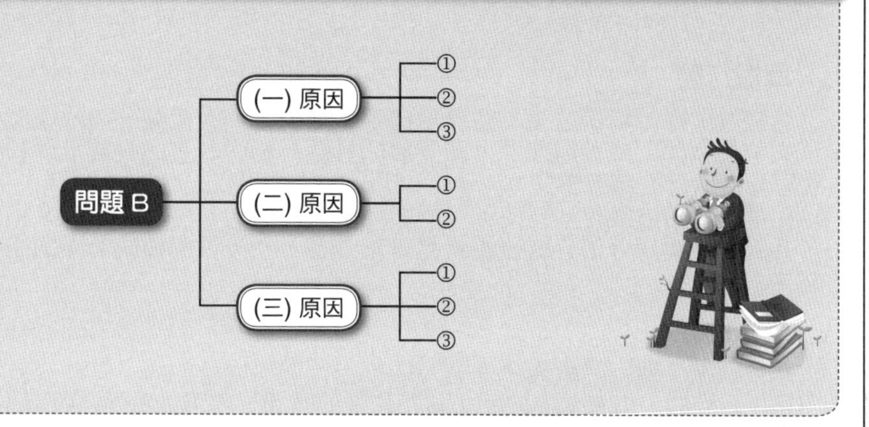

提出解決辦法前之步驟

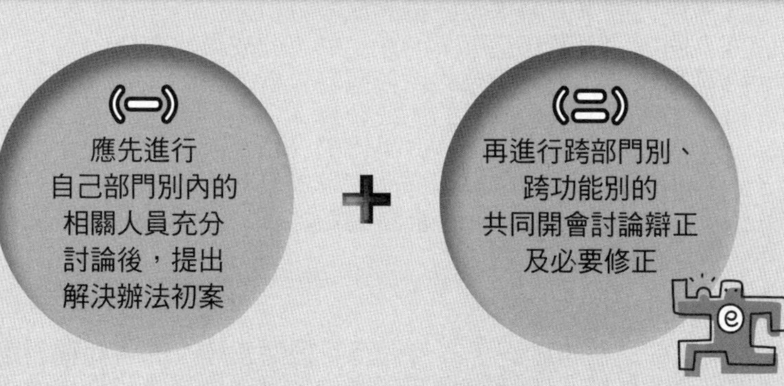

Unit 10-9 解決問題的九大步驟（鴻海集團）(Part III)

六、選擇對策（下決策時，應考量）

提出辦法後，必須向各級長官及老闆做專案開會呈報，或個別面報，通常以開會討論方式居多。此時老闆會在徵詢相關部門的意見與看法之後下決策。也就是老闆要選擇，究竟採取哪一種對策。

例如，某部門提出如何挽留國外大 OEM 客戶的兩種不同看法、思路與辦法對策請示老闆。老闆就要下決策，究竟是 A 案或 B 案。

當然，老闆在下決策時，他的思考面向，與部屬不一定完全相同。此時，老闆的選擇對策，要基於下列比較因素與觀點：

(一) 短期與長期觀點的融合。
(二) 戰略與戰術的融合。
(三) 利害深遠與短淺的融合。
(四) 局部與全部的融合。
(五) 個別公司與集團整體的融合。
(六) 階段性任務的考量。

七、草擬行動

老闆做出選擇對策之後，即表示確定了大方向、大策略、大政策與大原則。接下來，權益部門或承辦部門，即應展開具體行動與計畫的研擬，以利各部門做為實際配合執行的參考作業。

在草擬行動方案時，為使其可行與完整，同樣的，也經常在結合相關部門單位，共同研擬或是分工分組研擬具體實施計畫，然後再彙整成為一個完整的計畫方案。

八、成果比較

當行動進入執行階段後，就必須即刻進行觀察成效如何。有些成效當然是短期內可以看到的，但有些成效就必須花較長的時間，才可以看到它所產生的效果，這樣才算是比較客觀的。

因此，對於成果比較，我們應掌握以下幾點原則：

(一) 短期成果與中長期成果的比較觀點。
(二) 所投入成本與所獲致成果的比較分析。
(三) 不同方案與做法之下，所產生的不同成果比較分析。
(四) 戰術成果與戰略成果的比較觀點分析。
(五) 有形成果與無形成果的比較分析。
(六) 百分比與單純數據值的成果比較分析。
(七) 當初所設定預期目標數據與實際成果的比較分析。

在上述七點成果比較分析的兼顧觀點之下，才能掌握成果比較的真正意義與目的。

九、標準化

當成果比較之後，確認了改善或革新效益正確，即將此種對策做法與行動方案加以文字化、標準化、電腦化、制度化，爾後相關作業程序及行動，均依此標準而行。最後就成了公司或工廠作業的標準操作手冊及作業守則。

高階主管下決策時，應考量不同觀點的融合！

1. 短期與長期觀點融合
2. 戰略與戰術觀點融合
3. 局部與全部觀點融合
4. 個別公司與集團整體的觀點融合
5. 階段性任務的考量
6. 利害深遠與短淺的融合

解決方案推動後的成果比較分析項目

1. 成本與效益的比較分析
2. 做之前及做之後的數據比較分析
3. 不同解決方案下的不同成果比較分析
4. 預期與實際成果比較分析
5. 短期與中長期成果的比較分析

資訊補充站

以上九項內容說明，係針對鴻海集團郭台銘董事長對於該集團面對任何生產、研發、採購、業務、物流、品管、售後服務、法務、資訊、談判、策略聯盟合作、合資布局全球、競爭力分析、降低成本……等諸角度與層面，來看待解決問題的九大步驟。

當然，企業為了爭取時效，有時會壓縮各步驟的時間，或是合併幾個步驟一起快速執行，這都是經常可見的，也應習以為常的。畢竟，在今天企業激烈競爭的環境中，唯有反應快速，才能制敵於機先，搶下商機或避掉問題。

第 11 章

權力與授權

章節體系架構 

Unit 11-1 權力的意義、來源及型態

一、權力的意義

權力可以定義為「影響力」或「心理的改變」；管理學者 Olsen 曾對社會權力定義為：影響社會生活（社交活動、社會命令或文化）的一種整合能力。

羅索 (Rusell) 對「權力」曾有這樣描述：「權力是社會科學之基本概念，就如同物理學中之能量一樣」，顯然，權力是組織行為中，極為重要之核心問題。所謂「權力」，乃指某甲對某乙行為之影響能力，得以促使其行使某些事項，而不進行其他事項。此種定義，可適用在部門組織中或國家層次。

二、五種基本權力來源

管理學者 French 及 Raven 曾分析人際間權力來源之基礎有五種：(一) 獎賞的權力 (reward power)。例如升遷、加薪、私下加發獎金、紅利及授權等。(二) 強制的權力 (coercive power)。例如降級、減薪或資遣。(三) 專家的權力 (expert power)。例如專業與經驗。(四) 法定的權力 (legitimate power)。例如批示公文簽呈的權力或是附署簽名權力。(五) 認同的權力 (referent power)。

三、四種權力型態來源

除了上述五種基本權力基本來源外，還可以從結構及情境來源，來說明四種權力型態：

(一) 知識權力 (knowledge as power)：組織內部員工具備相關專長及知識，使人服從領導，而非以位置威嚇人。因此，每個人、每個部門、每個公司也都會有不同程度的知識權力。當然，知識權力跟教育程度高低也有很大關聯。現代的學歷都普遍提升很多，知識權力的影響也就愈來愈大。

(二) 資源權力 (resources as power)：一個部門、一個人或一個組織的各種資源（人、資本、機器設備、資訊、地點等）愈大愈強，就愈能影響其他單位。例如，以國家層次來看，行政院就比各縣市政府的預算資源力量更大，各縣市如果缺錢建設，一定會想盡辦法向中央的行政院要錢，而行政院就是擁有此種資源權力。

(三) 決策權力 (decision-making as power)：具有公司最高拍板決策權力者（例如，董事長、老闆），亦會深深影響部屬的服從。在國家層次則是民選總統的決策權力最高。

(四) 連結權力 (connection links as power)：如果能爭取公司內部其他部門或其他主管之合作，以完成任務，亦可以提高權力方法，此稱之為連結權力。學者 Kantor 提出有三種連結方式，可以產生權力：1. 資訊提供 (information supply) 的連結：亦即正式或非正式的資訊情報均由此處提供。此就享有資訊情報的影響力。例如國家的國安局、情報局、調查局等，均有類似功能。2. 資源供應 (resources supply) 的連結：此即人力、財力、物力資源供應，均由此處產生。3. 同事支持 (colleague support) 的連結：例如某個有實力的事業部門主管、高階幕僚主管，或是某事業之支持。

組織中二大類不同權力來源圖示

(一)人際間權力來源

1. 報酬獎賞
2. 強迫、威嚇
3. 法定
4. 專家
5. 參考認同

(二)結構與情境權力來源

1. 知識
2. 資源
3. 決策
4. 連結

(三)權力應用是否有效

1. 在各種權力基礎間的關係
2 所選擇的影響策略

權力 (power) → 對他人、部門、組織的影響

權力的各種可能來源

1. 擁有知識權力
2. 資源分配權力
3. 下決策權力

4. 獎賞權力
5. 懲處權力

6. 法定權力
7. 認同權力
8. 專家權力

Unit 11-2 權力強化三原則，權力獲取及維持十種方法

一、為什麼要「研習」權力課程？

(一) 許多管理學者的研究結論顯示，權力慾望的強度與現代企業的成功有關。亦即成功的管理者都有顯出一定的慾望，在組織的層次下，增加擇人及控制別人的力量。

(二) 一個人對權力的需求是決定他在現代公司裡的發展、晉升之重要因素。當個人愈有權力慾望時，就愈會力求表現及升官。

(三) 擁有權力的人，對別人能運用發揮更大的「影響力」，在權力效應下，組織的績效會較優秀。當能正確運用權力時，組織的營運績效也會更好些。

二、權力強化三原則

「權力」的反面就是「依賴」，因此欲強化權力就必須減少對他人及他部門之依賴。可區分三項關係因素：(一) 一個部門（或一個主管）可為其他部門（或其他主管）克服不確定的因素。(二) 此部門（此主管）克服不確定的工作可被替代的程度。(三) 相對於其他部門（或其他主管）而言，此部門的重要性。

因此，一個主管或一個部門要強化其權力，則必須：1. 想辦法克服其不確定性 (copying with uncertainty)；2. 想辦法成為不可替換性 (substitutability)，例如具有獨特能力；3. 想辦法成為更具重要性之角色 (centrality)，例如成為公司營業及獲利最大來源者，或是新事業發展的掌握者。

三、權力獲取維持之十種方法

權力不會憑空而來、驟然天降，必須競爭取得，或發揮個人特質及魅力。獲取之後仍應維持，否則守而不固亦等於無權。為了獲取權力，有影響力者可透過下述方法來達成：(一) 設法控制較重要的有形資產。例如，負責一個工廠的生產權力，或者負責財務資金調度權力。(二) 設法獲取有用的資訊和控制資訊之來源及路徑。(三) 設法建立內外良好人際關係。(四) 盡量善待別人，使其有還不清之人情債。(五) 建立良好專業性技能聲譽。利用專業能力，得到權力認同。(六) 創造他人對你的讚許、認可及欽慕。(七) 培養他人對你的信賴、倚重及求助。(八) 設法與最高負責人或老闆維持較佳的個人之間關係與互動關係，在集權式組織內部尤其如此。(九) 力求好的表現及好的部門績效，公司自然就會重視您的部門，權力就會持續下去。(十) 新成立各種專案小組、專案委員會及籌備委員會等組織型態，亦可享有一定之權力發展。

強化權力之三原則

1. 使本部門成為不可取代

權力增強

2. 使本部門成為更重要角色及責任承擔者

3. 使本部門能克服不確定因素而使其明確

獲取及維持權力之方法

1. 保持個人及部門的良好工作績效
2. 與老闆保持較佳的互動關係
3. 掌握新專業、新產品、新工廠之授權工作
4. 強化及提升自己的專業能力，讓人家必須依靠你
5. 贏得老闆的信任、信賴
6. 獲得跨部門長官的支持與友好

7. 掌握資源分配及資訊來源
8. 贏得部屬的肯定及支持

Unit 11-3 權力之錯用及如何有效使用權力

一、權力之錯用

權力如能善用，則利己利群，但權力錯用，將可能導致行為之分歧，形成「己蒙利，群受害」，甚或「害己害人」之不良後果。一般權力錯用之負面現象，如「玩弄」、「操縱」、「下賤」、「邪惡」及「腐化」等均是。人人均想爭取「權力」，但應取之以用，用之以法，為公益而非私利，才不致造成錯用、濫用或攬用。一般而言，權力之錯用主要發生在下述情況。

(一) 領導者之價值觀與道德觀不正當。認為權力是他個人至高無上的東西，而不是公司的。

(二) 工作之依賴性與權力技能不相稱。當工作上依賴他人程度甚大，而自己之權力技巧及能力尚不足，以致「事」、「能」距離較大，為企求事情之完成，乃引起不計手段之邪念。

(三) 高階主管之處理不當，引發中、基層主管之錯用。

(四) 領導主管在自利主義 (opportunism) 及私心下，錯用了權力。

二、影響策略：如何有效使用權力，而非僅是發號施令而已

現代企業員工的知識水準非常高，高階經營者或科技公司老闆，也經常是碩士、博士，再加上民主風氣已成為日常理念的一環，因此，很多證據顯示，如果組織或主管的權力使用不當，會引起很多負面的結果。公司如此，個人如此，國家也是如此。

因此，如何有效的使用權力，有效的影響他人，則成為一門最重要的知識與理念。

要達成此種有效權力行使，應注意以下幾點：

(一) 應注意到權力在什麼時間、什麼地方及領域上正確使用

例如，某位高階主管其專長是財會領域，然而卻大話說研發技術應如何如何，那 R&D 部門如何會信服呢？

(二) 應了解組織人際間、情境間及結構的權力來源，要區別得很清楚

使用這些各種不同的權力來源去影響他人的方法。例如，某位總經理此時擁有很大的資源掌握權力，包括用人權與預算權，但他必須公平、排定優先順序與客觀的行使資源分配方案的權力，使各部門副總都能信服，而不會私下反彈與抗拒。

(三) 應對自己的權力行使行為，有自我成熟與自我控制的能力

不要被權力沖昏了頭。

權力的錯用情況

1. 獨裁老闆剛愎自用、一言黨

2. 高階主管的圖利自己及私心錯用權力

3. 工作依賴他人，而自己能力不足時，可能錯用權力

4. 為逃避責任及不敢扛責任狀況下，錯用權力

有效使用權力應注意重點

1 應注意權力在什麼時間、什麼地方及哪些領域上正確使用

2 應了解組織人際間、情境間及結構的權力來源，要區別得很清楚

3 應對自己的權力行使行為，存有自我成熟及自我控制能力

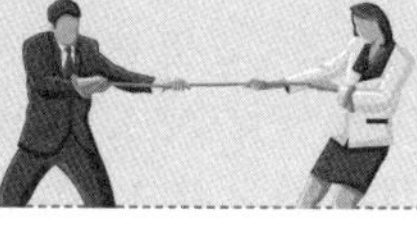

個人權力有效及正確行使五大理念

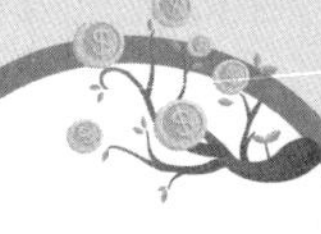

1 不能有私心不能有私慾

2 品德、品格要放在權力之上

5 權力不為圖利益及不為貪汙

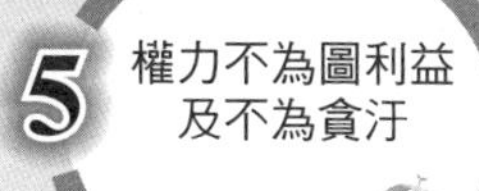

3 權力是為公司好為團隊好

4 權力不應炫耀權力名聲要放下

Unit 11-4 授權的意義、好處及阻礙因素

一、授權 (Delegation)

(一) 意義

授權 (delegation of authority) 係指一位主管將某種職務及職責，指定某位部屬負擔，使部屬可以代表他從事領導、政策、管理或作業性之工作。

(二) 好處

授權的利益有如下幾點：

1. 減輕高階主管工作之負荷，而讓他能有更多的時間從事規劃、分析與決策方面的重要事務。

2. 可以節省不必要溝通的浪費。高階主管只要檢視工作成果即可，不必也不須去詢問過程細節。

3. 培育未來的高階管理與領導人才。

4. 可以鼓勵員工勇於承擔工作任務的組織氣候，而不是推諉、怕事。

5. 唯有透過授權普及機制，組織才能拓展為全球企業的規模，也才能加速擴張成長。

(三) 阻礙因素

1. 主管不願授權原因

(1) 部屬能力有限，尚不足以擔當重責大任及決策性事務時。能力有限若強要授權，則會造成錯誤決策或一再請示之麻煩，亦即主管對部屬缺乏信心。

(2) 主管愛攬權，喜歡權力集於一身，而無法放心將權力完全下放。

(3) 企業發展階段未到最高負責人可以完全授權的時候。

2. 部屬拒絕接受授權原因

(1) 對接受權力者缺乏額外激勵，形成責任加重卻無任何回饋之情況，也使得部屬不願承擔新的責任。

(2) 有些授權是有名無實的，形成高階說要授權，但實質上卻不一樣。

(3) 部屬恐懼犯錯，反而形成對原有地位的傷害，得不償失。

(4) 有些部屬習慣於接受命令做事，這樣比較簡單。

授權有哪些好處

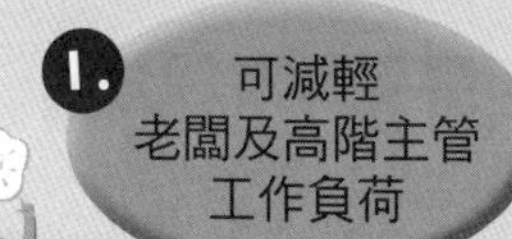

1. 可減輕老闆及高階主管工作負荷
2. 可節省不必要及過多的溝通細節
3. 可培育未來各階層幹部及領導人才
4. 可鼓勵各級幹部勇於承擔責任，不要怕事、推諉
5. 授權可有助企業擴張及成長、永續經營

長官不願完全授權原因

1. 部屬能力仍有限，尚不足以擔當大任
2. 主管自己有私心、愛權力，不願將權力下放出去
3. 企業文化、組織文化、老闆文化，都不利授權的氛圍

有些部屬也不願接受授權

1. 怕負責任怕受罰
2. 習慣接受命令行事
3. 知道自己不是成為領導幹部的料
4. 有些授權也是有名無實，乾脆不要也罷

Unit 11-5 授權的原則及如何管控授權

一、克服授權途徑或授權的原則 (Overcome the Obstacles)

授權對組織自然有正面的貢獻，因此對於授權之障礙，自應有克服之途徑，分述如下：

(一) 在授權之前，應對屬下施予必要之教育訓練與職務磨練，讓屬下能水到渠成的接下授權棒子。

(二) 所謂授權，並非下授權力名詞而已，而是必須提供充分資源的協助，否則巧婦難為無米之炊。

(三) 當屬下能如期承接權力責任，而完成組織使命目標時，高階應給予適當之獎勵與晉升。

(四) 授權之初，屬下之決策難免有疏失，高階主管應抱持容忍原則，勿過於苛責。

(五) 授權應採陸續漸進放出權力，不必一下子全部都授權，如此將可避免重大政策之錯誤。

(六) 應考慮到整個組織結構是否適合授權，否則就應該考慮調整組織結構。

(七) 權力下授之後，必須賦予以責任，完成任務，否則授權只是成為空洞的權力利用而已。

二、授權者控制之方式

高階主管及各級主管對於屬下授權後之控制方式，可採取如下方法：

(一) 事前充分研討

對於重大決策，如果部屬無充分把握或仍得不到解答時，可與上級主管充分研討，尋求解答及共識，並可減少疏失。

(二) 期中報告

授權者不須去管太細節的過程，若仍會擔心，可在期中要求部屬提出報告，以了解進度執行狀況。

(三) 完成報告

在計畫或期間終了時，部屬必須呈報成果績效報告給上級參考，以做為考核及指示之用。

正確與有效授權的原則

1. 要確信部屬能夠託付授權部屬已有足夠能力
2. 完全授權之前，應有一段歷練及培訓期
3. 可以逐步、分階段的授權，不必一次全部放出去
4. 容忍部屬有授權時能有一些小誤失，不必打擊他的信心
5. 應調整組織架構及核決權限做授權配合
6. 授權後，必要時刻，仍應予以關鍵指導
7. 權責應一致 給予權力，必須負起責任才行

授權者的管控方式

1 事前充分討論及指導 + 2 提供期中報告 + 3 完成期末報告

被授權者的四大積極應對

1. 要確知自己的能力與經驗均已足夠
2. 要比授權以前更加努力、用心、投入才行
3. 權力不是用來享受的，是為負更大責任的
4. 自己要從授權中，得到更多歷練，不斷學習為求進步

Unit 11-6 授權案例（統一7-11）

統一 7-11 前總經理徐重仁對「授權」的看法——讓他單飛吧！

統一 7-11 前任總經理徐重仁在經濟日報專欄〈談工作與生活〉中，針對他對授權的看法，提出他個人的多年經驗，非常精闢有用，故摘其重點如下：

一、擺脫以老闆為中心的文化，建立團隊經營制度與適當授權

許多中小企業在權威式、人治管理的企業文化下，一切由老闆主導，員工做事多半以老闆的主觀、好惡為依歸。

例如，隨時想開會就開會，與外部談生意或策略合作，都是老闆說了就算，有交情的很容易就可以做成生意，沒交情的就照規矩來，這種狀況下，不但老闆不在就做不成事，員工也會養成被動的思維模式和工作習慣，對企業是一大危機。

企業經營成敗的關鍵在於經營團隊，做老闆的如果要讓企業運作上軌道，提高經營效率，甚至成為國際級的企業，就必須跳脫處處以老闆為中心的企業文化，建立團隊經營的制度，適度授權。

二、如何授權，才會最有效果呢？

但究竟該如何做，才能讓幹部主管逐漸養成「單飛」的能耐，又讓企業發揮最佳效率呢？

(一) 授權的第一步是適才適所，選擇合適的人才做適當的工作。選才用人最重要是看其是否具備工作與學習的熱忱，以及無私與創新的精神。只要具備上述條件，這些人才都可以透過適度的授權與培養，成為可以獨當一面的經營者。

統一超商流通集團次集團 32 家子公司的總經理，很多都是如此培養出來的，他們在接手新事業之前，往往對這個領域全然陌生，但結果都可成為專業的經營者，並且創出好的成績。

我的經驗是，在授權的過程中，領導者有責任帶領經營團隊朝正確的方向前進，並且因應快速變化的環境，做出快速而明確的決策。

(二) 接著就是建立制度化的運作模式，讓每個階層的幹部養成解決問題的習慣和主動創新革新的精神，調整工作方法和作業流程，不要動不動就把問題扔給上層主管或老闆，如果老闆不肯或不放心授權，是無法形成這種氣氛的。

(三) 這樣做難免會有錯誤與風險，企業一方面要有嘗試錯誤、擔負風險的準備，也要設法把風險降到最低，所以領導者必須適時提供輔導與協助。例如，有些工作可以讓主管放手去做，有些工作領導者則須親自帶著經營團隊及員工一起做，讓他們從做中學，累積成功的經驗，這樣學習效果最佳，風險也最低。

許多公司員工工作時間愈來愈長，但這樣不見得是最有效率的，我認為效率必須透過不斷的檢視、改善與改變事情的做法，適當的分工合作，才可能做到。企業透過授權，可以培養員工主動解決問題和改善工作流程的精神，提高運作效率，做為主管的就應具備這種能力，否則不足以擔當大任。

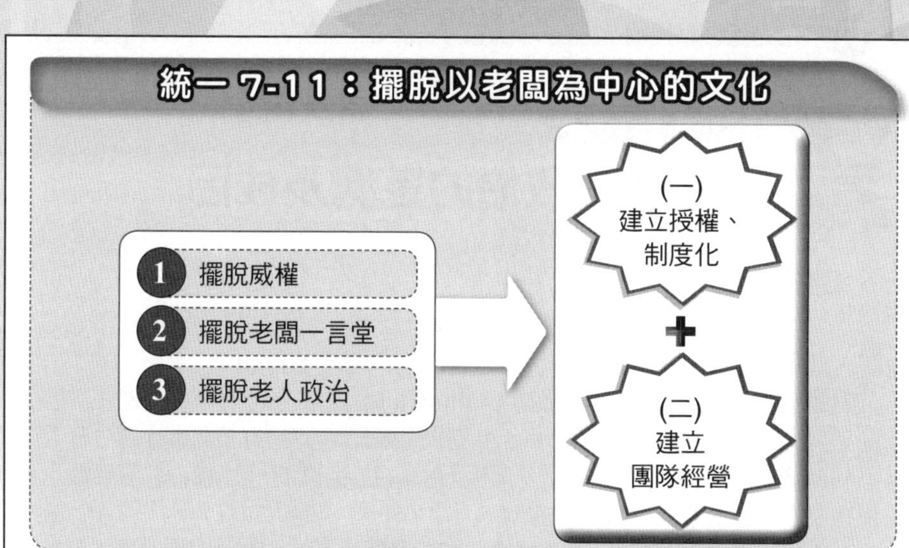
統一 7-11：擺脫以老闆為中心的文化
1 擺脫威權
2 擺脫老闆一言堂
3 擺脫老人政治
(一)
建立授權、
制度化
(二)
建立
團隊經營

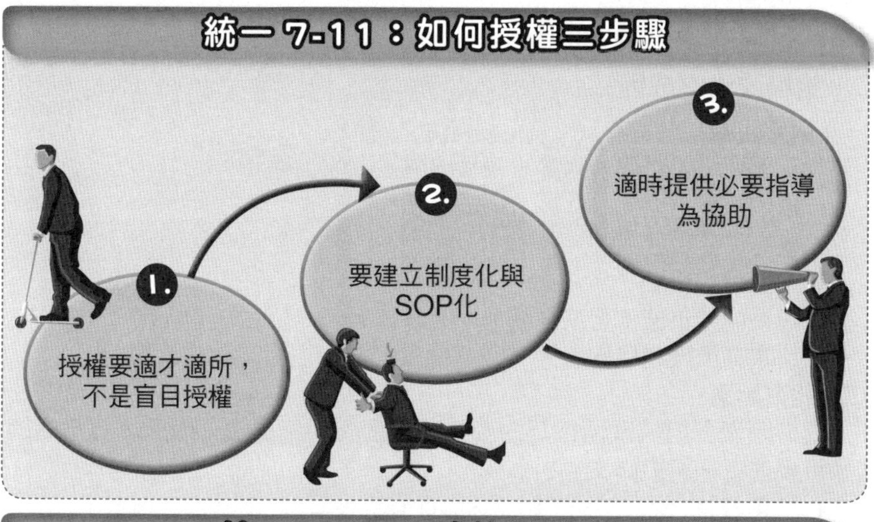
統一 7-11：如何授權三步驟
1.
授權要適才適所，
不是盲目授權
2.
要建立制度化與
SOP化
3.
適時提供必要指導
為協助

統一 7-11：讓他單飛吧！
・成立各種專案
小組，任命他
為組長！負起
責任！
・讓年輕人單飛！
歷練成長！

Unit 11-7 網路組織政治的定義及成因

一、組織政治之定義

當一個人的行為只是為了加強其職位及利益，而未顧及公司及群體之利益時，此種自利 (self-interest) 行為即為組織中的政治行為。

由政治行為所產生的政治權術 (politicking) 大部分是對組織有害的。少部分則還算是有利的。如右圖所示，A 區即為對公司有利的政治行為，B 區則為不利的政治行為。不利之政治行為包括：(1) 推諉責任；(2) 惡意破壞；(3) 擁權擅勢；(4) 浪費公帑；(5) 曲解資訊；(6) 羞辱他人；(7) 形成派系，結黨結派；(8) 傳播惡劣耳語、小道消息；(9) 虛榮浮誇；(10) 到處下毒；(11) 爭奪權位；(12) 盡享利益獨厚自己。

二、組織政治之成因

(一) 個人因素

具有下列特質之個人因素，較易出現組織政治行為：

1. 權威感較重者。
2. 權力慾望較強者。
3. 指揮權較重者。
4. 專業能力不強，但欲從其他地方奪權者。
5. 追求高風險之傾向者。

(二) 組織因素

組織因素對組織政治行為的產生，比個人因素還大，因此，對組織因素更應重視注意。組織因素包括：

1. 角色模糊：當員工與其職掌、權責界定不清楚，或重疊、權責不一致時，即會產生混水摸魚，趁火打劫等情況。

2. 績效評估體系不夠嚴謹：績效評估指標不夠明確或管考不夠嚴謹時，或不夠公平合理時，使得組織政治行為易於出現。

3. 資源分配不均或不公：當公司有限的人、事、物、錢的資源分配不均或不公時，即會爭奪資源大餅。尤其不患寡而患不均，即會出現政治行為。

4. 權力位置太少：當公司中高階權位有限或太少時，即會爭奪大位，組織政治亦會出現。因此，應該增加晉升的管道及位子。

5. 民主決策過於氾濫：當公司採取民主會議決策模式時，也有可能發生組織政治的串聯表決情況。

6. 高階主管的縱容：高階主管亦縱容組織內部群體或個人衝突之存在。然後，衝突即演變成組織政治行為。

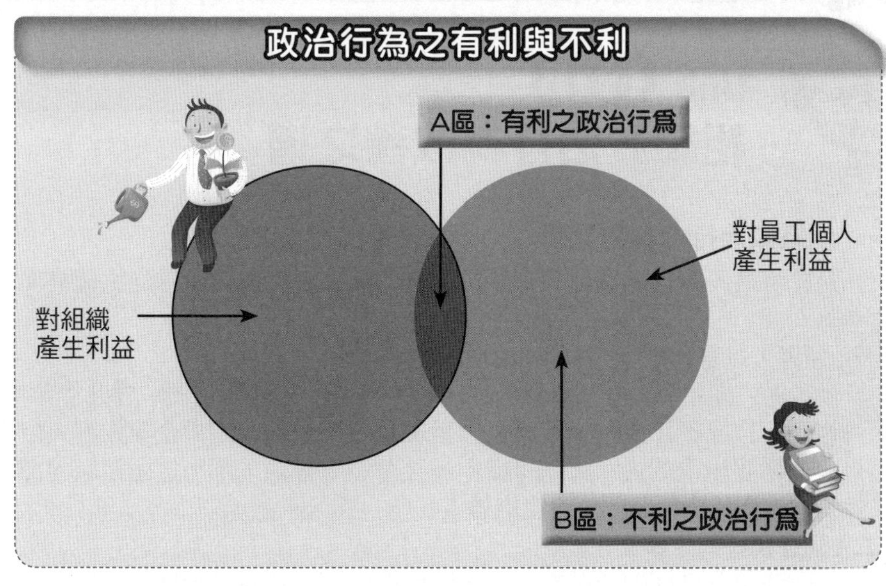
政治行為之有利與不利
A區：有利之政治行爲
對員工個人
產生利益
對組織
產生利益
B區：不利之政治行爲

不好的組織政治行為，為組織帶來壞處
1.
推諉責任
2.
成立小派系，
拉幫結派
3.
傳播惡劣
小道消息
4.
爭權奪利
5.
到處下毒
6.
與其他部門
起衝突
7.
不利團結
8.
極懷的
組織文化

Unit 11-8 組織政治行為改善之道

一、組織政治行為改善之道

對於組織政治行為之現象，應該圖謀改善之道，主要可以從六個構面去思考：

(一) 領導人以身作則

企業界最高領導人必須秉持無私、無我、公正、公平、公開、透明之精神，以身作則，自己不以政治權術來操弄組織及組織成員。如果企業領導人自身也是一個權謀極重的人，又在組織中操弄著領導權謀，那麼這個組織內部也必然是個充滿政治行為的不良組織體。

(二) 建立良好的企業文化

一個公司有良好的企業文化，一切均按公正的規章、制度、流程及準則來運作，斷絕個人因素的操弄，自然會形成風清弊絕的良好企業文化與組織文化。此種企業品德與操守，會引導所有員工朝向具有高品德、高操守的方向。組織政治行為操弄者自然就會銷聲匿跡，無法表現。

(三) 工作目標明確

利用組織規章、權責區分及規劃說明，明示組織每個成員的工作目標及分際。

(四) 工作行為方面

很多人都會討好上級，媚上奉承，以求自己升官發財。改善之道在於強化公平合理之績效評估制度，阻止權力濫用。

(五) 工作獎懲方面

公司的賞罰制度及執行單位愈能落實貫徹者，則愈能避免組織政治行為發生。

(六) 資源放大

組織政治行為的發生，有時候是因為公司資源太少，分配不均所導致。因此，對各種資源量，包括權位、名位、預算、獎金 .. 等，可適時擴充擴大，並加速新陳代謝，亦有助於減少組織政治行為之發生。

另外，還有下列措施，可以避免或減少公司的政治權力行為：

1. 增加稀少資源數量。包括更多的高階職位及高階名稱，或是更多的預算增加分配。

2. 從最高老闆到所有基層，建立不允許有組織中政治權力行為的企業文化與組織文化。

3. 降低整個系統、制度及程序的不確定性、複雜性，使之更加透明化、公開化、定期化、程序化與標準化。

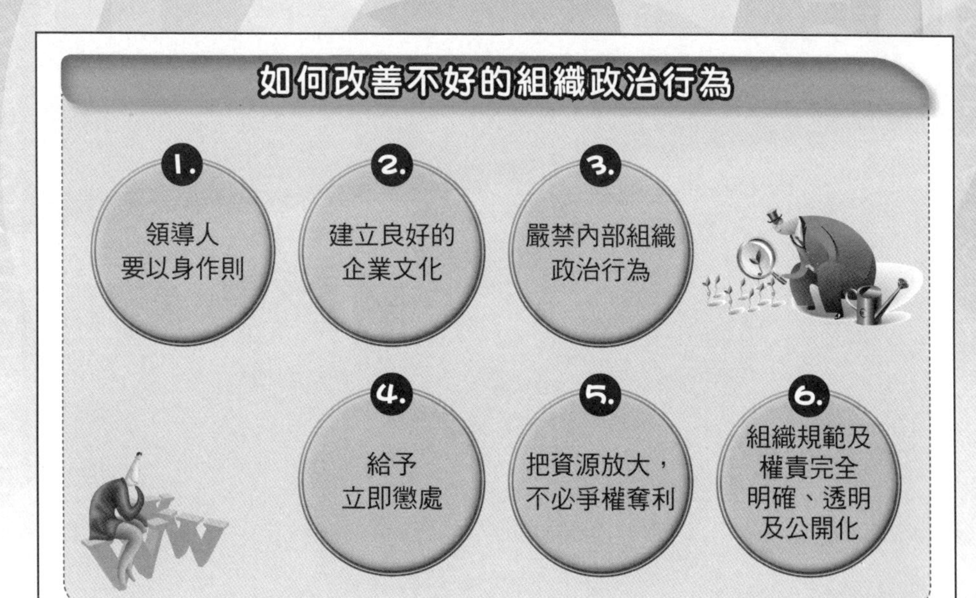
如何改善不好的組織政治行為
1.
領導人
要以身作則
2.
建立良好的
企業文化
3.
嚴禁內部組織
政治行為
4.
給予
立即懲處
5.
把資源放大，
不必爭權奪利
6.
組織規範及
權責完全
明確、透明
及公開化

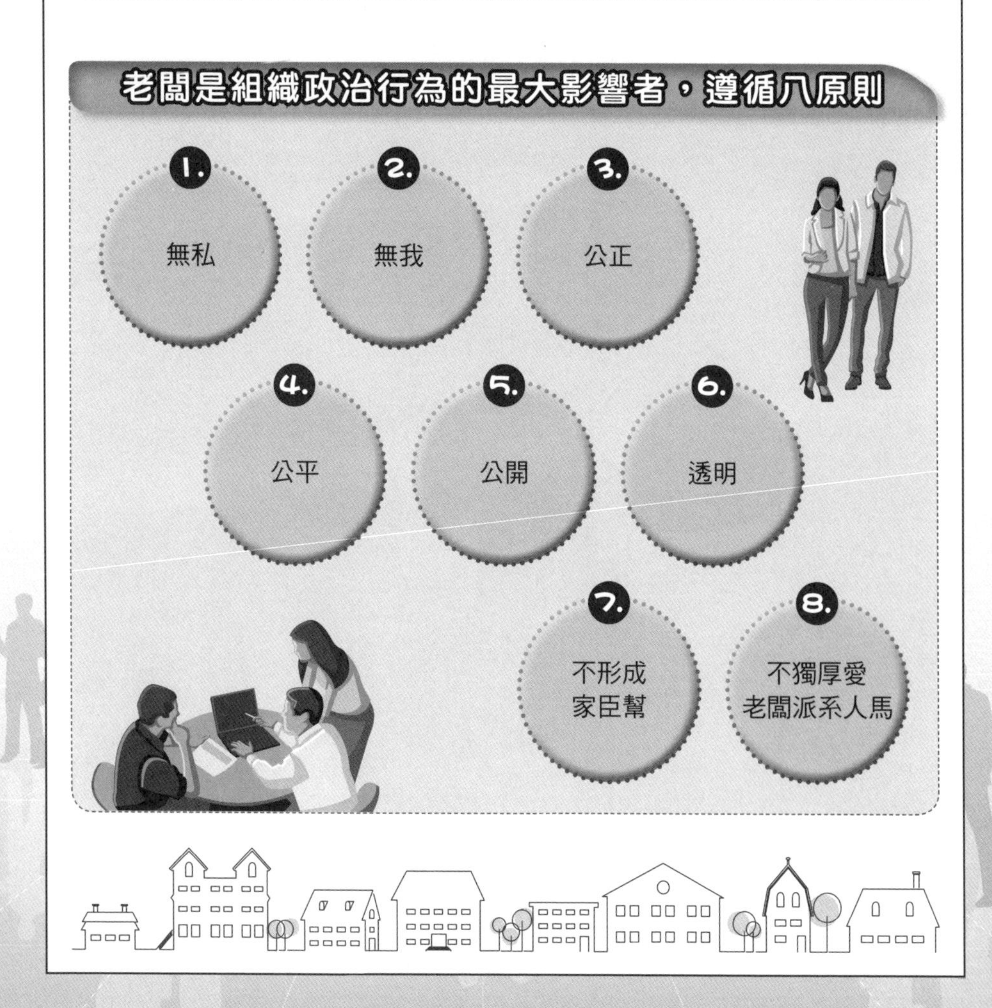
老闆是組織政治行為的最大影響者，遵循八原則
1.
無私
2.
無我
3.
公正
4.
公平
5.
公開
6.
透明
7.
不形成
家臣幫
8.
不獨厚愛
老闆派系人馬

第12章

組織衝突管理

章節體系架構 

Unit 12-1 衝突的定義及成因

一、衝突的定義：Hellriegel 的看法

有關衝突之定義非常多，但卻很難界定明確，因為衝突的發生可能有各種不同情境。不過，衝突仍有其共通性，譬如衝突過程蘊涵著異議 (disagreement)、對立 (contradiction)、難容 (incompatibility)、反對 (opposition)、稀少 (sacaricity) 及封鎖 (blockage) 等概念。根據賀瑞基 (D. Hellriegel) 等人之觀點，認為衝突多數源於個人或群體對目標認定不一致，認知差異或情緒分歧所致。足見衝突本質上是「知覺」之問題，一方面可能產生明顯的「外顯反應」，另一方面則可能係存在內心之「意欲企圖」。基於上述，可將衝突定義為：「某 A 刻意採取破壞行為，使某 B 努力達成目標受挫之過程。或是某 A 採取反擊行為，以維護既有之權益。」

二、五種基本的衝突成因型態

如上所述，衝突的本質就是組織內部成員之間或單位之間，對某件人、事、物、地有不一致、矛盾或無法相容的意見與做法。

因此，我們可以將衝突的定義，分為五種基本的衝突成因型態：

(一) 利益衝突 (benefit conflict)

這是一種對不同利益或利益分配不一致的情況。

(二) 批評衝突 (criticize conflict)

這是一種某個人或某部門對其他人或其他部門之批評，無論是正式會議上或私底下之批評，而引致對方不快之衝突。

例如，公司內部經營績效分析部門或稽核部門對事業部門之批評意見。

(三) 目標衝突 (goal conflict)

這是一種對達成之目標產生不一致的情況。

例如，事業單位總是希望拓張事業版圖，但是幕僚財會單位則是希望考量公司資金狀況而審慎為之。

(四) 認知衝突 (cognitive conflict)

這是一種觀念、思想、水準上或教育背景上，認知不相容所產生的。

例如，服務業背景出身的主管與製造業背景出身的主管，他們對顧客導向或售後服務的重要性認知可能就有所不同，前者會較重視，後者就較忽略。

(五) 情感衝突 (affective conflict)

這是一種感覺或情緒上的不相容，亦即是一個人對另一個人的不悅或者疏遠。

例如，某人或某部門經常不願支援另一個人或另一個部門。

五種基本的衝突成因型態

五種基本衝突型態

1 利益衝突
2 批評衝突
3 目標衝突
4 認知衝突
5 情感衝突

組織間引發衝突的八大原因

1. 利益阻擋，引發衝突
2. 權力不當使用，引發衝突
3. 會議中當眾批評指責，引發衝突
4. 意圖逃避稽核，引發衝突
5. 作風看不慣，引發衝突

6. 分配資源不公，引發衝突
7. 組織中派系的不同，引發衝突
8. 專業認知的不同而引發衝突

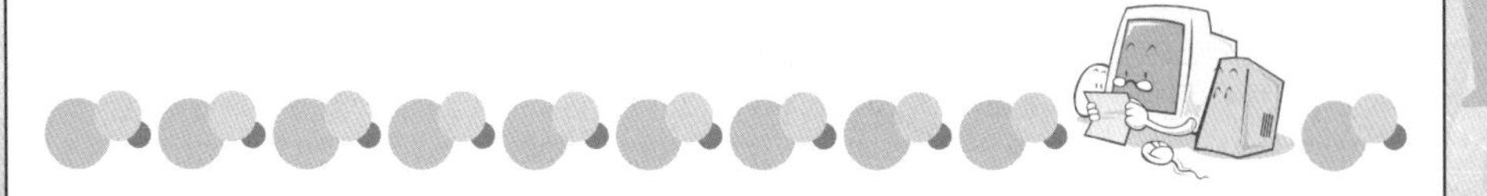

Unit 12-2 組織衝突表現方式及組織衝突之起因

一、組織衝突表現方式

組織內部的衝突經常可見，彼此間最常見的表現方式，包括：

(一) 口頭或書面表示反對或不同意見

以口頭表示不同意之看法，有時也會在書面報告或簽呈上表示不同意的意見。

(二) 行動抗拒

此行動包括工作上對於接續作業的扯後腿或不配合、不支援，讓對方遇到阻礙。

(三) 惡意攻擊

在面臨自身與部門之利益受損時，最激烈的衝突就是先發制人，先讓對方措手不及。

(四) 表面接受，暗地反對

所謂陽奉陰違即是此意，此種衝突只是在檯面下較勁，尚未在檯面上公開化。或是在背後散播不利於對方的小道消息。

(五) 向老闆咬耳朵或下毒

以信函或口頭方式，向老闆傳達不利於對方的訊息，即先下手為強。

二、組織衝突之起因

(一) 溝通不良（缺乏溝通）

缺乏主動性、明確性、先前性以及尊重性之溝通，導致雙方共識與認知的無法建立。

(二) 權力與利益遭受瓜分

當企業某人或某部門原有權力與利益遭到其他部門或人員瓜分時，勢必引起原部門的極力抗拒。

(三) 主管個人的差異

各部門主管之教育背景、價值觀、經驗、個性與認知均有所差異，這些在組織溝通過程中，必然會反映不同的見解與立場。例如，技術出身的，或是財會出身的，或是銷售出身的高級主管，自有其不同的思路。

(四) 本位主義

各部門常依著本位主義，認為做好自己單位事情，不管他部門死活，缺乏協助之精神，也是導致衝突之因。

(五) 組織之職掌、權責、指揮等制度系統未明確

一個缺乏標準化、制度化與資訊化的公司，或是老闆一人集權的公司，比較容易引起組織內部的權力爭奪與衝突。

(六) 資源分配不當 (share resources)

當財務、人力、物力及技術等資源分配不公平時，就容易引起部門之間的衝突。

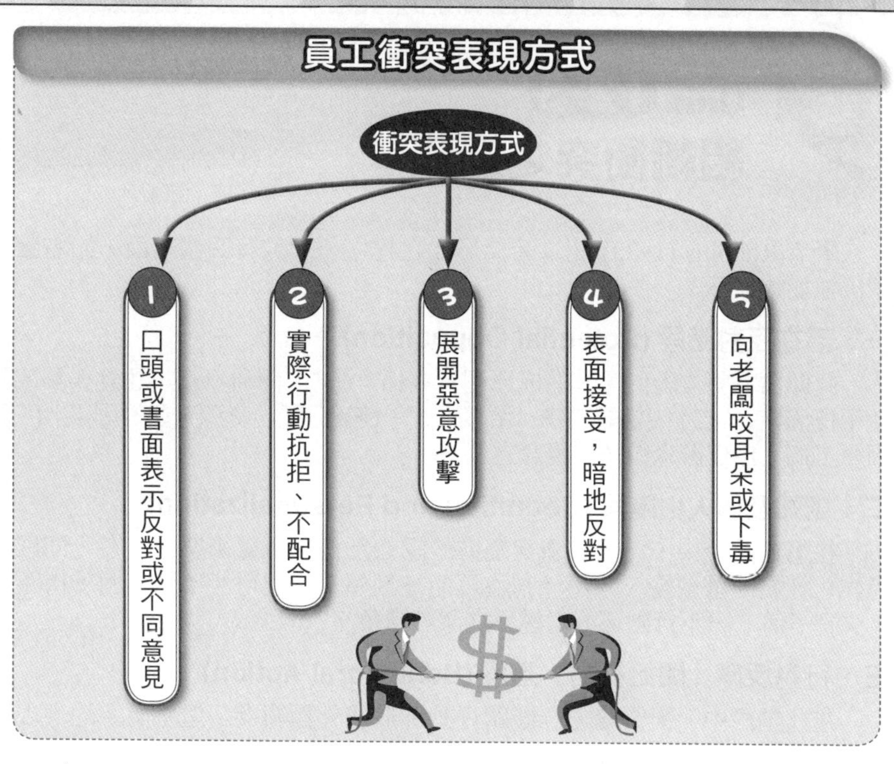
員工衝突表現方式
衝突表現方式
1 口頭或書面表示反對或不同意見
2 實際行動抗拒、不配合
3 展開惡意攻擊
4 表面接受，暗地反對
5 向老闆咬耳朵或下毒

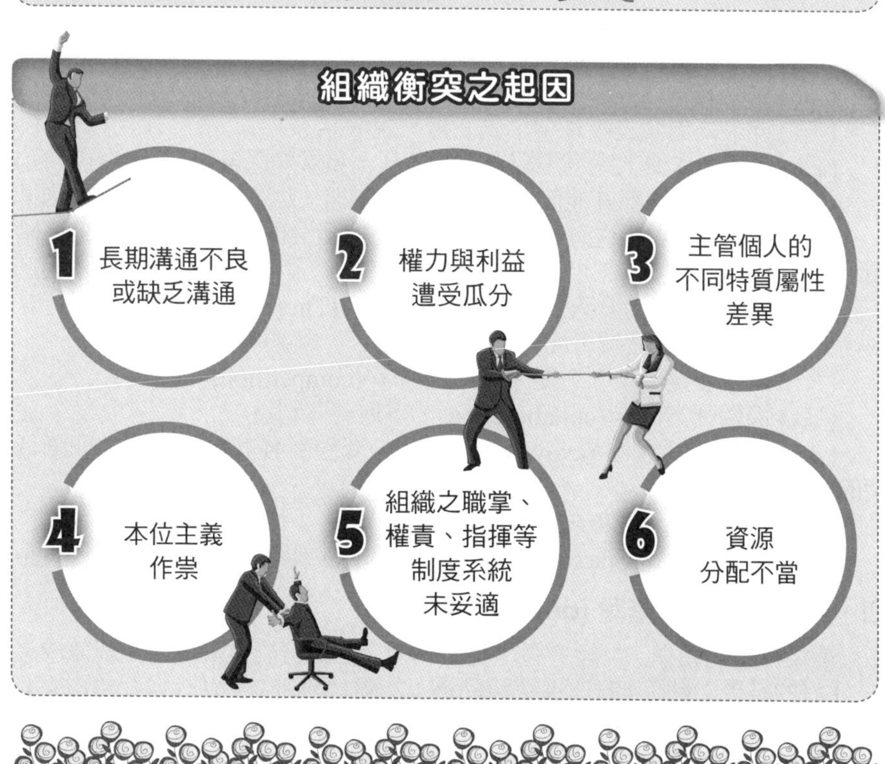
組織衝突之起因
1 長期溝通不良或缺乏溝通
2 權力與利益遭受瓜分
3 主管個人的不同特質屬性差異
4 本位主義作祟
5 組織之職掌、權責、指揮等制度系統未妥適
6 資源分配不當

Unit 12-3 組織衝突之過程

學者 Robbins (1983) 認為衝突形成之程序，大致有四個階段，如右圖所示，並簡述如下：

一、潛在反對階段 (Potential Opposition)

此即潛在對立階段。其造成原因，包括：(一) 溝通不良、語意誤解或其他干擾因素。(二) 因組織結構、領導方式、利益分配、資源分配等因素。(三) 因員工個人價值觀念與認知觀念之差異。

二、認知及個人化階段 (Cognition and Personalization)

在第二階段中，已形成衝突雙方的認知及個人感覺衝突之存在，即感到焦慮、挫折、遭威脅、不滿、利益可能被剝奪、權位可能不保、面子掛不住又失裡子等，再不行動可能就遲了之深刻體會。

三、行為反應（開始行動）階段 (Behavioral Action)

在此階段中，衝突雙方已展開行動，形成外顯衝突。這些衝突的表現方式，在實務上可能有幾種：

(一) 在正式會議上，展開批判較勁。

(二) 在私底下透過管道，放出小道消息，破壞對方或對方部門。

(三) 向最高老闆先咬耳朵、先下毒、說壞話。

(四) 在配合作業上完全不配合支援，甚至還展開阻礙，讓對方績效不佳。

(五) 糾合公司內部其他部門及主管形成聯盟，共同反擊對方或對方部門。

至於在此階段中，也有可能開始展開雙方衝突的解決。這可能是高階決策者已收到或看到雙方部門或雙方主管衝突會對公司產生不利影響，因此，下指示由雙方或第三者介入協調。學者湯瑪斯 (Thomas, 1976) 認為可行之解決衝突的類型方法，大致可簡化為五種：

(一) 以合理競賽規則，促成公平之競爭 (competition)。

(二) 協調雙方合作 (collaboration)，爭取共同利益。

(三) 採取規避退卻 (avovidane) 方式，減少引發直接糾紛，亦即降低衝突的規模及程度。

(四) 折衷做法，雙方成果分享 (sharing)。

(五) 採取調適做法 (accomodation) 取悅對方，或將對方利益置於優先地位。

四、最後行為結果階段 (outcomes)

衝突行為之結果，可能會產生更好績效，但也可能會嚴重傷及績效成果。

(一) 好的結果：包括：1. 改進決策品質；2. 刺激創新；3. 進行自我檢討；4. 加強向心力；5. 紓解緊張情緒。

(二) 壞的結果：包括：1. 引發員工挫折感；2. 形成不良企業文化；3. 降低產品及服務品質；4. 破壞溝通；5. 危及公司組織群體和諧。

公司組織或個人衝突程序發展四階段

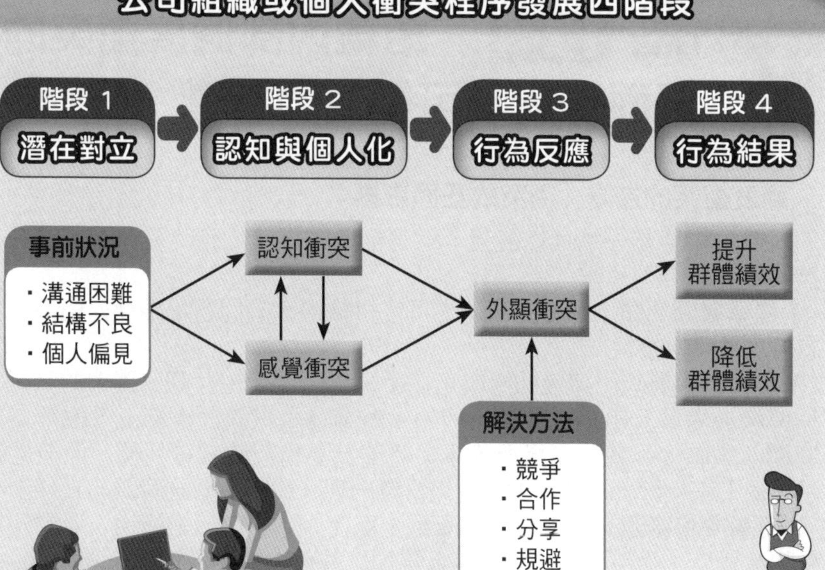

組織衝突的表現方式

1. 在正式會議上，展開批判較勁
2. 在私底下透過管道，放出小道消息，破壞對方或部門
3. 向老闆率先咬耳朵、先下毒、說壞話
4. 在配合作業上，完全不予配合或支援，甚至阻礙
5. 糾合公司其他主管或部門，形成聯盟，共同反擊

Unit 12-4 組織內部適度衝突的正面好處及可能負面影響

一、適度衝突的益處（衝突的正面影響）

組織內部若有一些良性衝突，不完全是壞事情，有時還存在一些好處，包括：

(一) 提早暴露問題：適度衝突產生可使組織潛藏之問題提早暴露出來，並謀求有效方法予以解決。

(二) 良性競爭氣氛：適度的衝突可使組織各部門產生互動、競爭的氣氛，進而加速組織變革及組織之成長。例如，企業在組織設計實務上，經常採用各事業總部的制度，就是在促進各事業總部為了自己的業績目標，而彼此較勁競爭，輸人不輸陣。在過程中，也經常會出現一些爭取公司資源的良性衝突。

(三) 妥善安排資源分配：衝突之產生，可使企業了解組織溝通、協調及資源分配之重要性，從而建立一套制度系統加以運作，產生長治久安之效果。

(四) 激發創造能力：創造力產生之條件，常常需要自由開放、熱烈討論之氣氛，吸收不同之意見，方能引發新奇構想。其過程允許某種程度之非理性，因此爭論在所難免，適當衝突反而能引發創新構想。

(五) 改善決策品質：在決策過程中，除理性分析、客觀標準外，在尋找可行方案時，常會需要創造能力，因此如同上述，允許適度爭論，可以蒐集不同觀點的分析與更多解決方案，以改善決策之品質。

(六) 增加組織向心力：假設衝突能獲得適當解決，雙方可重新合作，由於取得共識，更能了解對方立場，這是衝突讓「問題」出現而解決之，而非掩蓋而拖延。因此雙方更能產生更強之向心力，促進工作完成。在衝突發生之前，每每對自己能力產生錯誤之估計，但在衝突之後，可以平心靜氣，對自己重作評估檢討，以免重蹈覆轍。

二、有衝突不加改善之弊害（衝突的負面影響）

組織與人員之間有不利的衝突存在，各級主管及最高階主管應協調及解決，否則會帶來對組織發展不利之弊害，亦會引起負面作用，包括：

(一) 組織整體生產力會下降。衝突的內耗，使公司消耗了很多資源，包括時間與金錢的浪費。

(二) 衝突將導致溝通愈來愈難，歧見難消。

(三) 敵對的心態更加濃厚，員工或部門之間的互信關係被破壞。

(四) 人員開始不滿意、不合作及優秀人才流失。

(五) 最後組織的目標會難以達成，漸漸影響其生存競爭力。

(六) 削弱對目標之努力。此常由於衝突雙方對目標認定歧異，無法採取一致行動投契於既定目標，故難發揮績效。

(七) 影響員工正常心理。由於衝突產生易造成員工緊張、焦慮與不安，導致無法在正常心狀態下工作，效率易受影響。

(八) 降低產品品質。由於組織對長期發展及短期目標欠缺協調，引發部門間對目標之衝突，結果為了短期可衡量之利益目標，可能引發重量不重質之現象，產品品質受到損害。

組織內部適度衝突的好處

組織內部適度衝突的好處

1. 提早暴露問題
2. 良性競爭氣氛
3. 妥善安排資源分配
4. 激發創造能力
5. 改善決策品質
6. 增加組織向心力

組織不良衝突的弊害壞處

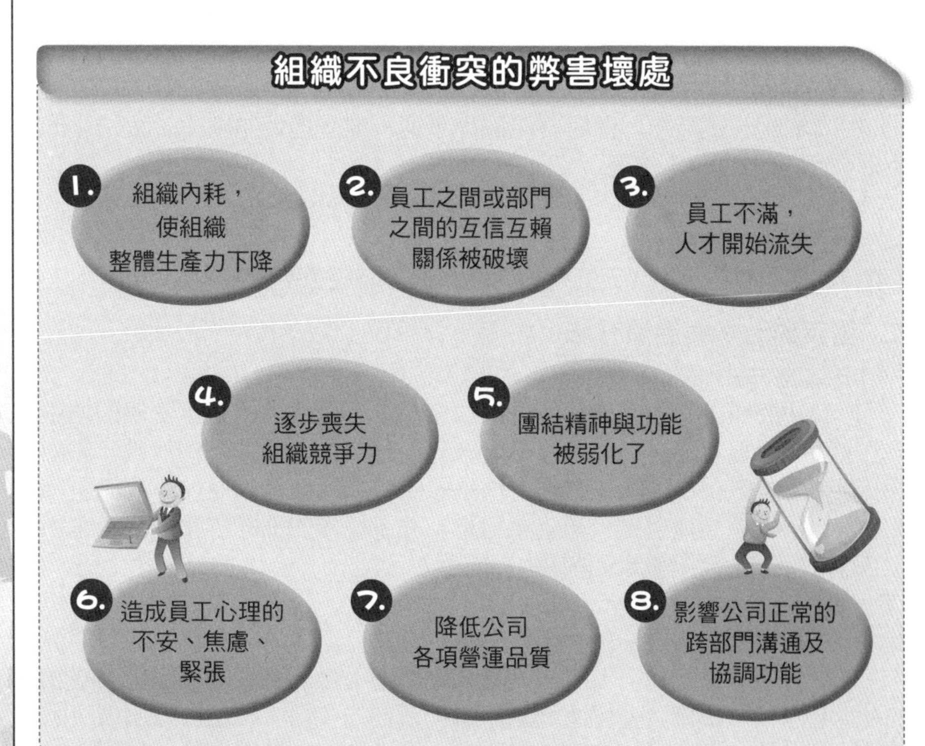

Unit 12-5 有效處理組織衝突方法

一、有效處理衝突方法

有效處理組織、部門或是人員之間的衝突，大致有六種方法可以參考：

(一) 避免衝突之產生 (avoidance)

在組織內各單位人員應尋求背景、教育、個性較一致之成員，以降低衝突之發生。例如，在一個保守、傳統的公司或單位裡，就不太能引進思想與行為前衛的員工。

(二) 化衝突為合作

透過某種組織或成員，將雙方或三方之衝突化解，並建立合作之模式與互利方案。

(三) 公司資源應合理配置

公司有關之財務預算、資金紅利、人力配置、職位晉升、機器設備、權力下授等均應做合理及公平之分配 (allocation)，讓各部門沒有抗拒或衝突之理由藉口。

(四) 結合共同目標

將衝突之雙方部門，運用各種方式、制度及方案，而讓其目標一致，如此就必須加強雙方合作關係，才能達成目標，並且獲致均分利益。

(五) 建立制度以期長治久安

在人治化的組織中，問題終將層出不窮，唯有透過制度化、法治化的程序，才能將衝突消弭於無形。

(六) 個人方面的努力

1. 不必過於堅持己見，應有妥協的藝術，退一步海闊天空。2. 要秉持問題解決的導向心態，不要刻意反對。3. 最好平時避免衝突產生。

二、衝突的治本與治標方法

(一) 治本之方法

1. 解決問題：面對面地解決分歧的意見。2. 資源的擴張：資源的擴張，滿足了衝突的團體，讓每個單位都能分到利益。3. 改變結構的變數：假如衝突根源來自組織結構，唯一合理方法是診斷組織的結構，並加以改變組織結構的變數。4. 超組織目標：超組織目標加強了組織內部的依賴程度，也加強員工的相互合作，且發展出長期生存的潛力。

(二) 治標方法

1. 逃避：逃避雖然不是永久性的解決方法，但卻是非常普遍的短期解決方法。所謂「事緩則圓」，即是此意。2. 調節：藉著調節降低差異，增加彼此的共通性。3. 妥協：妥協之所以不同於其他的技術，乃在於每個衝突團體必須付出代價，沒有明顯的輸家或贏家。妥協在達成雙方均贏。4. 壓力：使用壓力或正式的權力，是消除反對力量最常見的方法。

有效處理組織衝突的六大方法

1. 避免衝突的發生
2. 化衝突為合作
3. 公司資源應合理配置

4. 結合共同目標一致性
5. 建立制度以期長治久安
6. 個人方面也應努力消弭衝突

組織衝突的治本與治標方法

治本方法

1. 解決問題
2. 資源擴張
3. 改變結構變數
4. 超組織目標

治標方法

1. 逃避
2. 調節
3. 妥協
4. 施壓

Unit 12-6 組織衝突的五種類型

衝突之產生可能為個人層次，亦可能為群間或組織之層次，可分為五種類型說明。

一、個人自己的衝突 (Intra Personal Conict)

此係指個人自己對目標或認知之衝突，當採取之做法不同，而有互斥結果出現時，有三種型態：(一) 解決問題之各可行方案均有優點，但方案選擇時，引發內心矛盾。(二) 由於各可行方案可能產生負作用，為避免發生，而產生不一致之觀點。(三) 對各可行方案有正面價值或產生負作用，無法做明確之判斷。例如，某個優秀的經理人員，面臨著到底赴中國公司發展或留在臺灣母公司之兩難抉擇。到中國可以開創更高職位，但在臺灣也有不錯的發展前途。

二、人際衝突 (Interpersonal Conict)

一個人以上相互間之衝突者，稱之為人際衝突。此係指個人員工與個人員工，彼此間因工作或態度而引起的衝突。例如，公司內部某業務副總與生產副總二人之間對產銷之間的衝突。

三、群內衝突 (Intra Group Conict)

群體內的衝突，指的是個人內心衝突或人際間之衝突。此種衝突對群體工作成果有相當大之影響。例如，同一工廠內有一千名作業員工，這一千名的群內員工亦可能引起若干衝突。

在實務上，某個工廠、某個事業總部或某個部門之所以產生內部衝突，主要有幾點可能的因素：(一) 同一部門內，又再產生各種不同的派系或山頭。(二) 底下的部屬，可能不服上級主管的指揮或領導，認為他沒有公正心與專業能力帶領他們。因此群起反對，造成衝突。(三) 現在大企業的一個事業總部的組織編制很龐大，人員也很多，單位與單位之間為了爭寵或資源分配，也可能產生衝突。

四、群間衝突 (Inter Group Conict)

兩個群間衝突，經常由於資源之互依性及目標之互依性而產生。例如，公司成立某個最高權力的某種專案小組，即可能與某個營業部門產生權力與資源衝突。例如，公司的業務單位也會與生產單位起衝突，業務單位可能會抱怨工廠的生產品質不佳、交貨時間太慢、供貨數量不足等。而生產單位亦可能抱怨業務單位接單到出貨時間的告知時間太過匆促，應與顧客再商量。

五、組織中衝突 (Intra Organizational Conict)

若以組織中的層次來看，衝突有三種型態：(一) 垂直衝突 (verticalconflict)：此乃來自於上下階層之衝突。例如，事業總部主管將問題責任往下層人員拋，下層人員即會不滿。(二) 水平衝突 (horizontal conflict)：指平行部門或單位之間的衝突。例如，生產部門與銷售部門之衝突，常見兩部門相互推卸責任。例如，銷售業績不好時，就說生產品質不夠好。(三) 直線與幕僚衝突 (line-staff conflict)：即指幕僚單位與直線單位之間的衝突。如，稽核幕僚與第一線業務單位之衝突。這些衝突通常都是組織內易發生之現象，其形成原因可能是職責劃分不清、本位主義、立場歧異或角色差異所造成。

衝突的五種層次與來源

衝突的五種層次與來源

1. 個人的兩難抉擇衝突
2. 人際衝突（員工某個人與某個人的衝突）
3. 群內衝突（某部門內部員工的衝突）
4. 群間衝突（某部門與另某部門之間的衝突）
5. 組織中衝突（組織中垂直、水平、直線與幕僚之多元的衝突）

組織衝突的三種型態

1. 垂直部門內，自身的可能上、下階層人員衝突
2. 水平部門間，跨部門的可能衝突
3. 第一線人員與幕僚部門人員的可能衝突

水平跨部門組織衝突

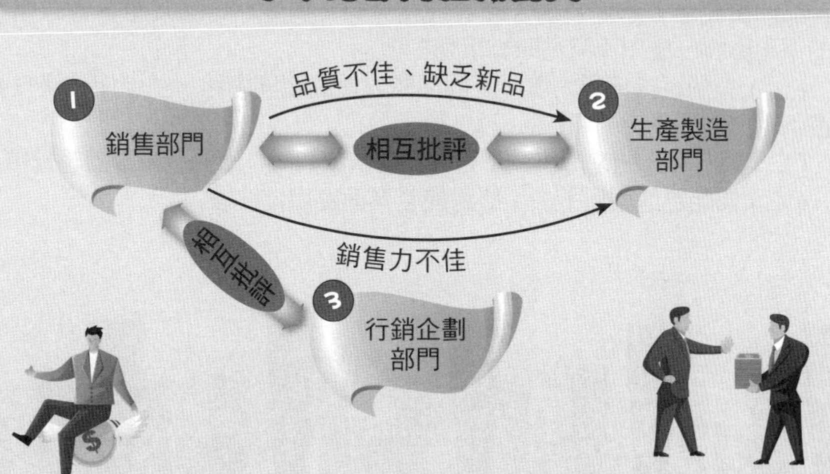

Unit 12-7 組織團結的陰影——剖析部門衝突 (Part I)

國家與國家之間，自古以來，不免因歷史宿仇、資源利益而大動干戈，而人與人之間亦時生齟齬。企業組織是一群人所組成，因此，組織或部門間的衝突亦在所難免。不過，組織的力量發揮的因素，自應加以重視以及因勢利導。

一、部門衝突的「原因」

從實務的觀點來分析，引致部門衝突的原因，大致有下列七項因素：

(一) 只為自己的自私心態、幸災樂禍及本位主義等不當心態的作祟。

(二) 組織內不同派系紛爭後的結果。

(三) 部門之間職掌及權責未予規範，或規範得不夠明確以及不夠合理。

(四) 企業經營者未能公允對待不同部門及不同主管，是始作俑者。例如，某部門主管是老闆的親信，因而恃寵而驕。

(五) 因工作性質及內容彼此不了解而產生衝突。例如，業務單位人員認為，幕僚人員不懂實務，只會紙上談兵，閉門造車；而幕僚人員則認為，業務人員只會誤打誤撞，不懂規劃。

(六) 因原有不法獲利受到稽核或切斷，導致有意之抵抗。例如，採購、總務、業務人員受到新成立稽核單位之嚴格查核及建立防弊之管理制度作業，因而使原先之不法獲利管道受到監督或阻擋。

(七) 過去長久以來，所延續下來的組織氣候，就是如此惡質化的勾心鬥角、互扯後腿、不合作，以致貌合神離。

二、衝突「不良」的影響

部門衝突浮上水面及擴大到兵戎相見時，對整個組織及企業會有相當嚴重的不利影響，最顯而易見的有下列三項：

(一) 整個組織氣候大壞，不同部門人員間視同陌路，並進而使優良員工都待不下去，人事流動頻繁。

(二) 部門與部門之間協調不足，各自為政，勢必削弱企業整體經營績效。

(三) 如此惡性循環下去，終將使企業面臨困境。

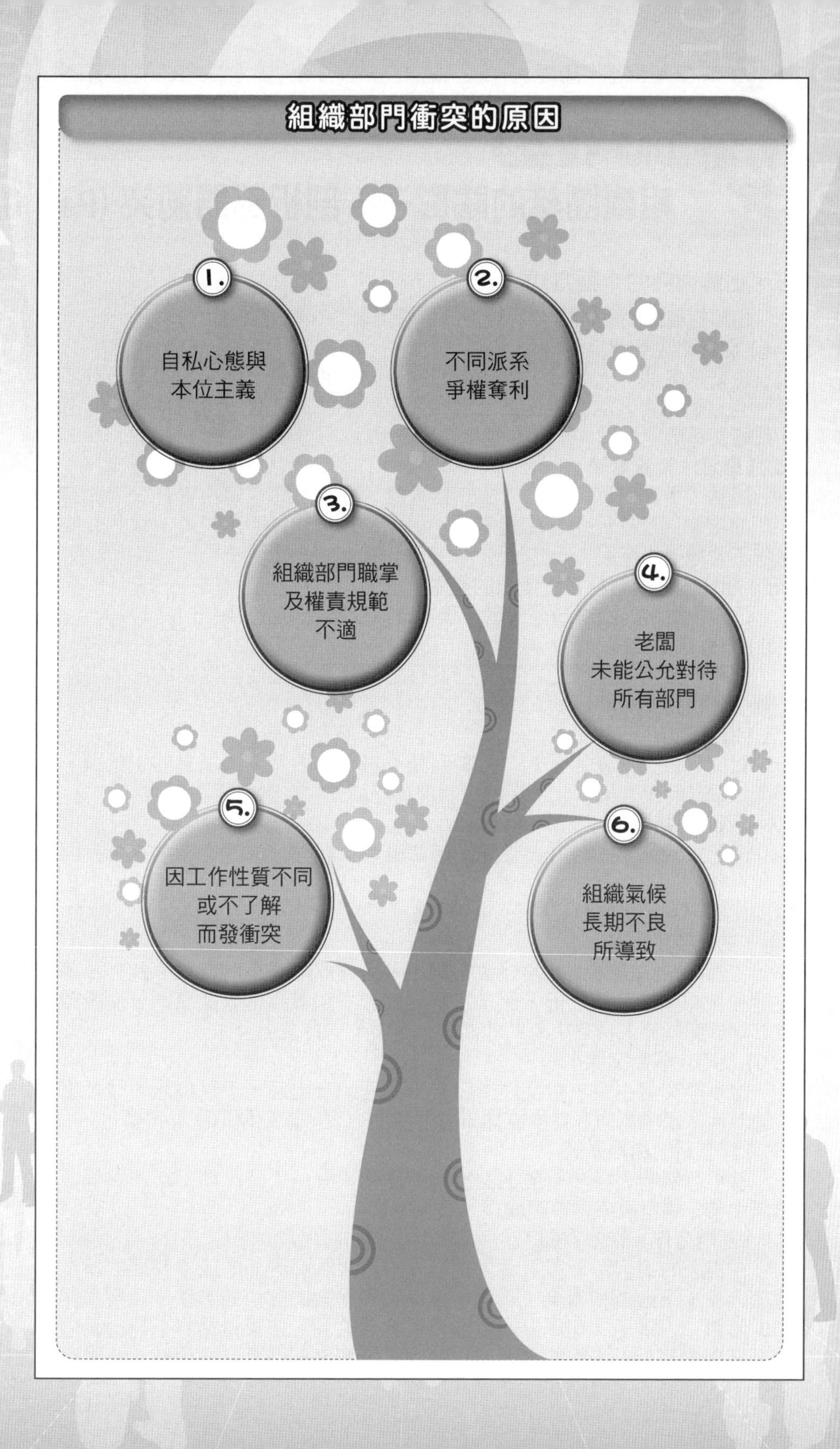
組織部門衝突的原因
1.
自私心態與
本位主義
2.
不同派系
爭權奪利
3.
組織部門職掌
及權責規範
不適
4.
老闆
未能公允對待
所有部門
5.
因工作性質不同
或不了解
而發衝突
6.
組織氣候
長期不良
所導致

Unit 12-8 組織團結的陰影——剖析部門衝突 (Part II)

三、化解衝突的十種方式

化解組織部門間的衝突，須從多種管道著手，概述如下：

(一) 從老闆改革起

企業是老闆一人執政，因此老闆就是改革的源頭。老闆必須對所有部門及所有一級主管，均一視同仁，沒有大牌與小牌之區分，也只是一種聞道先後或禮儀尊敬之外像。

(二) 職掌、權責釐清

職掌、權責模糊，勢必造成互相推諉，沒有人願意承擔責任。因此每個部門的職掌以及部門主管的權責，均須以文字化加以明確規範，自然就能避免三不管地帶的產生。

(三) 組織內必須嚴格禁止派系的產生

這必須從最高階層的經營者、董事會，以及高階主管做起。

(四) 力行定期輪調

在相似業務的工作上，對主管進行定期輪調，讓他們對別的部門工作多了解、多溝通。

(五) 壯士斷腕

對於少數抗爭太過分的，可調到較不重要的部門，或調為非主管職。若仍無法改善時，則只有壯士斷腕，請他另謀高就，以徹底解決事端。

(六) 列入考核要項

部門主管通常對晉升、加薪、年終獎金及紅利分配等均相當在意。因此如果在年度考核（考績）作業上，加入「協調與配合」的項目，並給予相當大的比例分數，將會有意想不到的成效。

(七) 主管自我反省

主管必須胸襟寬大，個性慎重周延，培養成熟穩重的作風。此外，幕僚主管在做規劃或稽核之前，應多了解實務，多和業務主管做溝通，而業務主管亦應確認幕僚人員是來幫助他們的，而多予支持及配合。

(八) 及時化解衝突原則

當小衝突發生時，企業經營者必須迅速親身出面，予以撲滅。並且查出源頭為何？緣由為何？然後立即研訂解決的方案，以免類似狀況再發生。

(九) 建立新的指揮系統

當平行部門太多，而最上面的指揮主管只有一人時，則不妨將幾個部門劃歸由某一協理級或副總經理級人員來主管。

(十) 部門合作，績效方顯

在很多的案例中，經常看見企業界的老闆為解決部門或主管間的衝突而疲於奔命，不斷做和事老。不過，這畢竟不是徹底解決的方法。「要拿開心中的陰影」，這是一句十分富內涵及有意義的話。如果企業界上自經營者、下至部門主管，人人都能拿開心中的陰影，那麼部門之間的衝突，必將減至最小。

2 職業、權責再釐清！

3 下令嚴格禁止拉幫結派！

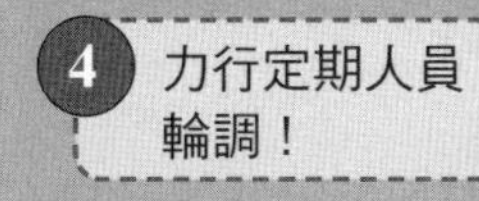

5 壯士斷腕，砍掉生事者！

6 列入考核要項！

7 主管自我反省！

8 應及時化解衝突！

9 建立新的指揮系統！

10 跨部門合作目標！

第13章

壓力管理

章節體系架構

Unit 13-1 壓力的定義、過程及本質

一、工作壓力的「定義」

綜合學者 Dunham、Bonoma 及 Ealtman 等人對工作壓力 (work stress) 之詮釋，認為工作壓力之定義，係指：「員工個人面對環境改革，而形成生理及心理之調適狀態」。此種狀態，包括：

(一) 在心理層面之狀況，包含緊張、憂慮、不安及焦慮。

(二) 在生理層面之狀況，包含新陳代謝加快、血壓升高、心跳加速、呼吸加快等。

所謂「壓力」(stress)，是指一種因為行動或情況對個人生理或心理思考與本能的要求，所產生的反應。而壓力大小受個人與其工作環境間的互動所影響。

每天在環境中，會產生壓力的因素，我們稱之為「壓力因子」(stressors)。壓力因子可能來自於工作、來自於家庭、來自於朋友或同事、來自於個人不同的內在需求或內在知覺等。

當一個人認為上述這些因子超過了對他個人的要求水平及能力時，就會產生個人的壓力了。

二、工作壓力之「過程」

工作壓力對員工個人之產生過程，可以包括四個步驟：(1) 刺激出現了；(2) 感受到刺激；(3) 刺激威脅之認知；(4) 行為之反應。如圖右。

三、工作壓力之本質

工作壓力之產生，有三種反應前奏曲，說明如下：

(一) 觸發事件

係指已發生或即將發生之某件事情，例如，準備參加一項重要檢討會議，老闆特別要求準備哪些資料報告，或是老闆在幾天前，已釋放出他想調動高階人事的訊息。

(二) 預期行為

係指個人覺得無法應對即將來臨的事件，其原因可能來自於追求完美，或是無力做到，或是胡思亂想所致。

(三) 恐懼心理

係指由於無法妥善應對，產生了自我疑慮、挫折、沮喪、無信心、失望，而開始另有打算。

工作壓力之感受過程四步驟

1. **刺激**（壓力來源出現）→ 2. **感覺**（感受到刺激）→ 3. **認知**（價值判斷）→ 價值觀念／需求動機 → 4. **反應**（感覺壓力）

工作壓力感受過程舉例

1. **刺激**
   - 今天老闆在會議上罵人了，因為本月業績衰退，全部的人都罵，包括業務主管（本人）在內。

2. **感覺**
   - 感受到被罵的難過與壓力，因為老闆說了重話，再做不好，就要滾蛋了。

3. **認知**
   - 老闆是講真的！
   - 我本人還需要這個職位，因外面同行工作不好找，待遇也不好。

4. **反應**
   - 感受到重大壓力，心情沉重，但是只能再努力拚下去，與全體業務同仁一起團結，發揮戰鬥力，達成下個月業績目標。

Unit 13-2 壓力管理的六個步驟及調適原則

一、壓力來源的五種構面

那麼我們如果再歸納出組織中個人工作壓力來源的分析構面，大致可以從五種構面來看：

(一) 跟工作相關的壓力因子來源

例如工作負荷過重，或者工作本質就是比較危險的（例如，警察、消防隊員），或者工作廠房環境不佳等。

(二) 跟在組織中角色有關的壓力因子來源

例如角色衝突、角色負荷過度、角色模糊、角色定位錯誤、角色期望過大、用人不對。

(三) 跟事業生涯發展相關的壓力因子來源

例如覺得升遷、加薪不夠快或沒希望了，或者覺得公司發展有瓶頸。

(四) 在組織中的關係

如果在組織中，與部屬、上級長官、平行部門同事都相處不好，則壓力將會大增。

(五) 組織與外部領域的界面因子來源

例如公司加班或過度忙碌產生與家庭相聚時間的衝突，亦會使兩者之間發生衝突及壓力。

二、經理人員經常面對的壓力因子

組織中經理人員經常面對的壓力因子，可以歸納為下表中的七種：

經理人員（管理者）經常面臨的工作壓力因子

壓力因子	例子
(1) 工作角色模糊	工作責任不太清楚
(2) 角色改變	某人在某狀況下是上級，在某狀況下又是非上級
(3) 制定困難決策	經理人員被迫做一個困難的決策（例如，裁員、關廠）
(4) 工作過重	同時處理好多件事情
(5) 期望不實際	在各種條件資源不足下，被要求做一些不可能的任務
(6) 期望不明確	沒有人知道本單位被期望成為什麼
(7) 失敗	結果沒有完成、達成

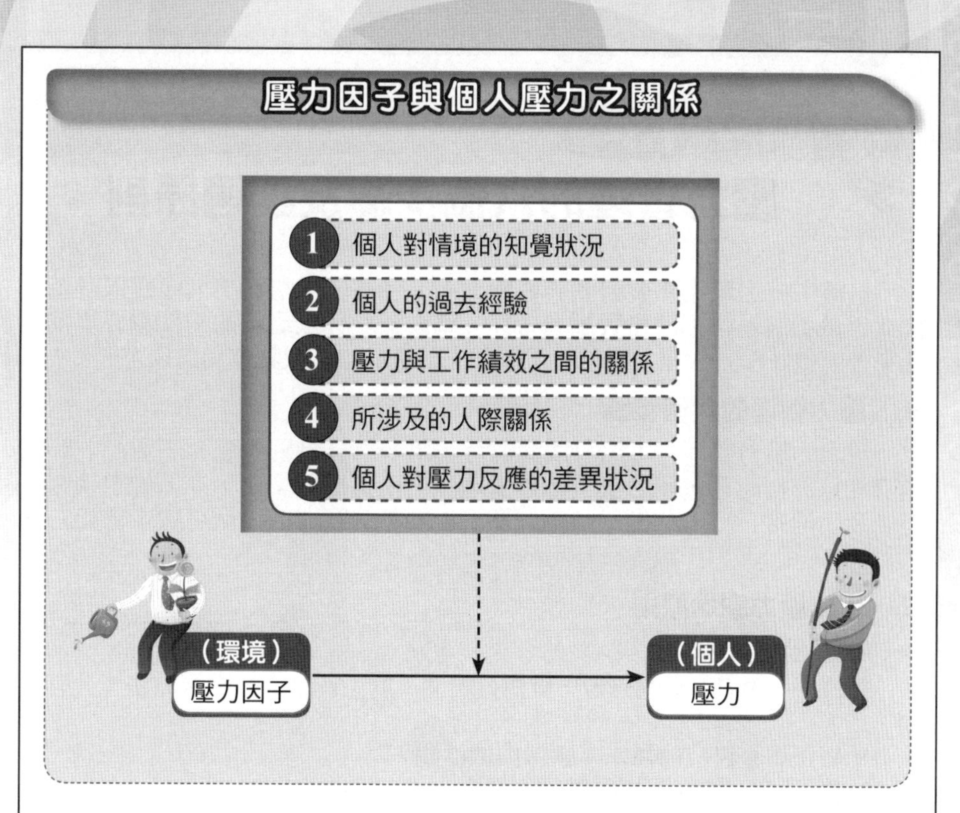
壓力因子與個人壓力之關係
1 個人對情境的知覺狀況
2 個人的過去經驗
3 壓力與工作績效之間的關係
4 所涉及的人際關係
5 個人對壓力反應的差異狀況
（環境）
壓力因子
（個人）
壓力

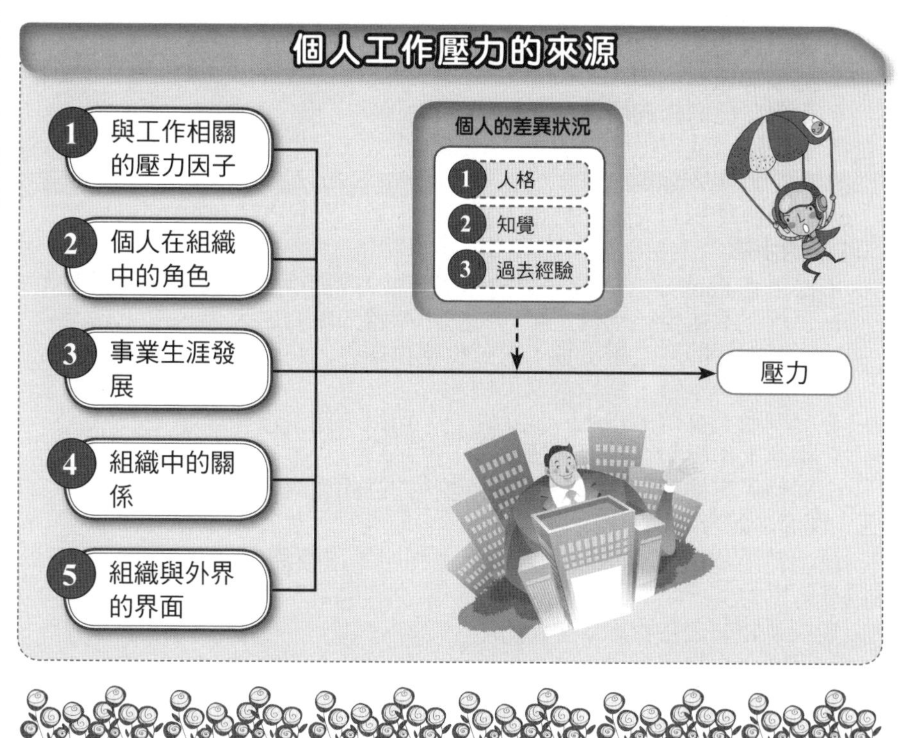
個人工作壓力的來源
1 與工作相關的壓力因子
2 個人在組織中的角色
3 事業生涯發展
4 組織中的關係
5 組織與外界的界面
個人的差異狀況
1 人格
2 知覺
3 過去經驗
壓力

Unit 13-3 壓力管理的六個步驟及調適原則

組織中員工難免都會遇到一些壓力，不管高、低階員工大多難以避免。因此，員工或是幹部的自我壓力管理，就成為現代上班族的一件重要事情。如果不能做好壓力管理，那麼員工個人或是組織的成效就會受到損害。

一、壓力管理的六個步驟

所謂的壓力管理，可以分成兩部分，第一部分是針對壓力源造成的問題本身加以分析處理，第二部分則是處理壓力所造成的反應，亦即針對情緒、行為及生理這三方面的反應加以紓解。有關壓力管理的六個有效步驟如右圖所示。

二、工作壓力調適原則

(一) 九種調適原則

根據學者 Webber 的分析，針對員工個人的工作壓力之調適方法，計有九種：

1. 修正調整自己的需求、動機與價值觀。
2. 修正別人的需求、動機與價值觀。
3. 撤退或退縮。
4. 尋求援助。
5. 加強溝通與協調。
6. 劃分自己需求的層次。
7. 反擊別人或自己。
8. 拒絕工作或辭職。
9. 以權威壓制對方，強迫他人就範。

(二) 調適步驟

依據學者 Packer 之研究，對員工工作壓力之調適六個步驟，分別是：

1. 了解並敘述自己感受之壓力特徵，即認知壓力之來源。
2. 了解壓力問題之嚴重性，並分析輕重緩急。
3. 了解壓力本質，藉以適當反應。
4. 參考別人實例，藉由「他山之石，可以攻錯」汲取經驗。
5. 書寫工作壓力之一般原因。
6. 與他人交換意見，做為認知反應後之回饋參考。

(三) 調適之配合原則

員工在上述調適方法及調適步驟過程中，還要配合一些原則，才可以有效的紓解壓力：

1. 觀察能力之自我訓練。
2. 培育自我肯定意識。
3. 學習肌肉鬆弛技巧。
4. 了解溝通協調技巧。
5. 預測壓力反應之可能後果。
6. 培養平常無爭之心境。

壓力管理的六個步驟

步驟 1　掌握壓力源並釐清對壓力的反應

步驟 2　評估及掌握內心需求調整價值觀之先後次序

步驟 3　修正信仰之原則，發展改善壓力的因應策略

步驟 4　訂定改善或消除壓力源的規則

步驟 5　確實執行預防行為模式

步驟 6　評估壓力源改善結果 → 壓力減輕或消失

壓力管理自我調適原則

1. 修正調整自己的價值觀、需求及物質慾望
2. 尋求別人援助及幫忙
3. 加強與他人的溝通協調

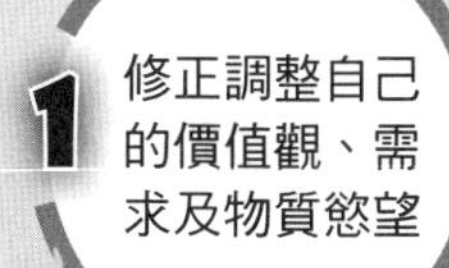

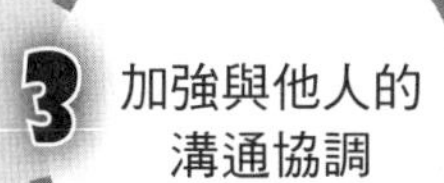

4. 努力降低及減少壓力來源
5. 撤退或退縮
6. 最後受不了工作壓力時，可辭職更換另一家公司

Unit 13-4 工作壓力之管理方法

一、工作壓力之管理方法

如就員工個人及組織二方面看，對於工作壓力之管理方法，可以包括如下：

(一) 個人之管理方法

1. 加強個人戰鬥意志，克服及突破它。
2. 運用適度休閒、休息，然後再出發。
3. 善用時間管理，了解輕重緩急。
4. 定期健檢，了解是否仍然健康。

(二) 組織之管理方法

1. 健全及改善組織內部水平及垂直的溝通協調管道。
2. 鼓勵每個員工認識自己，放在對的工作崗位上，並協助發展員工的事業生涯規劃。
3. 允許員工在創新之中的錯誤，而不必苛責太多，應該鼓勵重於懲罰。
4. 奉勸個性較急的高階主管及老闆，在正式會議上，少用責罵人的領導風格。

二、如何管理「高績效，低壓力」

(一) 主管應評估部屬的能力、需求及個性，然後再配置適當的工作性質及工作量給他們。

(二) 當他們有理由說明時，應該允許部屬有說「不」的權力，並且予以適時調整工作要求。

(三) 應對部屬之優良績效，迅速予以回饋 (reward effective performance)。

(四) 主管人員應對部屬工作之職權、責任與工作期待等，加以明確化 (clear authority, responsibility and expectation)。

(五) 主管與部屬應建立雙向式溝通 (two-way)。

(六) 主管應扮演教師角色，發展部屬之能力，並與他們討論問題 (play a coaching role)。

(七) 主管應及時支援及協助部屬處難以做到的事或難以見到的人，亦即應有效紓解他們工作上特殊的困境。

組織壓力管理之預防挑戰

組織壓力來源
1. 工作需求
2. 角色需求
3. 實體需求
4. 人際需求

(一)組織預防方法
1. 任務與實體方面：
   (1)工作再設計
   (2)彈性工作時間
   (3)前程發展
   (4)參與管理
2. 角色與人際方面：
   (1)角色分析
   (2)社會支持
   (3)團隊工作
   (4)目標設定

壓力診斷
1. 基本概念
2. 診斷程序

個體壓力反應
1. 生理反應
2. 行為修正

適當壓力，適當成長效果。

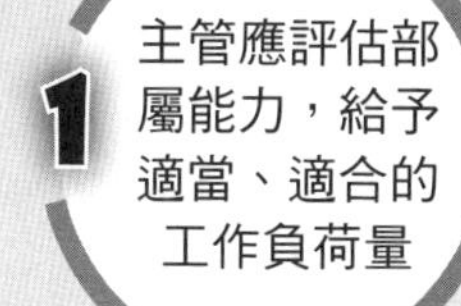

不良壓力反應
1. 個體結果
   (1)心理狀態
   (2)行為狀態
   (3)疾病狀態
2. 組織結果
   (1)直接成本
   (2)間接成本

(二)個體預防方法
1. 因應方法：
   (1)休閒活動
   (2)心理活動
2. 疾病治療：
   (1)心理診療
   (2)醫藥處理

如何管理「高績效，低壓力」

1. 主管應評估部屬能力，給予適當、適合的工作負荷量
2. 經常性給予部屬肯定及讚美
3. 允許部屬有說「不」的權力及要求
4. 主管與部屬應建立雙向溝通模式，及時互動
5. 主管應善盡指導及支援部屬的功能與角色
6. 部屬出錯時或無法達成要求目標時，必給予太多責罵

第 14 章

組織變革

章節體系架構 ▼

Unit 14-1 組織變革的意義及促成原因

一、意義

任何組織，常由於內在及外在因素而使整個組織結構不斷改變。這些變革有些是主動性與規劃性的改變 (planned-change)，有些則是被動性與非規劃性的改變。

我們看組織成長理論中，其組織變革都是有規劃性的，絕非急就章，也非後知後覺。

在組織變革中，不管是表現在結構、人員或科技等方面，都是為了使組織更具高效率，創造更高的經營成果。

組織不改變，好比是小孩子長大了，卻還是給他小鞋子穿一樣，必然會窒礙難行。

二、促成原因

促成組織變革之原因，可就下列二方面來說明：

(一) 外在原因

1. 市場變化：由於市場上客戶、競爭者及銷售區域之變化，均會使企業組織面臨改變。例如，過去國內出口向來以美國為主要市場，現在中國市場益形重要，因此，很多公司都成立駐中國分公司或總公司部門。

2. 資源變化：企業需要各種資源才能從事營運活動，這些資源包括人力、金錢、物料、機械、情報等。當這些資源的供應來源、價格、數量產生變化時，組織也需跟著改變。例如，臺灣勞力密集產業因缺乏人工及成本上漲，導致工廠外移或另在國外設廠。

3. 科技變化：科技的高度發展，使工廠人力減少，各部門普遍使用電腦操作，使 M 化及 e 化的趨勢日益普及，使得組織體產生改變。

4. 一般社會、政經環境變化：國家與國際社會之政治、法律、貿易、經濟、人口等產生變化，會促使組織改變。例如，中國市場形成，導致企業加強對中國之研究及生意往來。再如貿易設限，導致日本廠商必須遠赴歐美各國，在當地設立新的產銷據點，使組織體益形擴大化。

(二) 內在原因

內在原因也並不單純，這包括領導人改變、各級主管人員的異動、協調的狀況、指揮系統的效能、權力分配程度、決策的過程等諸多原因之量與質的變化，均會連帶使組織體產生更動。

促成組織必須變革的五大外在因素

1. 市場急速變化
2. 科技巨大突破
3. 資源供應發生變化
4. 競爭對手急速變化
5. 消費者也在顯著變化

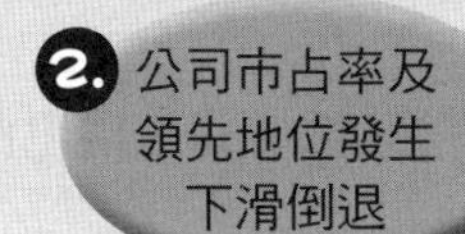

促成組織必須變革的六大內在因素

1. 領導人或經營團隊的改變
2. 公司市占率及領先地位發生下滑倒退
3. 競爭對手快速成長大躍進，威脅我們
4. 因應變化的決策速度太緩慢了
5. 組織結構及人力配置無法因應時代改變
6. 組織員工安逸太久，喪失競爭力

Unit 14-2 組織變革過程的理論模式 (Part I)

一、李維特 (Leavitt) 之變革模式

學者 Levitt 認為組織變革之途徑可從以下三種方式著手：

(一) 結構性改變 (structural change)

所謂結構性改變，係指改變組織結構及相關權責關係，以求整體績效之增進。可細分為：

1. 改變部門化基礎：例如從功能部門改變為事業總部，或產品部門，或地理區域部門，使各單位最高主管具有更多的自主權。

2. 改變工作設計：包括工作如何更簡化、工作如何追求豐富化以及工作上彈性度加高等方面，最終在使組織成員能從工作中得到滿足及適應。

3. 改變直線與幕僚間之關係：例如增加高階幕僚體系，以專責投資規劃及績效考核工作；或機動設立專案小組，在要求期限內達成目標；或增設助理幕僚，以使直線人員全力衝刺業績；或調整直線與幕僚單位之權責及隸屬關係。

(二) 行為改變 (behavioral change)

係指試圖改變組織成員之信仰、意圖、思考邏輯、正確理念及做事態度等。希望所有組織成員藉行為改變，而改善工作效率及工作成果。

這些行為改變之方法有敏感度訓練、角色扮演訓諫、領導訓練，以及最重要的教育程度提升。

(三) 科技性改變 (technological change)

隨著新科技、新自動化設備、新電腦網際網路作業、新技巧、新材料等之改變，也會連帶使組織部門之編制及人員質量之搭配，產生組織體上之相應改變。例如引進自動化設備，將使低層勞工減少，而高水準技工人數增加。

二、黎溫 (Lewin) 之變革模式

行為改變的方法，大部分以黎溫所提出的改變三階段理論為基礎，現概述如下：

(一) 解凍階段 (unfreezing)

本階段之目的在於引發員工改變之動機，並為其做準備工作。例如消除其所獲之組織支持力量；設法使員工發現，原有態度及行為並無價值；將獎酬之激勵與改變意願做連結，反之，則將懲罰與不願改變做連結。

(二) 改變階段 (changing)

此階段應提供改變對象，以及新的行為模式，並使之學習這種行為模式。

(三) 再凍結階段 (refreezing)

此階段係使組織成員學習到新的態度與新行為，並獲得增強作用，最終目的是希望將新改變凍結完成，避免故態復萌。

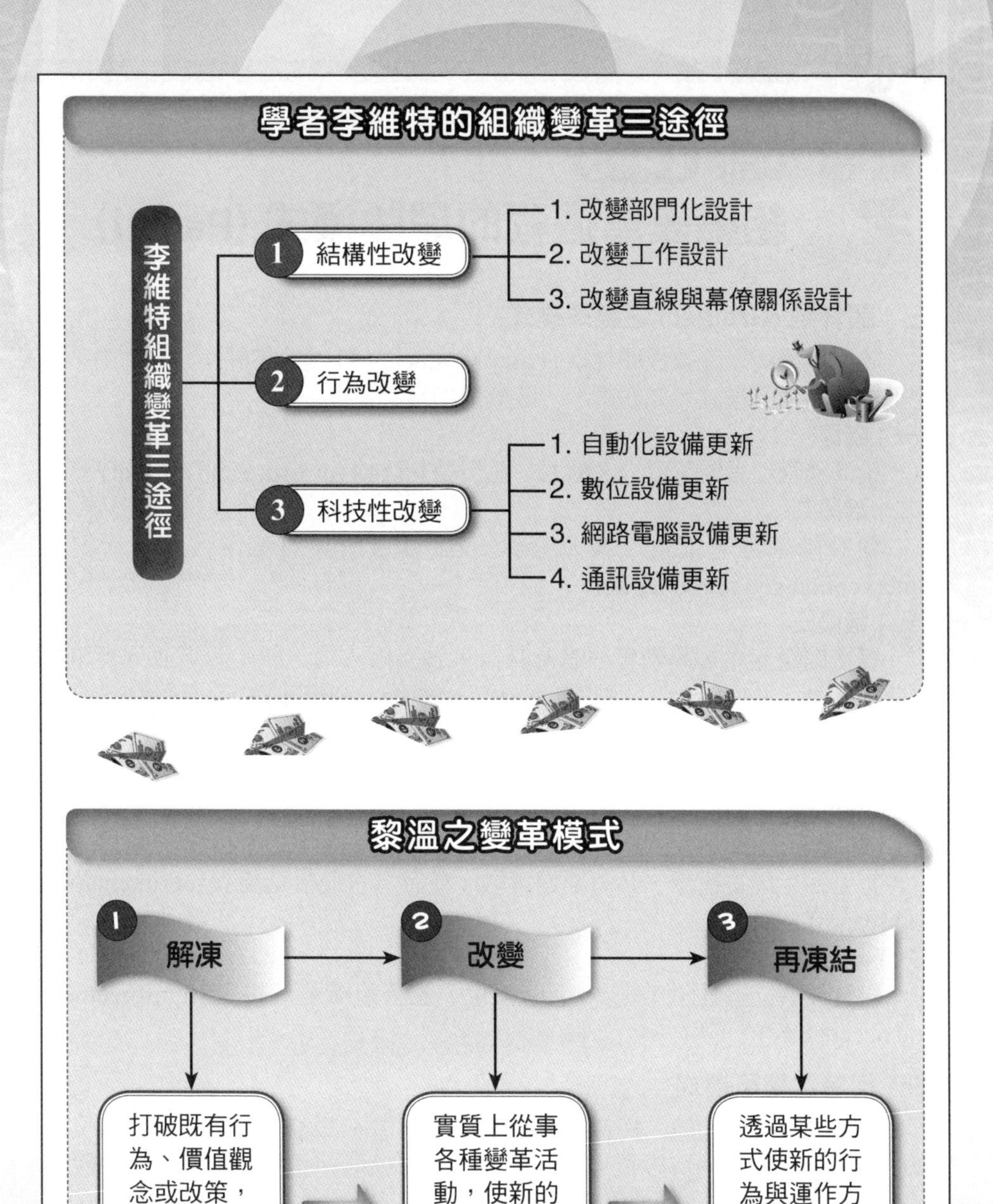
學者李維特的組織變革三途徑
李維特組織變革三途徑
1 結構性改變
1. 改變部門化設計
2. 改變工作設計
3. 改變直線與幕僚關係設計
2 行為改變
3 科技性改變
1. 自動化設備更新
2. 數位設備更新
3. 網路電腦設備更新
4. 通訊設備更新
黎溫之變革模式
1 解凍
2 改變
3 再凍結
打破既有行為、價值觀念或改策，引發組織成員變革的動機
實質上從事各種變革活動，使新的行為、價值理念及運作方式出現
透過某些方式使新的行為與運作方式能持續，讓變革的結果達到穩定的狀態

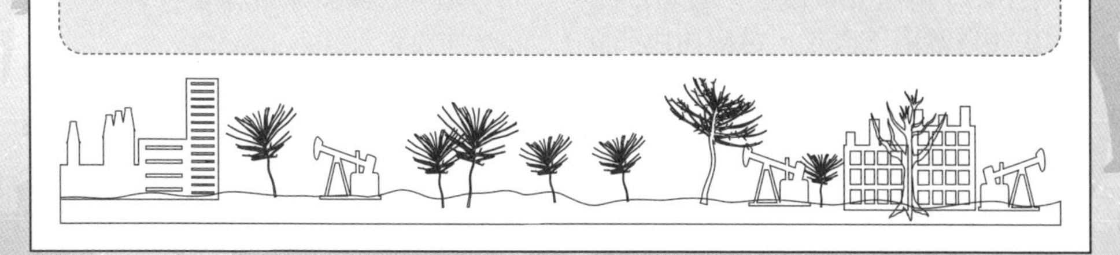

Unit 14-3 組織變革過程的理論模式 (Part II)

三、顧林納 (Greiner) 之變革模式

哈佛大學商學院教授顧林納 (Larry Greiner)，在《哈佛評論》刊物中，提出他的組織變革模式（如右圖），茲概說如下：

(一) 階段一

給高階管理者變革需求之壓力，並引發其行動 (pressure and arousal)。

(二) 階段二

對高階管理者進行干擾及介入， 並努力使其對工作方向重新定位 (intervention and reorientation)。

(三) 階段三

實質問題產生，高階管理者及其以下各階層人員，開始診斷並分析組織之問題，最後並加以一致認同 (diagnosis and recongnition)。

(四) 階段四

管理階層對問題了解答案，並加以承諾未來即依此來改變 (invention and commitiment)。

(五) 階段五

有了初步解答構想，必須經過實驗，並且尋求最後結果 (experimentation and search)。

(六) 階段六

對實驗後之正面肯定結果予以強化，並讓組織全員接受 (reinforcement and acceptance)。

四、柯特之變革模式

知名哈佛教授約翰·柯特 (John P. Kotter) 在一場演講中，談到領導變革與開創新局時，以柯特教授多年研究顯示，組織能在迅速變遷的世界中脫穎而出，通常會經過下述八個步驟：

(一) 嚴肅檢討市場與競爭態勢，找出並商討危機、潛在性危險或重大商機，以建立更強烈的迫切感。

(二) 建立一支有力的領導團隊來領導變革。

(三) 發展願景與研擬達成願景的策略。

(四) 傳遞變革願景，透過各種可能的管道，不斷傳遞新願景與策略，並藉由領導團隊的表現，選出角色典範。

(五) 授權他人行動、鼓勵具冒險犯難和異於傳統的構想、活動和行動。同時剷除障礙、改變破壞變革願景的系統或結構。

(六) 創造短程成就，以提振績效。

(七) 鞏固成果並推出更多的變革。

(八) 把變革予以制度化，以確保領導者和接班人選的培養。

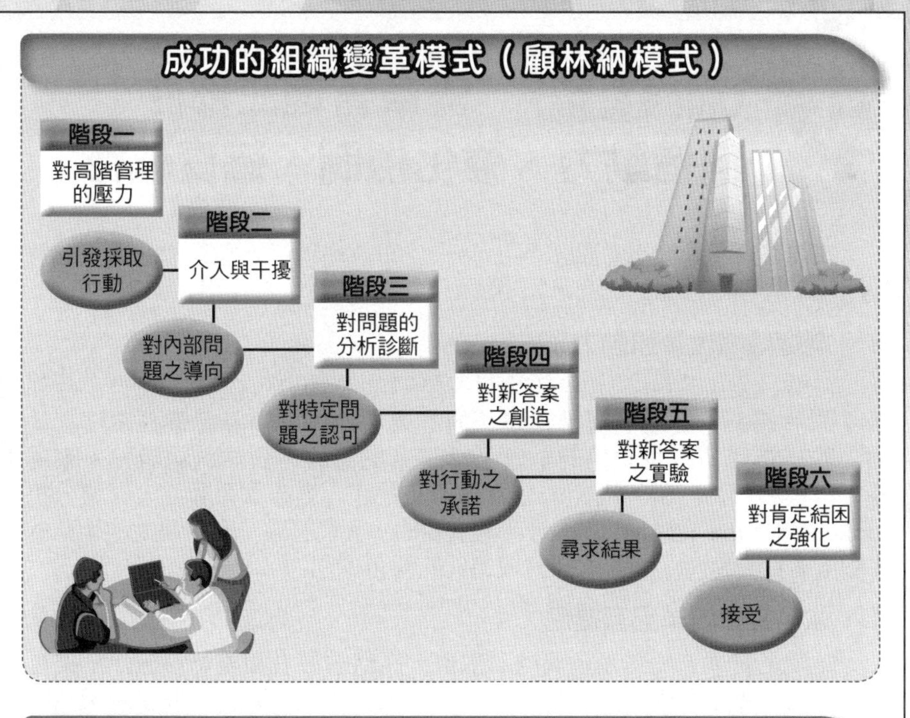

組織轉型變革八階段（柯特模式）

1. **出現危機感** 員工上下相互討論：我們必須要有所行動
2. **建立團隊** 出現一支能同心協力、相互支援的「變革領導團隊」
3. **共築願景** 領導團隊發展出變革的願景和策略
4. **溝通、接受、共識** 組織上下接受策略、願景、態度軟化
5. **授權、行動** 愈來愈多人根據願景採取行動
6. **創造第一階段戰績** 戰功激勵人心，抗拒與懷疑相對減少
7. **堅持、不能鬆懈** 由下而上的變革如波浪般出現，距離願景愈來愈近
8. **持續變革** 組織理念不變，但是江山代有才人出，真正揮別那彷如夢魘的年代

Unit 14-4 變革管理三部曲：創造動力、強化機制、確實執行

知名美商惠悅企管顧問公司上海分公司總經理江為加以他的專業經驗，提出變革管理三部曲的觀念，如下：

一、創造組織變革原動力

在推行變革之初，企業必須明確變革的原動力，建立各層級、各部門員工的危機感，使他們認識到變革的必要性。變革領導者還必須建立一支強大的支持隊伍，並使他們全盤了解變革的意義、公司的願景、未來的策略、目標和行動計畫。因此，在變革初期做好「變革重要關係人影響分析」(stakeholder impact analysis) 是非常重要的，我們必須了解誰是此次變革的重要影響者或支持者，而誰可能會成為此次變革的阻力。

二、強化組織變革配套機制

要深化變革，使其在組織內部生根，高階領導者和變革小組除了推行某個變革的單項主題外，更應從組織的角度進行整體的審視，並協調相關的管理配套機制，如企業文化、組織架構、獎酬制度、激勵機制、教育培訓等。並保證配套機制能適時調整，企業才能強化組織變革的延續性，提升變革的成功率。

企業文化和組織架構必須與變革的願景緊密連結。獎酬制度和激勵機制必須體現員工的行為、績效和態度的展現。教育訓練計畫必須確保員工具備新策略之下所需要的關鍵技能。

變革準備和過程溝通格外重要，企業應透過不同的方式和管道，如全體員工大會、內部網站、總經理公告、小組討論等，將變革的目標、計畫、過程、預期成果等清楚地向各階層的員工進行雙向溝通，降低他們對變革的疑慮和反抗。同時，企業還須在變革的過程中儘早創造速贏 (quick wins) 的成果，進一步提升員工對變革的信心，並強化組織整體的變革執行力。

三、執行組織變革專案流程

最後，要確保變革專案的成功，企業必須成立一個變革專案的推動小組，對小組成員慎重選擇，最合適的成員除了人力資源部的代表外，企業還應根據先前提到的變革重要關係人影響分析結果，選取組織內部重要關係人的代表做為專案成員，增強推動變革的助力。同時，清晰的專案權責分工、明確的專案執行時程規劃、及時的專案資料整理和分析、互動的專案團隊溝通聯絡機制、高效的專案預算與資源分配等，也是專案是否能夠成功的關鍵因素。此外，高階領導的適時肯定、鼓勵和支持，對專案的有效推進也是至關重要。

專案成員們必須能與高階領導者定期進行正式的專案溝通和成果彙報，並對專案的重要議題進行討論與決策，確保高階主管們能夠準確及時地掌握專案的進度、執行狀況與成效。當然，專案成員的滿意度和士氣也是不可忽略的，企業可根據專案的特色與範圍制定相應的績效管理和激勵機制，並提供相關培訓及建立內部知識分享體系，以提升專案成員的能力。

變革管理三部曲

1. 創造組織變革原動力，建立各種層級各部門員工的危機感，使他們認識到變革的必要性，並建立一支變革支持團隊。
2. 強化組織變革配套機制，包括企業文化、組織架構、獎酬制度、激勵制度、教育培訓等。
3. 執行組織變革專案流程，及推動執行小組，每天、每週的展開改革行動。

強化組織變革的五種配套機制

1. 建立新組織架構
2. 導入變革的教育訓練工作
3. 形塑變革的新企業文化
4. 建立新的獎酬制度
5. 不斷給予變革的激勵機制

Unit 14-5 抗拒與支持變革的原因

一、抗拒變革的原因

任何組織在進行組織改革時，必會面臨來自不同人員及程度之抗拒，綜合多位學者的研究顯示，主要原因有三：

(一) 個人因素

1. 影響個人在組織中權力之分配，即面臨權力被削弱之憂慮。
2. 個人所持之認知、觀念、理想不同而有歧見。
3. 負擔及責任日益加重，深恐無法完成任務。
4. 對於是否變革後能帶來更多有利組織之事，抱持懷疑態度。

(二) 群體因素

深怕破壞群體現存之利益、友誼關係及規範，這些均屬於組織中的保守派或既得利益群體。

(三) 組織因素

在機械化組織結構 (mechanic structure) 裡，較不願傾向於組織變革，因為那會破壞現有組織體內人、事、物、財等事項之均衡。所以一動不如一靜，大家都習於相安無事及安逸過日子。

另外，學者 Hellriegel 也歸納個人與組織對變革抗拒之原因如下：

1. 個人對變革的抗拒

組織中個別成員對變革抗拒的五項因素，包括：

(1) 習慣性問題，不喜改變。
(2) 依賴性問題，不願改變。
(3) 為了經濟利益的保障問題。
(4) 為了安全因素。
(5) 由於對未知的懼怕，不曉得未來會如何改變。

2. 組織對變革的抗拒

(1) 怕變革會影響一群有權力及影響力的人。
(2) 組織結構的安定性機構化及官僚，若要改變，會不習慣。
(3) 公司資源受到限制，無法真的投入做變革。

二、支持變革的原因

組織變革有人抗拒，另一方面也有人會支持，此原因係為：

(一) 個人因素

當個人希望有更大發揮空間、展現個人才華，進而擁有升官權力與物質收入時，則會積極促成組織之變革，成為組織中的改革派或革新派。

(二) 組織因素

在有機式組織結構 (organic structure) 裡，會比較傾向於支持組織變革，因為他們所處的環境原本就是極富彈性的組織。因此，對於變革已經習慣且能接受。

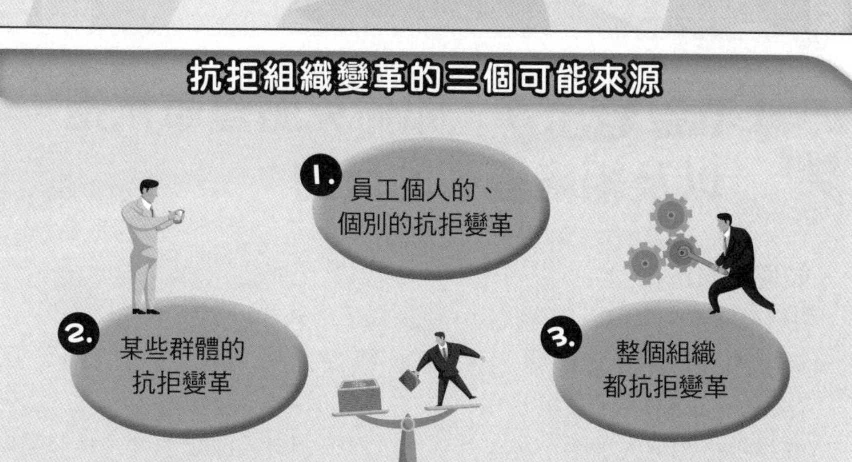
抗拒組織變革的三個可能來源
1. 員工個人的、個別的抗拒變革
2. 某些群體的抗拒變革
3. 整個組織都抗拒變革

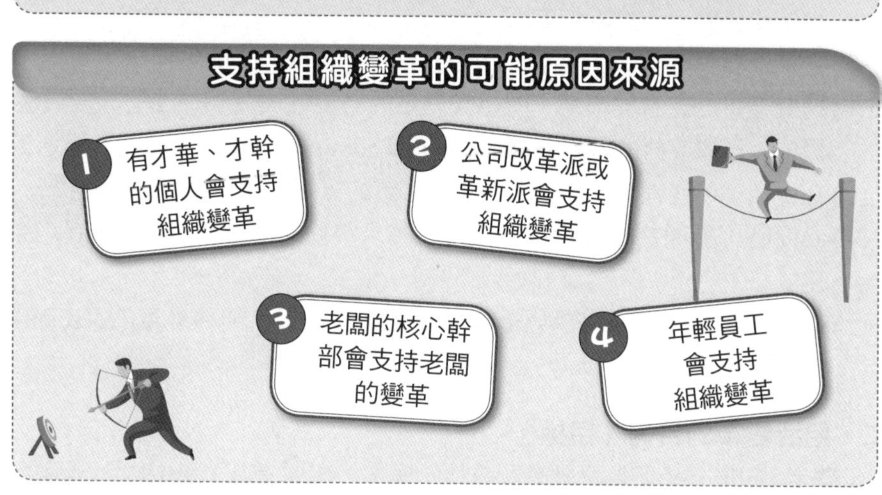
支持組織變革的可能原因來源
1 有才華、才幹的個人會支持組織變革
2 公司改革派或革新派會支持組織變革
3 老闆的核心幹部會支持老闆的變革
4 年輕員工會支持組織變革

抗拒組織變革的各種原因
1. 有些人怕失掉權力與利益
2. 有些人習慣既有的工作模式
3. 本位主義作祟
4. 有些人害怕失掉工作
5. 有些人害怕工作加重
6. 有些人組織改革的成效是否會更好

Unit 14-6 如何克服變革抗拒，以及組織變革的目的

一、如何克服抗拒

對組織變革中來自各方之抗拒，應採以下方式加以克服：

(一) 讓抗拒者參與變革事務，讓他們表達意見與看法並酌予採納 (participation)。（參與）

(二) 先從抗拒領導人著手，尋求其支持，只要領導人改變態度，其群體自不太能成氣候。（擒賊先擒王）

(三) 最好以無聲的巧妙手段達成改變的實質效果。（以靜制動）

(四) 透過充足的教育與溝通，將組織變革的必要性與急切性讓組織成員深入體會，形成支持的基礎 (education and communication)。（耐心溝通）

(五) 在組織變革過程中，應給予各方面實質的支援。（給予好處與支援）

(六) 必要時，須與抗拒群體進行談判，尋求彼此之妥協 (negotiation)。（妥協雙贏）

(七) 最後，必要時應採取獎懲措施，以強制手段貫徹組織變革 (coercion)。（賞罰分明）

二、組織變革的目的（目標）

學者 Hellriegel 認為組織有計畫性的變革，主要是為了達成兩大類目的，包括：

(一) 增加組織的適應力

組織變革的目的之一，是為了增加各部門對外部環境變化的彈性、應對力及適應力，使組織在激烈競爭與多變的環境中，仍能保持優越的競爭力。

(二) 促進組織個人或群體行為的改變

組織要改變策略來應付環境變化，最根本的還是應先改變組織的所有成員。當組織個人及群體的思想及行為均獲得必要方向的改變後，其他方面才有改變的可能性。

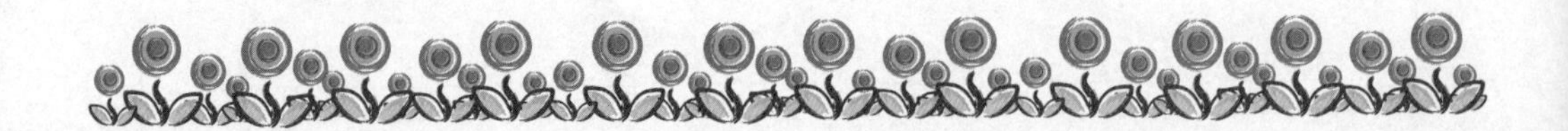

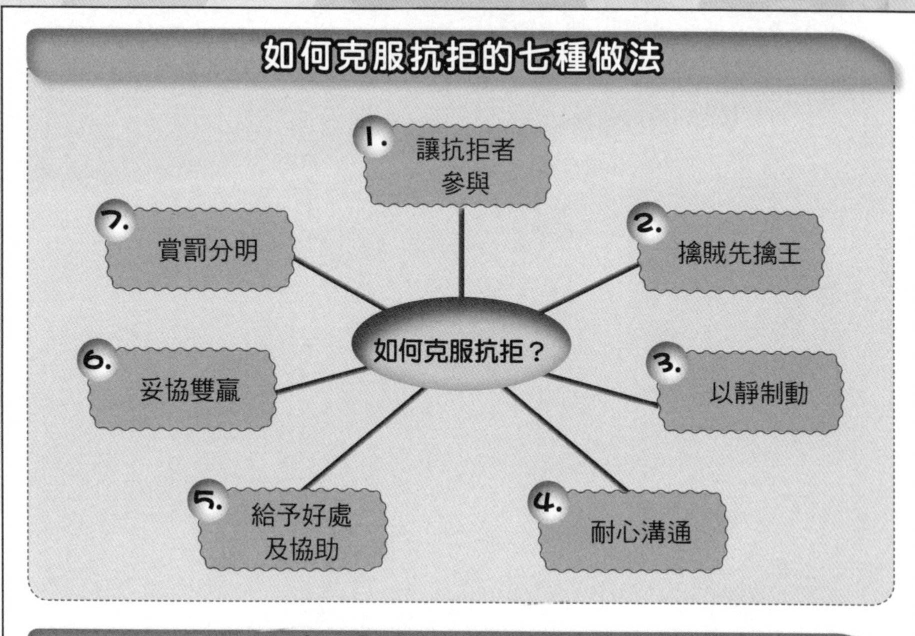
如何克服抗拒的七種做法
如何克服抗拒？
1. 讓抗拒者參與
2. 擒賊先擒王
3. 以靜制動
4. 耐心溝通
5. 給予好處及協助
6. 妥協雙贏
7. 賞罰分明

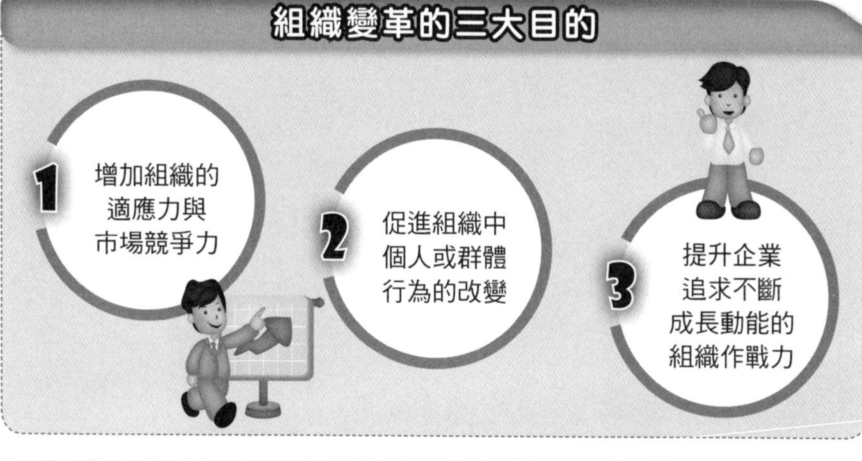
組織變革的三大目的
1 增加組織的適應力與市場競爭力
2 促進組織中個人或群體行為的改變
3 提升企業追求不斷成長動能的組織作戰力

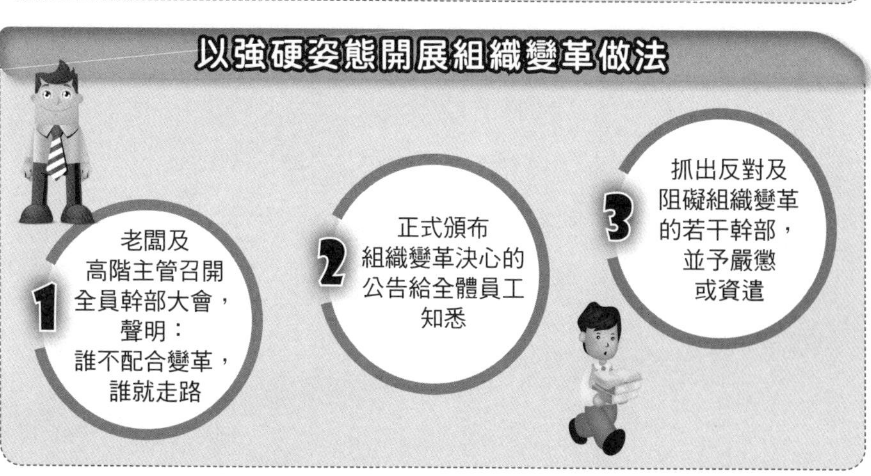
以強硬姿態開展組織變革做法
1 老闆及高階主管召開全員幹部大會，聲明：誰不配合變革，誰就走路
2 正式頒布組織變革決心的公告給全體員工知悉
3 抓出反對及阻礙組織變革的若干幹部，並予嚴懲或資遣

第 15 章

組織學習與創新

章節體系架構 ▼

Unit 15-1 台積電、比爾・蓋茲、彼得・杜拉克的學習名言

一、比爾・蓋茲與彼得・杜拉克的學習名言

比爾・蓋茲說：「如果離開學校後不再持續學習，這個人一定會被淘汰！因為未來的新東西他全都不會。」管理學大師彼得・杜拉克也說：「下一個社會與上一個社會最大的不同是，以前工作的開始是學習的結束，下一個社會則是工作開始就是學習的開始。」

比爾・蓋茲與彼得・杜拉克的說法都指向一個重點，也就是我們在學校所學到的知識只占20%，其餘80%的知識，則是在我們踏出校門之後，才開始學習的。

一旦離開學校之後就不再學習，那麼你只擁有20% 的知識，在職場競爭叢林中注定要被淘汰。翻遍所有成功人物的攀升軌跡，其中最重要的就是他們不斷充電學習，為自己加值，白領階級想要站穩位子並獲得升遷，不斷充電就是邁向成功的不二法門。

二、台積電公司張忠謀董事長的名言

台積電公司張忠謀董事長在接受《商業週刊》專訪時明白指出對學習的深入看法。

半導體教父張忠謀說：「我發現只有在工作前 5 年用得到大學與研究所學到的 20% 到 30%，之後的工作生涯，直接用到的幾乎等於零。」因此張忠謀強調，在職場的任何工作者，都必須養成學習的習慣。

張忠謀坦承，在踏出校園時根本不認識「電晶體」(transistor) 這個字，這並非無知，而是當時很少人了解電晶體，可是不出幾年，很多人都知道電晶體的存在，「可見知識是以很快的速度前進，如果無法與時俱進，只有等著失業的份！」「無論身處何種行業，都要跟得上潮流。」

三、奇異公司前任總裁傑克威爾許的做法

他要求幹部每年固定淘汰 5% 的員工，以維持公司的高競爭力，如果幹部無法達成 5% 的淘汰率，就會先遭到開除。

各企業家學習名言

比爾・蓋茲

- 如果離開學校後，在工作場所不再持續學習工作上的新東西，這個人一定會被市場淘汰！

彼得・杜拉克

- 過去是：工作的開始，是學習的結果。
- 現在是：工作的開始，才是真正學習的開始。

- 不斷學習，才是邁向成功的不二法門！
- 學校學到的知識，僅占20%，80%都是出了社會才學到的！

台積電張忠謀董事長

- 職場工作者，如果無法與時俱進，就只有等著失業的份！

- 無論身處何種行業，都要跟上潮流及時代的巨變！

Unit 15-2 員工素質水準決定企業競爭力——員工知能成長的條件及原則

國內知名的政大企管所教授司徒達賢認為，企業競爭力的背後，須視組織與員工的素質水準好壞而定。他又提出六項影響員工知能成長的條件及原則，茲摘列如下述：

一、企業的高階領導人必須以身作則

重視新知的追求與知能的成長，並深信知能水準是企業長期競爭力的來源。如果領導人認為企業競爭力主要是靠公關甚至政商關係，則員工難免也只在酒量或應酬技巧下工夫，以努力迎合高階的策略想法。

二、升遷時應著重於員工的能力與貢獻，而非僅重視對老闆個人的忠誠，或組織內外的網絡關係，甚至派系間的權力平衡

如果在升遷方面過分重視關係或背景，員工自然會投入較多的時間於「經營關係」、參與派系，沒有餘力或精神吸收新知及追求自我成長。

三、各級員工究竟應在哪些方面強化知能，必須考量及配合企業未來的策略發展方向

易言之，應分析將來策略發展需要哪些知能？現有員工或各級管理人員的知能，與未來組織的發展需要之間，尚有哪些差距？經此分析之後，才能掌握大家知能應該成長的方向。如果只是由人力資源單位便宜行事，請學者專家來舉辦一場演講，或由同仁任意選擇書籍來進行讀書會，則由於學習內容與未來工作未必相關，久而久之可能使員工心中產生「知識學習不切實際」的印象。

四、組織建有知識分享的機制

員工被派至外界進修，應有系統地與其他相關同仁分享其學習成果，此舉不僅可以確保員工所學之知能至少有一部分能轉化為組織所擁有的知能，同時可藉此機制要求員工用心學習，並嘗試將所學與組織現狀連結。

五、員工之學習過程與成效，短期中即應有適當的評估與肯定

知能成長的效果未必能在短期的工作表現中發揮作用，因此，平日的評估與肯定，對員工的進修士氣絕對有其必要。

所謂評估與肯定，其實不需要太複雜的制度，只要高階主管經常出席員工知識分享的活動，或參與讀書會，對同仁的表現表示重視、提出回饋意見，並有所肯定即可。

六、各級主管要有知識分享的能力與意願

各級主管如果在工作過程中，能不斷吸收新知、研究發展、自我成長，又有分享的熱忱與意願，加上一定水準以上的溝通與教學技巧，必然可以帶動組織的學習風氣，提升教與學的效果。

影響員工知能成長的六原則

影響員工知能成長的六原則

1. 企業的高階領導人必須以身作則
2. 升遷時應著重於員工的能力及貢獻，而非僅著重於對老闆個人的忠誠，或組織內外網路關係，甚至派系間的權力平衡
3. 各級員工究竟應在哪些方面強化知能，必須考量及配合企業未來的策略發展方向
4. 組織建有知識分享的機制
5. 員工之學習過程與成效，短期中即應有適當的評估及肯定
6. 各級主管要有知識分享的能力與意願

各級主管如何帶動員工成長

1. 各級主管必須不斷吸收新知！自我成長！

2. 各級主管必須對員工加以分享並指導學習！

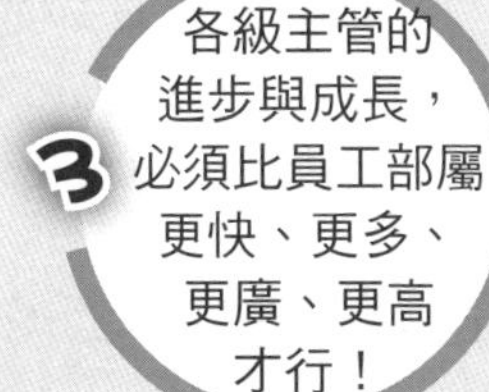

3. 各級主管的進步與成長，必須比員工部屬更快、更多、更廣、更高才行！

Unit 15-3 學習型組織的要件及特徵

一、學習型組織的五大要件

以下分述說明彼得 ‧ 聖吉 (Peter Senge) 提倡的學習型組織所必備的五大要件。

(一) 建立共同願景

公司內部若無一共同願景，各部門及個人的職務安排將變得模糊不清，且和顧客的互動模式也將無法統一，會議討論也會變得非常散漫、無法達成共識。

(二) 團隊學習

集思才能廣益，集體思考的行為是塑造共同願景的步驟之一，並為下一次的共同行動做好準備。

(三) 改善心智模式

陷入偏執，新創意便難以萌芽，新知識更將難以活用。「改善心智模式」有時也是一種不可或缺的重要觀念。

(四) 自我超越

這是提升團隊學習效果之基礎。譬如，「喜愛將歡樂帶給別人」的人必定能夠不厭其煩地摸索、學習以提高顧客的滿意度。

(五) 系統思考

所謂系統思考，簡單而言是指能夠充分掌握事件的來龍去脈。不是所有產品的銷售額均提升時，不論是優點或是缺點都應做詳盡的調查，並作圖分析以幫助釐清原因。

要讓一切從頭開始學習的企業同時實踐這些要件，無非是強人所難。但是有一點很重要，就是應先從基層單位的切身事務開始著手，真正去體驗實際的效果。

二、學習型組織的特徵

學習型組織有五個基本的特徵如下：

(一) 組織內的每位成員都願意實現組織的願景。

(二) 在解決問題方面，組織成員會揚棄舊的思考方式，以及其所使用的標準化作業程序 (standard operation procedures, SOP)。

(三) 組織成員將環境因素視為一個與組織程序、活動、功能等息息相關的變數。

(四) 組織成員會打破垂直的、水平的疆界，以開放的胸襟與其他成員溝通。

(五) 組織成員會揚棄一己之私與本位主義，共同為達成組織願景而努力。

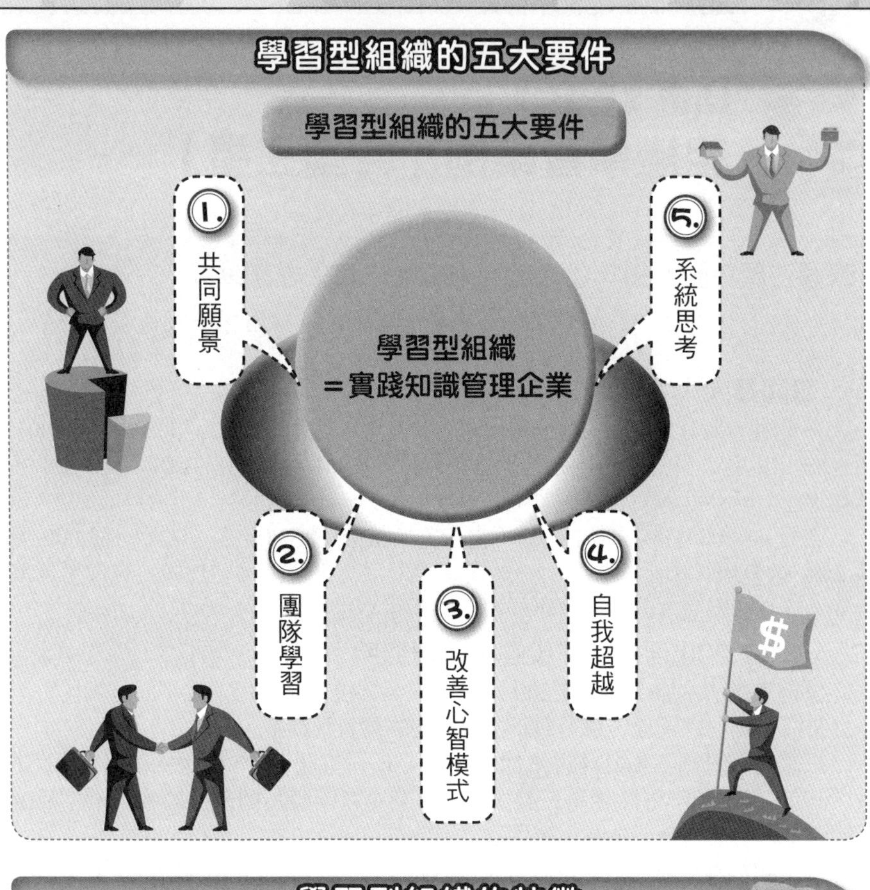
學習型組織的五大要件
學習型組織的五大要件
1.
共同願景
5.
系統思考
學習型組織
=實踐知識管理企業
2.
團隊學習
3.
改善心智模式
4.
自我超越
$

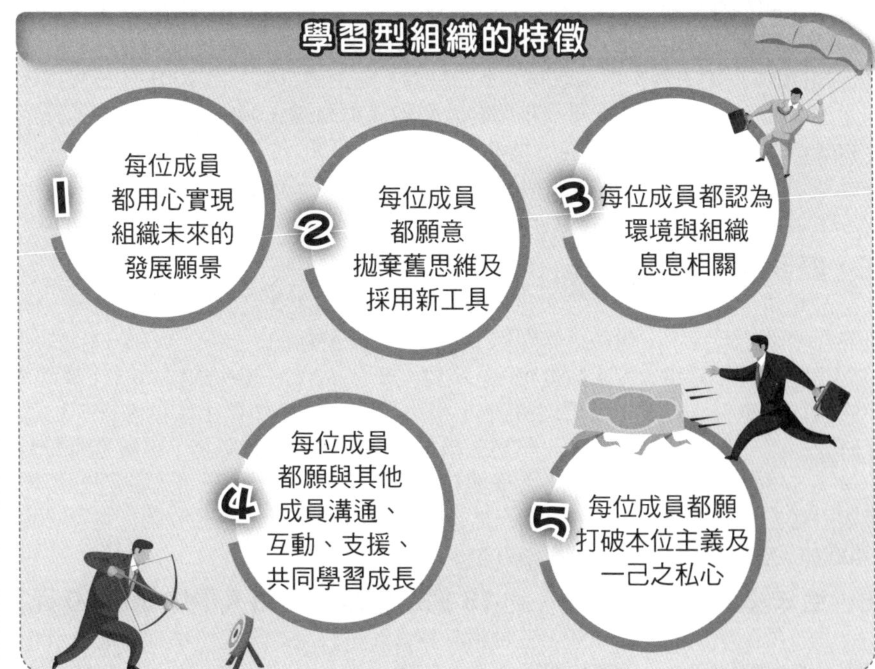
學習型組織的特徵
1
每位成員
都用心實現
組織未來的
發展願景
2
每位成員
都願意
拋棄舊思維及
採用新工具
3
每位成員都認為
環境與組織
息息相關
4
每位成員
都願與其他
成員溝通、
互動、支援、
共同學習成長
5
每位成員都願
打破本位主義及
一己之私心

Unit 15-4 組織學習案例（韓國三星）

韓國三星集團，每年投入五百億韓圜培育人才訓練

（註：韓國三星電子集團，是韓國第一大民營製造業）

一、韓國最大人才庫

三星電子擁有 5,500 名博、碩士人力，其中，博士級就占了 1,500 名。2001 年新進的 149 名人員當中，擁有碩士以上學位的有 61 名，約占 40%。其中 28 名擁有喬治亞、哈佛等海外名校的學位，更幾乎占了一半的比例。

全體 48,000 名職員當中，除了生產機能職位（25,000 名）之外，23,000 名、共 25% 擁有博、碩士學位。另外，還逐年以百為單位持續增加中。規模超越首爾大學，成為韓國最大的「人力庫」。

二、占地 7,200 坪的電子尖端技術研究所

位於京畿道水原市占地 7,200 坪的電子尖端技術研究所（以下簡稱尖技所），是從新進職員到總經理，學習最新技術動向的再教育機關。

三星電子只為了 R&D 技術的教育而設立研習機關，在韓國國內是絕無僅有的。

1999 年，和李健熙董事長發表第二創業宣言同時一起創立的尖技所，其主要目的是要配合公司長期策略，執行教育訓練課程。

約有 400 頁的電子入門課程教材《行銷主導、市場取向企業的解決對策》，就是以新進職員為對象。

MDC（行銷主導、市場取向）是三星電子的企業目標。自 2001 年設立以來，單是教育課程就有 97 種、單一年度的教育職員更高達 3,000 位。三星電子確定的軟體專業人力總共有 5,300 名。集團整體超過 13,000 名，為總人力的 12%。三星更計畫到 2016 年為止，要增加到 20,000 名。三星電子朝著內容、軟體化目標前進的未來策略，也反映在教育課程中。

三、與多所大學建教合作

三星電子的建教合作課程，已經發展到和韓國國內知名大學共同開設博、碩士班課程階段的地步了。建教合作課程，就如同其所號稱的「一＋一，二＋二」。

三星電子和延世大學（數位化）、高麗大學（通訊）、成均館大學（半導體）、漢陽大學（軟體）、慶北大學（電子工學）等，共同合作碩士學位課程，也就是在研究所讀一年之後，剩下的一年到三星電子實際從事相關業務，這就是所謂的一＋一。二＋二是指博士課程。各大學與三星電子共同開發課程，每個課程的智慧財產權由雙方共同擁有。到 2015 年底為止，研修此課程而成為三星職員的人才共有 1,400 位，2016 年新登記的則有 200 位。

四、每年投入 500 億韓圜（約 15 億新臺幣），每人平均 30,000 元

為了提高個人的生產效能，三星電子投資於再教育的課程，每年就花費 500 億韓圜，每人平均超過一百萬韓圜。

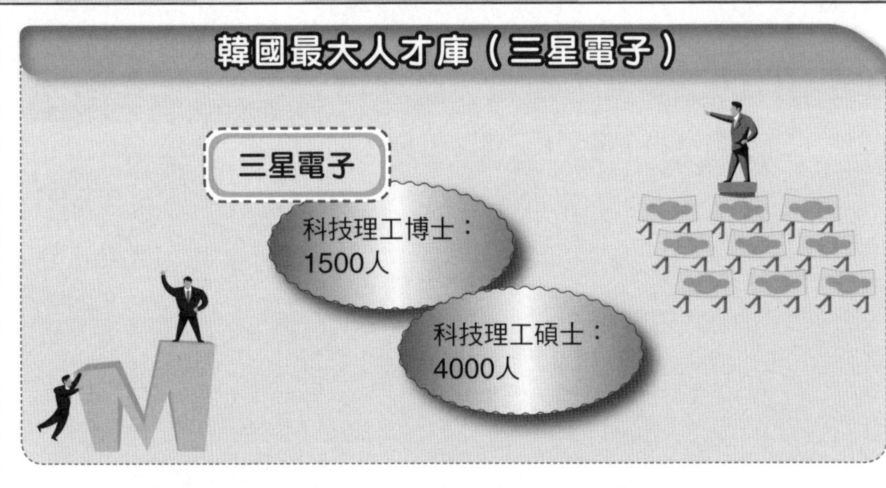
韓國最大人才庫（三星電子）
三星電子
科技理工博士：
1500人
科技理工碩士：
4000人

三星：每年投入十五億臺幣做教育訓練
1.
成立電子尖端
研究所
2.
與多所科技理工
大學產業合作
3.
每年投入15億臺幣，
做員工培訓費用

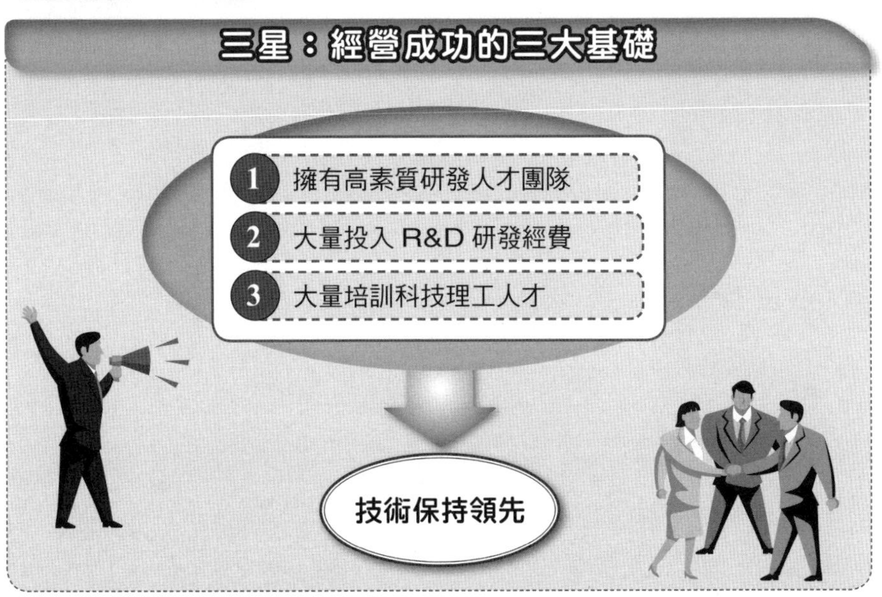
三星：經營成功的三大基礎
1
擁有高素質研發人才團隊
2
大量投入 R&D 研發經費
3
大量培訓科技理工人才
技術保持領先

第16章

績效評估與獎酬

章節體系架構

Unit 16-1 確保高績效組織工作關係六要件

運用資源創造績效、貢獻企業獲利，是經理人的天職。當然，創新產品、產品特徵、行銷力量、品牌知名度、廣告促銷、財務結構、生產製造技術等外在環境的優越，則是經營績效的最佳保障，但經理人如何在這些優越條件下，創造更高績效，應注意是否做到下列六要件：

一、重視人才

企業成功在於找到合適人才，以其工作技巧完成公司所賦予的使命，經理人最重要的工作就是把這些人留下來為公司效命。

三流人才占據工作崗位，耗費公司資源，又無法發揮績效，久而久之，他們營造出來的工作環境，可能會汙染好的人才，造成組織無能。這時候主管可能要耗用 80% 的寶貴時間來輔導不稱職的員工，到頭來，所有的人都變成無能。精選人才，讓好的人才感染好的人才，才能創造高績效。

二、良好的工作環境

經理人的重責大任就是創造一個有生產力的工作環境，讓每一位工作同仁都能樂在其中。有幸能在同一個辦公室工作，主管的任務便是讓每個人能夠互相支援，朝共同的目標前進。

良好的工作環境就是使每一位同仁能在工作中學習成長，誠如彼得・聖吉所言，沒有學習成長的企業，就如同沒有學習成長的嬰兒，終將成為白痴，後果堪慮。同仁之間的和諧關係，不但促進工作效率，而且能夠激發彼此學習的動機。

三、融洽的關係

經理人必須營造主管與部屬的融洽關係，更應促使同仁與公司建立積極正面的關係。經理人必須以誠實、正直的態度與方法，來和同仁互動，才能提升員工的生產力。

員工與主管的關係融洽，才能毫無保留的討論工作上的難題，共同探討改善的方法，因為員工是接觸問題的人，只有他才能解決現場問題。

四、現場的教練

在劇烈競爭的球賽中，教練穿梭球場上，研擬攻防策略，適時調動球員，並指導球員的動作。成功的經理人應像教練一樣，輔導同仁將工作做對、做好。教練也應利用現場的指導，將工作技巧與方法傳授給同仁。同仁與教練的關係是建立在彼此依存的信任關係中，因此，經理人要學好教練技巧，建立彼此良好的雙向溝通，才能發揮教練的功能。

五、發揮工作成效

正如彼得・杜拉克所言，經理人的工作成效在於做正確的事、把事情做對，這是指主管提供正確的工作方向，讓同仁全心投入，然後在處理的過程中，把工作做好，讓工作成果展現出來。

所以，每個員工的責任範圍，必須明確訂定。這些責任範圍必須在主管與部屬的彼此認知下形成共識。部屬對工作投入，主管輔以指導，就可發揮工作績效。

六、讚美與肯定

對於部屬以正確方法完成的工作績效，主管必須立即給予肯定或讚美，讓部屬了解他已完成一項完美的工作。肯定與讚美是明確告訴部屬，這樣的好行為應該繼續讓它發生，經由肯定與讚美可以建立主管與部屬的工作默契，並潤滑彼此的關係。

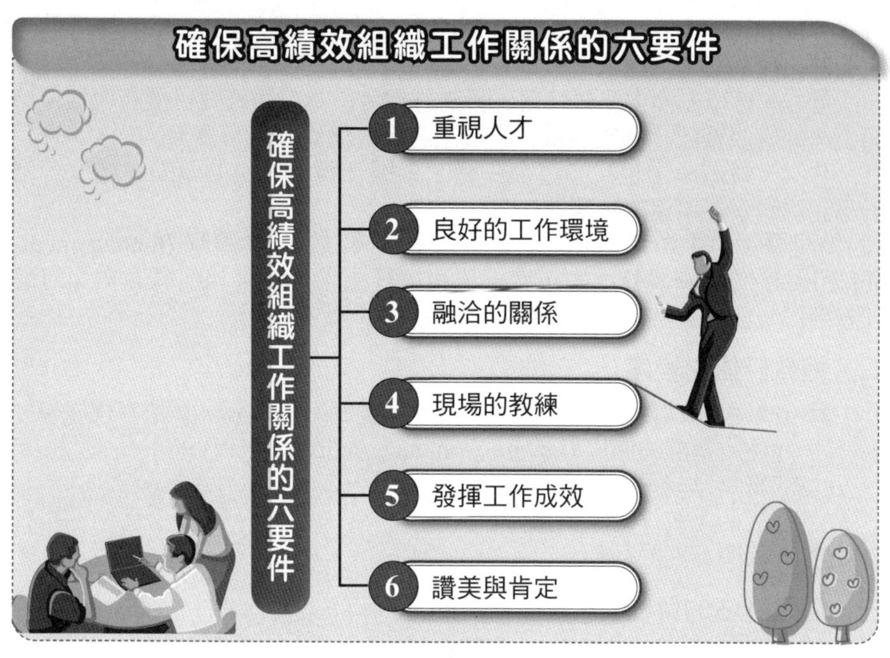

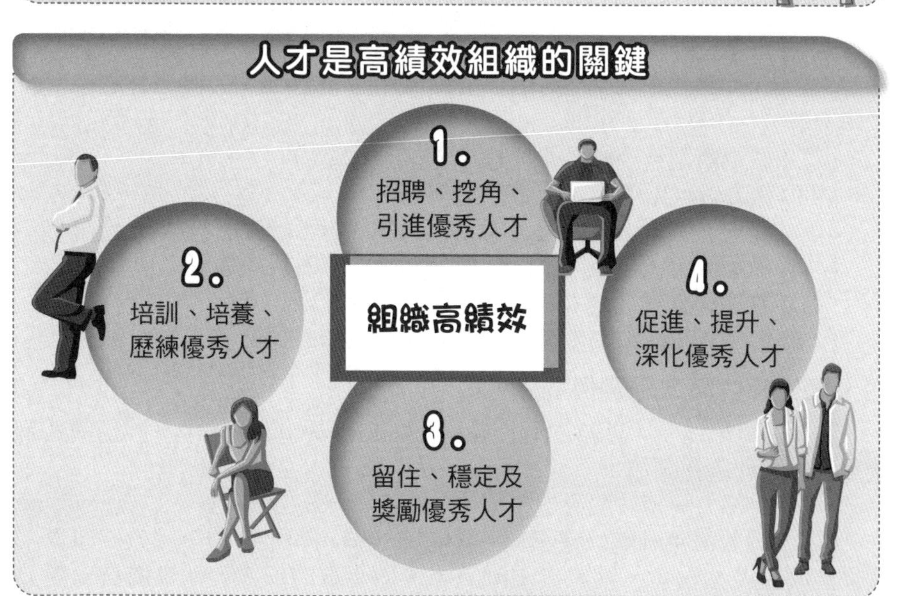

Unit 16-2 績效評估之目標管理、程序與目的

一、高績效組織 (HPO) ——必先強化績效目標管理

環顧世界一流企業如奇異、IBM 的管理經驗，都是以達到高績效組織 (high performing organization, HPO) 做為企業強化體質的重要手段，但如何才能轉化成為高績效組織？

首先，必須先強化績效管理，明確訂立每位員工的績效目標和考核標準，把公司的成敗責任，下放到每一位員工身上，徹底分層負責。

其次，營運成果也必須下放到員工，堅守賞罰分明的原則，讓每一位員工都能達到公司期望的生產力。

所謂的「績效管理制度」，也就是貫徹目標管理 (management by objectives) 的精神，公司的年度總目標，經由各級主管和部屬面對面討論，細分到每一位員工當年度的目標和績效評估標準。

二、績效評估之程序

對組織個人及群體的績效評估，是一種控制工具功能，其基本程序包括：

(一) 績效指標的制度 (key performance indicator, KPI)。

(二) 實際達成績效的衡量。

(三) 評估比較（實際與預算）。

(四) 採取賞罰的行動。

三、績效評估的目的

對人的績效評估，有以下幾項目的：

(一) 可做為一般人事決策之參考。例如晉升、降級、輪調、資遣等。

(二) 可做為獎酬分派的基礎。例如調薪、年終獎金、股票紅利分配及業績獎金等。

(三) 做為甄選及訓練計畫之標準。

(四) 做為評估甄選及工作指派之標準。

(五) 提供員工資訊，使之了解組織對該名員工績效考核狀況。

(六) 了解個人、群體（部門）對公司營運績效目標達成之貢獻程度。

(七) 做為確認員工個人或幹部之教育訓練計畫需求。

(八) 提供資訊以做為未來人力資源規劃之依據參考。

四、績效評估與激勵關係

在前面章節述及「期待激勵理論」(expectancy theory) 中，說明績效是一個重心。該理論在闡述：

(一) 對努力與績效關係之預期。

(二) 績效與獎酬關係之預期。換言之，員工對「努力→績效→獎賞」之關係愈明確及相信者，則愈具激勵效果。而獎賞的依據，就是依員工對公司的績效成果而定。

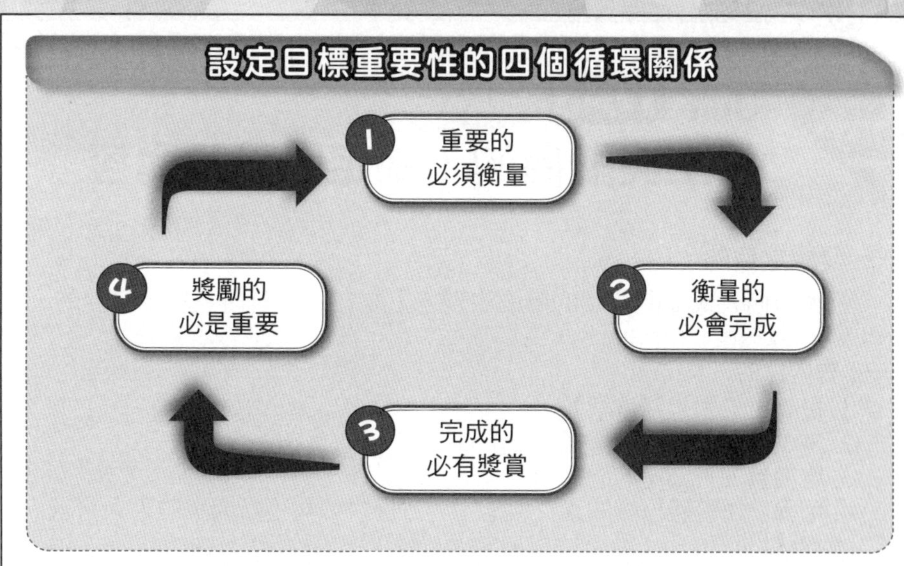
設定目標重要性的四個循環關係
1 重要的 必須衡量
2 衡量的 必會完成
3 完成的 必有獎賞
4 獎勵的 必是重要

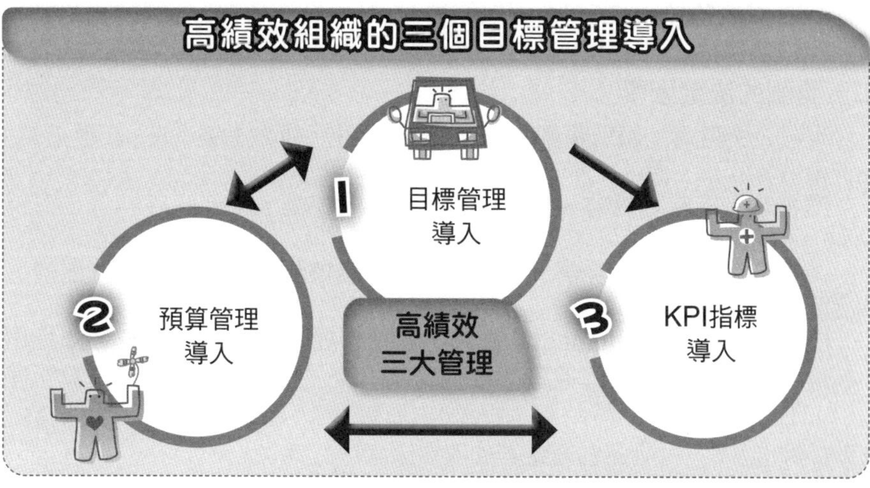
高績效組織的三個目標管理導入
1 目標管理 導入
2 預算管理 導入
3 KPI指標 導入
高績效 三大管理

KPI績效管理導入公司全員
1. 個人 KPI指標
2. 部門及單位 KPI指標
3. 全公司 KPI指標

Unit 16-3 員工獎酬目的、決定因素及內容

一、獎酬之目的

公司對個人或部門群體的獎酬表現，主要在達成對內／對外之目的，如下：

(一) 對內目的

1. 提高員工個人工作績效。
2. 減少員工流動離職率。
3. 增加員工對公司的向心力。
4. 培養公司整體組織的素質與能力，以應付公司不斷成長的人力需求。

(二) 對外目的

1. 對外號召吸引更高與更佳素質的人才，加入此團隊。
2. 對外號召公司重視人才的企業形象。

二、獎酬的決定因素

現代企業對員工個別獎酬的制度，逐漸採用「能力主義」或「表現主義」，而漸漸放棄年資主義。

換言之，只要有能力、對公司有貢獻、看得到，在部門內績效也表現優異者，不論其年資多少，均會有良好的差異獎酬。

一般來說，獎酬（含薪資、年終獎金、業績獎金、股票紅利分配等）的決定因素，包括幾項：

(一) 實際績效 (performance)：績效是對工作成果的衡量，應有客觀指標，不管是直線業務部門或幕僚單位均是一樣。一般公司均是採預算管理及目標管理的指標。

(二) 除此之外，可能還會衡量其他次要因素，包括：

1. 工作年資（在公司多少年以上）。
2. 努力程度。
3. 工作的簡易度與難度。
4. 技能水準。

三、獎酬的實施內容

就實務而言，公司對員工個人或群體的獎酬，可以從二種角度說明：(1) 內在獎酬（較重視心理、精神層面）；(2) 外在獎酬（較重視外在實際物質報酬）。

四、獎酬對組織行為之涵義

公司優良的獎酬制度，必然可以提高員工對公司的向心力與工作滿足感，但須注意下列條件：

(一) 員工必然認為公司的獎酬制度具有公平性 (equity)。
(二) 獎酬必與績效結果相連結。
(三) 績效考評必須公平、公正、有效與客觀。
(四) 獎酬愈往中高階主管看，愈須配合個別員工的個人差異化需求。

對員工之獎酬內容項目

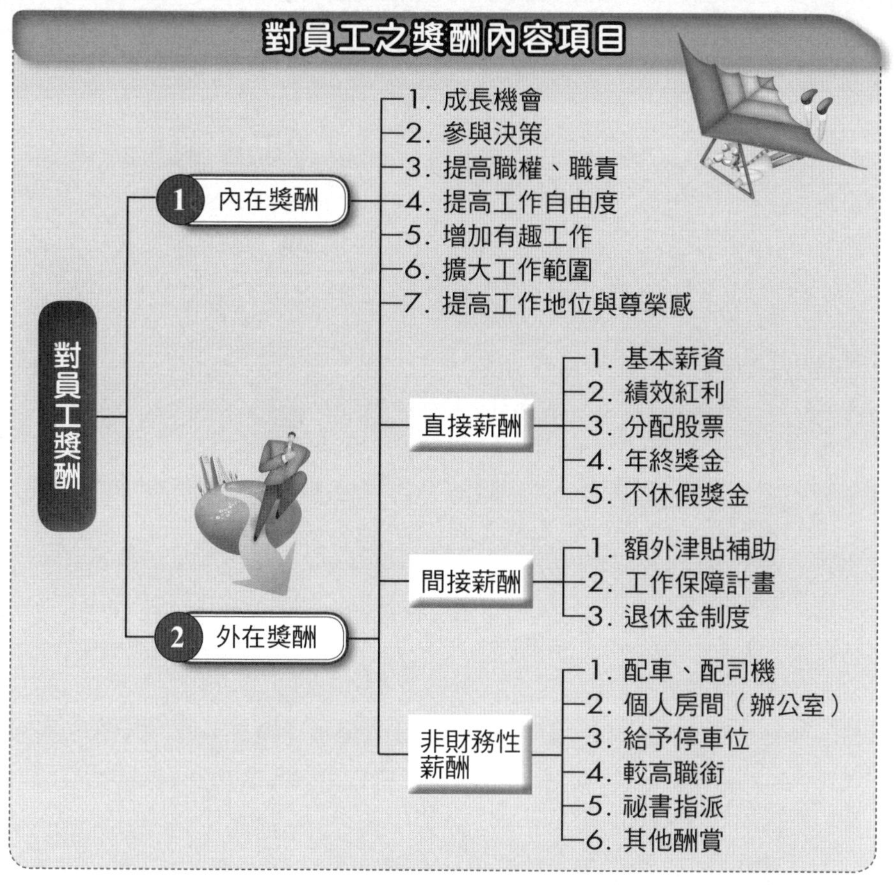

具激勵性獎酬的目的

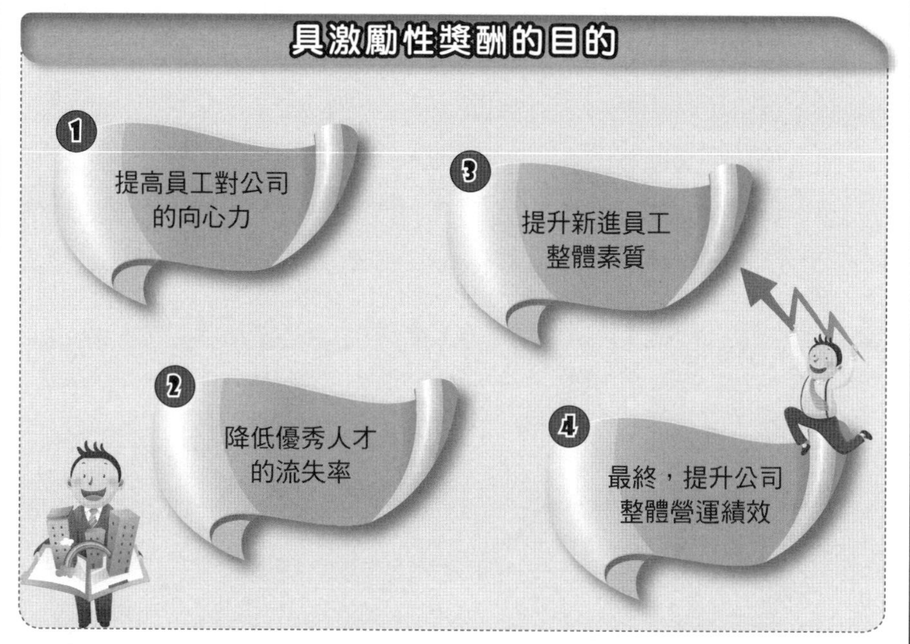

附錄篇之一

組織理論、組織行為與組織管理的全方位實務架構圖示說明

作者有一個附錄篇的說明，這是一個企業實戰的總體架構內涵，總共分為五個部分說明如下，並如下頁圖所示。

一、組織行為、組織理論及管理課程的最終目的

本課程對一個組織成員個人或是對一個組織體而言，希望帶來以下的目的：

1. 希望能培養知道如何設計正確的組織架構及其各部門的工作內容。
2. 希望能建立起優良的組織文化、企業文化，大家都喜歡及肯定這樣的組織文化。
3. 希望能有效降低組織之間的衝突，避免大家互相攻擊或本位主義。
4. 希望能將組織中個人的權力及部門單位的權力，做到妥善的運用，發揮權力的正確及適當用途，而非打擊異己、圖謀私利或拉幫結派的不當工具。
5. 希望能培養出每個人、每個單位、每個部門及每個公司的有效領導力，發揮有效能的領導力，使公司的整體績效能夠被產生出來；一個公司如果缺乏優良的團隊領導力，就不可能有良好的經營績效。
6. 希望能強化組織及個人在各自工作崗位上的創新力。包括：產品創新力、行銷創新力、成本創新力、流程創新力、製造創新力……等，唯有創新，才能創造差異化及領先化，也才會是一個活化與卓越的組織體。
7. 希望能提升組織的學習力，透過不間斷的各種方式、途徑的深化學習，組織才能夠成長，唯有成長，才能領先競爭對手。
8. 希望能夠完善及健全組織的良好溝通體系與協調的機制；透過各部門、各人員、各公司之間的完善與緊密的溝通與協調，公司的各項事務推動才會更加順暢。
9. 希望能夠形塑一個良好互動的群體與個人行為，公司會存在各種不同的群體及多元化的個人行為，而其間必須要有良好的互動方式、途徑，甚至規範與要求，否則會流於結幫拉派，此對公司必有不利之影響。
10. 希望能打造一個強大的管理團隊 (management team) 或經營團隊；在一個優良的中高階層所組成的優質管理團隊下，必可正確的帶領整個公司向前邁進。這個團隊包括了：執行長、財務長、營運長、技術長、生產廠長、研發長、法務長、資訊長、策略長、行銷長……等高階一級主管。
11. 希望能建立一個信賞必罰與有效激勵的組織體。信賞必罰與有效激勵是相互結合在一起的，缺乏正確及有效的激勵，必會大大影響組織的產出、銷售及服務的優質性與成長性。是故必須建立一個信賞必罰與激勵型的組織體及組織文化。

12. 希望能夠有持續性的組織變革及改革大計；唯有透過變革，組織才會免於僵化、官僚、不能應變；變革會帶來變化、改變、希望、機會、與成長。不能改革的組織，將會變得落伍、甚至被淘汰。
13. 希望透過以上 1 至 12 項的目的達成，最終將可為這個組織體帶來年年成長與良好經營績效的卓越組織體。

二、企業價值鏈循環（直線人員與幕僚人員）

企業的組織單位有哪些呢？這主要從企業的「價值鏈 (value-chain) 活動過程來看待。這包括下面一系列：

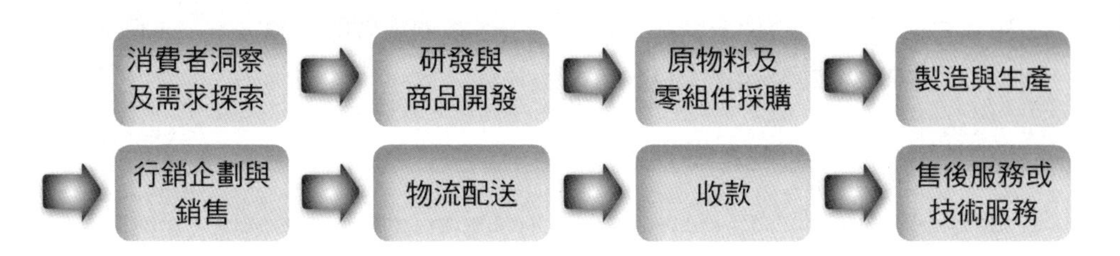

除了上述屬於一個產品的產銷過程外，另外，還會有一群協助的幕僚人員，包括：人力資源、策略規劃、財務、會計、法務與智產權、行政總務、稽核、工程、IT 資訊等。當然，不同行業可能還會有不同的名稱出現，例如：金控業會有風險控制長（風控長）、分行經理等，此外還有百貨公司業、信用卡業、超市業、便利商店業、貿易代理商……等多種業別。

這些直線人員＋幕僚人員就形成公司組織事業體的全部人員戰鬥力，也是企業每天營運的根基來源與獲利來源。而這些人才的優質與否，也影響著公司的整體競爭力。

三、組織績效與企業永續成長的根源

下面接著要說的是，企業應該如何打造出優良的組織績效呢？而企業永續成長的根源又何在呢？這主要視圖示中的六項要點：

(一) 人才 (manpower)

公司是否能有優秀人才、一流人才、忠誠人才、願意為公司無私奉獻的優質人才？人才畢竟是企業最寶貴的資產，因為，凡事都要仰賴人去做。無論研發產品、策略制訂、財務籌措、銷售、財務、製造，以及各種市場競爭的應變、領導，在在都需要好的人才及多元的人才。

(二) 組織 (organization)

公司是否有良好的組織設計、組織權責、組織職掌、組織戰力、組織彈性及組織活力。人才是個人的表現，但人才聚集在一起，即形成了組織，組織必須有一套好的設計及要求，才會有組織戰鬥力出來，因此「組織」與「人才」是互相依賴的。有好人才、有好組織，公司才會強大。

(三) 制度 (system)

公司及組織不能沒有制度，必定要依制度而行，而且是正確的制度、良好的制度，及有效的制度才行。

這些制度，包括二種層面，一種是制度、規章、流程、表單、表格、辦法及規定等文字表面式的。另一種則是指公司的 S.O.P.（標準作業流程）與 IT 資訊化、自動化而言。尤其，在資訊化與數位化普及的今天，不管對內或對外資訊的互動、及時、串聯、共有等，幾乎已成為常態與必要了。有制度化、有標準作業流程、有資訊及時化的能耐，也是組織績效的根源之一了。例如，在便利商店業及零售業裡的 P.O.S.（銷售時點的資訊統計系統），即是一種重要的機制操作。

(四) 領導 (leading)

組織績效的根源，要看各級幹部領導力的發揮及最高階領導人的領導能力了。如何有領導魄力、領導決斷力，開明公正的領導及方向正確的領導，這都是關鍵點。領導人領導無能、不能大公無私領導、太過權謀領導或私心私利領導，這種企業必不能長久，也不會是卓越企業，因為上行會下效，上樑不正就會下樑歪。因此，重視領導力、培育大家的領導力、提升大家的領導力，企業才會找到對的方向及正確之途。

(五) 管理 (management)

企業管理代表企業除了需要被「領導」外，還需要被良好的「管理」才行。組織內部需要被好好的管理，包括如下項目：

1. 目標管理；2. 績效管理；3. 激勵管理；4. 溝通與協調管理；5. 衝突管理；6. 危機管理；7. 群體與個人管理；8. 權力管理；9.P-D-C-A 管理 (plan, do, check, action)；10. 壓力管理等。

每個小單位、每個部門、每個公司，如何能夠好好的管理好上述十項必要管理，涉及這個組織的戰力發揮、目標達成及績效創造的影響力。故組織內部及各階層主管必須扮演好優良的「管理者」(manager) 角色才行。

(六) 文化 (culture)

組織文化或企業文化是一種無形的力量，它也會影響著這個組織的績效。例如國內企業有台塑文化、鴻海文化、統一文化企業、富邦文化、奇美文化、國泰文化、台積電文化……等。甚至外商（美商、日商、歐商）也有他們不同於本土企業的文化所在。有人講組織文化，就是老闆文化，在老闆影響之下，就成了員工文化，員工就跟著老闆的作風、言行、思維、個性及要求而行。

然而，遇上英明好老闆，就有比較好的組織文化，但是，如果是獨裁又不良的老闆，就有較差的組織文化，這些企業自然就不會是前三大品牌排名的企業了。

各家企業文化可以不同，也應會不同或有差異化，但共同追求好人才、營造好組織、設計好制度、發揮好領導力、提升好管理力，然後創造出好的、卓越的組織績效，則是共同的「企業文化樹」。

四、在高度競爭與巨變環境中，勝出的條件

今天企業大部分都面臨著高度與激烈的競爭環境，以及巨變的國內外經濟變化與消費者變化的不穩定環境下，企業究竟應如何擁有贏的條件，才會有持續好的組織績效出來呢？這主要要看以下五項關鍵點：

(一) 變革（改革）力 (change)

組織競爭力與贏的條件，第一個要看組織是否能夠時時刻刻保有一顆改革的心與改革的行動。改革的領域包括：不斷的成本削減改革、不斷的產品改革改善以提升產品力、不斷的價值提升改革、不斷的技術革新、不斷的制度革新，要做到持續性改革，使改革力無所不在。改革，然後才能不斷保持競爭力與領先力。但組織改革並不容易，經常會面臨障礙與阻力，必須下決心化解阻力，迎向改革的時代及改革的組織體。

(二) 學習力 (learning)

一個學習型的組織，才有能力因應不斷的變局；唯有透過國內外卓越企業的標竿學習，然後組織能力才會成長，也才能保有核心競爭力。滿足於現有成就，或是停止學習力的組織與人力，這個組織即會漸失優勢與戰鬥力，最後，就是逐漸沉淪、落後，以及虧損經營。

唯有學習，才能超越對手，也才能保持領先地位。

(三) 創新力 (innovation)

創新才能創造新的營收及新的獲利來源，不創新即會死亡 (innovation, or die)。創新的部門、創新的人員及創新的領域，應是無所不在的。包括：1. 技術創新；2. 產品創新；3. 服務創新；4. 通路創新；5. 價格創新；6. 事業模式創新；7. 制度創新；8. 材料創新；9. 行銷創新；10. 工程創新；11. 設計創新等諸多領域，都可以有嶄新的想法及做法呈現出來。

一家沒有創新力的公司，就代表沒有創新的產品，也就沒有創新的營收及獲利來源，而客戶或消費者也會因而遠離；因此，創新是企業最終贏的條件之一。

(四) 前瞻 (sightseeing)

在巨變的動盪環境中，企業領導者及管理團隊，必須要具備前瞻力。此即代表著如何有高瞻遠矚、如何洞見商機、如何看到潛藏危機、如何做好中長期事業策略規劃、如何追求短、中、長期利益兼具的布局，以及如何有效因應對策。今天是為了明天的存在，但沒有了明天，今天不過是曙光乍現而已，而有前瞻的企業，即會活過很多個明天。因此，前瞻力也是企業贏的關鍵條件之一。

(五) 團隊力 (group team)

今天面對全球化企業的競爭，已無法再打個人戰或個別戰，而是要打團隊戰。如何鞏固人才團隊、如何齊心、齊力、專業分工，為團隊不斷注入新人才，以及跨國企業如何使人才團隊國際化與用人多國化，吸納不同國家、不同地區、不同人種、不同學校、不同派別的優秀人才，在在都考驗著這個企業的領導人，及這個企業的人事制度、組織文化是否有海納百川的無私精神與大開大闔的政策。

五、結語：人人都是重要角色

綜上所述，每一個員工、每一個單位、每一個群體及每一個部門、每一個主管都必須深體認到，自己就是一個企業成功的必要關鍵點與基礎點，然後串聯每一個人、每一個部門，即會打造出一個強而有力的組織戰鬥力及組織績效。

而在此過程中，尤其是企業價值鏈循環過程中，企業要永續成長的根源及高度競爭環境中贏的條件，就必須掌握好下列 11 項要件：1. 人才；2. 組織；3. 制度；4. 領導；5. 管理；6. 文化；7. 變革（改革）；8. 學習；9. 創新；10. 前瞻；11. 團隊。

能夠如此，企業即使面臨艱困環境變局中，必定仍能創造出優良的組織績效，並使企業經營基業長青，永續不墜。因此，組織中的每個成員都扮演著重要的角色。

六、組織績效與每月損益表的連結性

(一) 前面講了這麼多有關組織管理、組織經營與企業競爭的說明，最終其實就是想創造出良好的組織績效。談到績效，可以聯想到市場占有率、營收成長、獲利成長、市場地位、顧客滿意度、員工滿意度、離職率、每股盈餘 (EPS)、股東權益報酬率 (ROE)、品牌知名度、企業形象度……等諸多指標。

但其實裡面有一個最簡單且重要的指標，就是公司一定要獲利賺錢才能永續存活下去，即使在面臨高度不景氣之下，可以少賺些錢，但至少也要損益兩平，不能虧錢，因為持續性虧錢，公司遲早要關門的。

談到獲利，企業每個月要看的就是損益表，損益表 (income statement) 也是企業各部門組織績效最直接相關的呈現。

(二) 茲簡單列示每月損益表的格式如下，損益表代表了這個企業或這個事業部門在某個月份內的營收、成本、毛利、費用及最終損益狀況，即是否賺或虧多少錢。賺錢，即代表企業績效好；虧錢，即代表企業組織績效差。

每月損益表

	金額	百分比 %
(1) 營業收入	$000,000.-	100%
(2) 營業成本	($000,000.-)	00%
(3) 營業毛利	$000,000.-	00%
(4) 營業費用	($000,000.-)	00%
(5) 營業損益	$000,000.-	00%
(6) 營業外收入與支出	($000,000.-)	00%
(7) 稅前損益	$000,000.-	00%
(8) 稅負支出 (25%)	($000,000.-)	00%
(9) 稅後損益	$000,000.-	00%
(10) 稅後每股盈餘 (EPS)	$000,000.-	
(11)ROE（股東權益報酬率）	$000,000.-	00%
(12)ROA（總資產報酬率）	$000,000.-	00%

(三) 說明

企業經營與組運作，最終就是要創造獲利賺錢。但這是結果，並不是原因，因此，最重要的關鍵仍在於：

第一：要有足夠的營業收入。也就是要把產品或服務賣出去，也要賣得夠才行。因此，這牽涉到產品力、價格力、促銷力、品牌力、通路力……等相關問題。此即產品好不好、價格合宜否、有無適當促銷活動、有無品牌知名度、有無在很多通路上架、有無做廣告投入……等。這些問題在組織部門裡，就牽涉到研發部、設計部、製造部、行銷企劃部、業務部、物流部、公關部、服務部……等諸多部門的團隊經營與是否全力以赴。

第二：要努力控制成本 (cost)。這裡指的是製造成本，或是服務業的進貨成本。成本要盡可能壓低，愈低愈好，但也不能影響到品質與功能。營業收入扣掉成本，就是毛利 (gross profit)。一般而言，內銷業或服務業的毛利率，大致在30%~50%之間;出口代工業的毛利率則會低些，大致在5%~20%之間，因為他們的量比較大，像筆記型電腦、監視器、手機、液晶電視機等，因為代工製造量很大，動輒數十億到百億、千億元，故僅有 5%~10% 的毛利率。

跟成本相關的組織部門，包括製造部、研發部、工程部、採購部、品管部、物流部等諸多部門。因此，努力尋求原物料、零組件採購成本的下降，研發成本與設計成本的下降，製造成本的下降及物流成本的下降，則是這些部門要共同努力實踐的組織績效。

第三：要穩固毛利率。毛利率的來源，就是產品售價減掉成本，即是毛利率。例如，一台液晶電視機售價三萬元，扣除成本 24,000 元之後，即賺得 6 千元的毛利額，6 千元再除以 3 萬元，即為 20% 的毛利率，而此時的成本率則為 80% (100%-20%)。每個行業有其大致的毛利率水平，但因每個公司的競爭力不同，故又有不同的毛利率，競爭力強的公司，其毛利率即會較高，因其產品售價可以訂高一些，而製造成本又因規模經濟效益故可下降些，這一來一往，即使其毛利率得以拉高。但在不景氣時期，企業的毛利率可能會被迫下降些，因為產品的售價下降了，或是成本升高。

毛利率或毛利額的重要性，即在於它會影響到公司最後是否真的會獲利賺錢。因為毛利額還要扣除公司的管銷費用。

第四：營業費用要控制好。很多生產工廠跟總公司是處在不同的地方，生產工廠發生的成本即是製造成本，但總公司及各地銷售分公司仍有其營業費用產生，這部分的費用 (expense) 還要從毛利額中扣除才行。總公司的費用，包括總公司的人事費用、銷售費用、廣告費用、房租費用、健保／勞保／退休金提撥費用、交際費用……等各種管銷費用。

因此，管銷費用率也應控制在一個適當比例內。上述提到毛利率如果是在 30%，如再扣掉營業費用率 20%，最後只剩獲利率 10%。如果再扣掉營業外支出的利息費用 3%，則只剩獲利率 7%。此代表每賣一個 100 元產品，可獲利 7 元，如賣掉 100 萬個，則可賺 700 萬元。

跟營業費用有關的組織部門，則包括了大多數的幕僚部門，例如：董事長，總經理、財務、會計、人力資源、企劃、銷售、法務、行政總務、資訊、稽核、售後服務……等各種部門。如何撙節這些部門的費用支出，即是重點所在。

第五：稅前獲利的穩固及提高。企業最終當然要看稅前獲利如何，如何穩固，甚至提升獲利率或獲利額，則是最核心所在。因此，組織各部門、各事業總部、各公司，都必須朝以下各原則努力：

(1) 設法穩住及提高營收額。

(2) 設去穩住及降低製造成本或進貨成本。

(3) 設法穩住及降低營業費用（即管銷費用）。

(4) 設法降低銀行借款融資利息（即營業外支出）及穩定匯兌損失。

上述這些政策性與原則性的目標，組織成員中人人有責，每個人、每個單位的工作表現，都跟上述損益表與組織獲利績效密切相關。這就是學習組織管理最終的目的所在。

第六：現代組織設計已轉向 BU 體制。現代組織設計已與組織績效相互連結，因此有了 BU 體制。BU 即是「business unit」（簡稱事業單位），早期沿用美國的 SBU 概念（strategic business unit, SBU， 簡稱戰略事業單位），如今簡稱 BU 制，也常見 BUs，即有很多個 BU 單位的意思。

BUs 即代表著從過去功能式的組織模式，改為事業部、產品別、品牌別、子公司別等獨立責任利潤中心 (profit center) 式的營運模式。例如，某電子公司依不同產品別，如液晶電視機、手機、筆記型電腦等劃分為三大事業總部，每一個總部都是一個獨立的營運 BU。再如某飲料公司，依冷凍食品、一般食品、鮮奶飲料、茶飲料、果汁飲料等劃分為五個 BU 事業部，獨自負責該部門盈虧與產銷事宜。

BU 組織體制盛行的原因有幾個：

(1) 免除過去大家一起吃「大鍋飯」的心態，權責不清，混在一起。

(2) 促使權責一致一體，有權力就要有責任，希望各個 BU 單位，都能全力以赴，創造出各自的好業績。

(3) 落實賞罰制度，有獲利的 BU 單位，即可依制度獲得獎金分配，虧錢單位則沒有獎金可拿，促使每一個 BU 都能不斷超越自己。

(4) 基於良性競爭的組織文化培養，使組織戰力永遠都能向前進，而不要有所懈怠或退步。

(5) 此舉亦可使公司了解資源應做哪些合理的配置。例如，獲利大的，則公司資源多配置一些，其產生的效益即會大一些。

(6) 最後，BU 制組織可以發現公司優秀的人才在哪裡，憑實力出頭天的優良組織文化得以形塑出來。

如前所述，BU 體制在實務上，經常可見的是，依據產品別、品牌別、分館別、分公司別、營業處別、公司別……等，去計算他們的損益績效狀況。如下表所示：

	(1)產品別	(2)品牌別	(3)分館別	(4)分公司別	(5)營業處別	(6)公司別	(7)地區別
(1) 營業收入							
(2) 營業成本							
(3) 營業毛利							
(4) 營業費用							
(5) 營業損益							
(6) 總公司幕僚費分攤							
(7) 稅前損益							

（註：總公司幕僚費用分攤，係指將其費用以合理比例方式，分攤到各產品別、各品牌別、各公司別。）

主題：「組織理論、行為與管理的全方位務實架構圖示」

（五）在高度競爭與巨變環境中贏得條件

1.變革（改革）	2.學習	3.創新	4.前瞻	5.團隊
· 持續性改善 · 持續性革新 · 改革力無所不在（改革成本、改革產品、改革組織、改革制度、改革技術）	· 組織學習 · 個人學習 · 學習型組織 · 國內外標竿學習 · 學習與組織成長	· 技術創新 · 產品創新 · 服務創新 · 通路創新 · 價格創新 · 事業模式創新 · 制度創新 · 廣告創新	· 高瞻遠矚 · 洞見商機 · 看到危機 · 中長期事業策略規劃 · 追求短、中、長期利益兼具	· 打團隊戰，無個人英雄 · 鞏固人才團隊 · 齊心、齊力、專業分工 · 為團隊不斷注入新人才 · 人才團隊國際化，用人多國化

（一）組織行為與組織理論及管理課程的最終目的

1. 設計正確組織架構與工作內容
2. 建立良好的組織文化
3. 有效降低組織衝突
4. 組織權力妥善運用
5. 發揮有效能的領導力
6. 強化組織創新力
7. 提升組織學習力
8. 完善組織溝與協調
9. 形塑良好互動的群體與個人行為
10. 打造強大的管理團隊與經營團隊
11. 建立信賞必罰與有效激勵組織
12. 持續性組織變革與改革大計
13. 創造年年成長的優良組織績效

（二）企業價值鏈循環（Line直線人員、事業部、BU、功能部門）

1.	2.	3.	4.
· 消費者洞察 · 產業分析 · 市場調查（客戶導向）	·R&D（研發） · 商品開發 · 工業設計（研發）	· 原物料及零組件採購（採購）	· 自行製造 · 委外代工製造（製造、生產）
5.	**6.**	**7.**	**8.**
· 行銷企劃與銷售（行銷）	· 物流配送（物流）	· 收款（收款）	· 售後服務 · 技術服務（服務）

（三）Staff 人員（幕僚群）

1.人才資源	2.策略規劃	3.財務	4.會計	5.法務智產權
6.行政總務	7.稽核	8.工程	9. IT資訊	

1. 人才	2. 組織	3. 制度	4. 領導	5. 管理	6. 文化
· 優秀人才 · 一流人才 · 忠誠人才 · 人才是企業最寶貴資產	· 組織設計 · 組織權責 · 組織執掌 · 組織戰力 · 組織彈性 · 組織活力	· 制度化 · 規章化 ·IT 化 · 自動化 · 標準化(SOP) · 依制度運行	· 各級幹部領導力發揮 · 領導魄力、領導決斷力、開明領導、方向正確領導	· 目標管理 · 績效管理 · 激勵管理 · 溝通、協調管理 · 衝突管理 · 危機管理 · 群體與個人管理 · 權力管理 ·P-D-C-A管理 · 壓力管理	· 組織文化 · 企業文化 · 老闆文化 · 員工文化

（四）組織績效是企業永續成長的根源

附錄篇之二

組織理論與管理——企業實務經驗談

目錄

引言：擔當領導主管必備的四個識

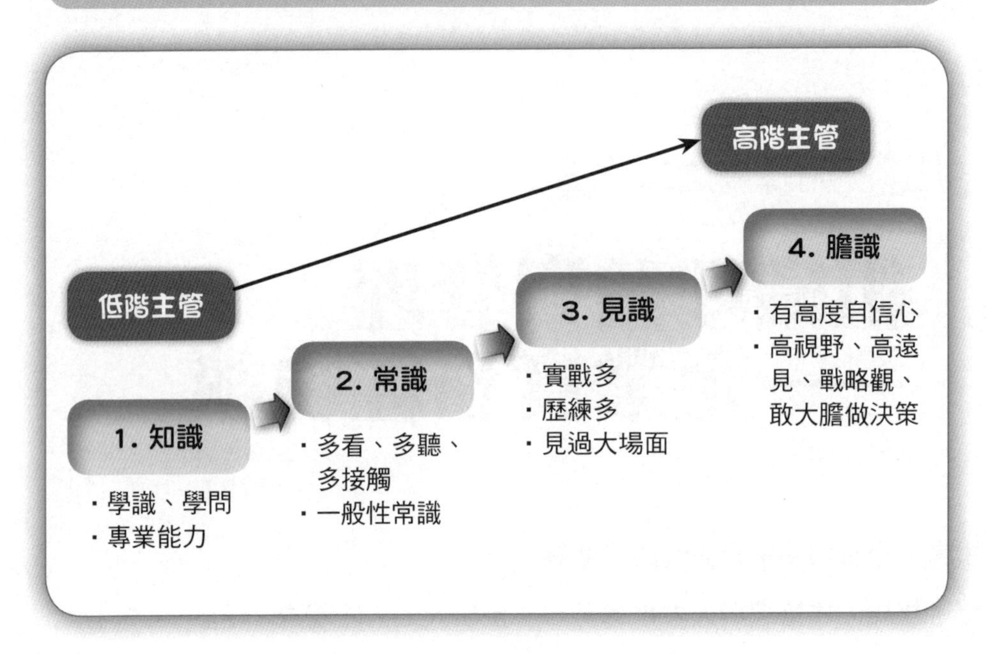

低階主管、中階主管、高階主管——必須有不同的格局及視野要求

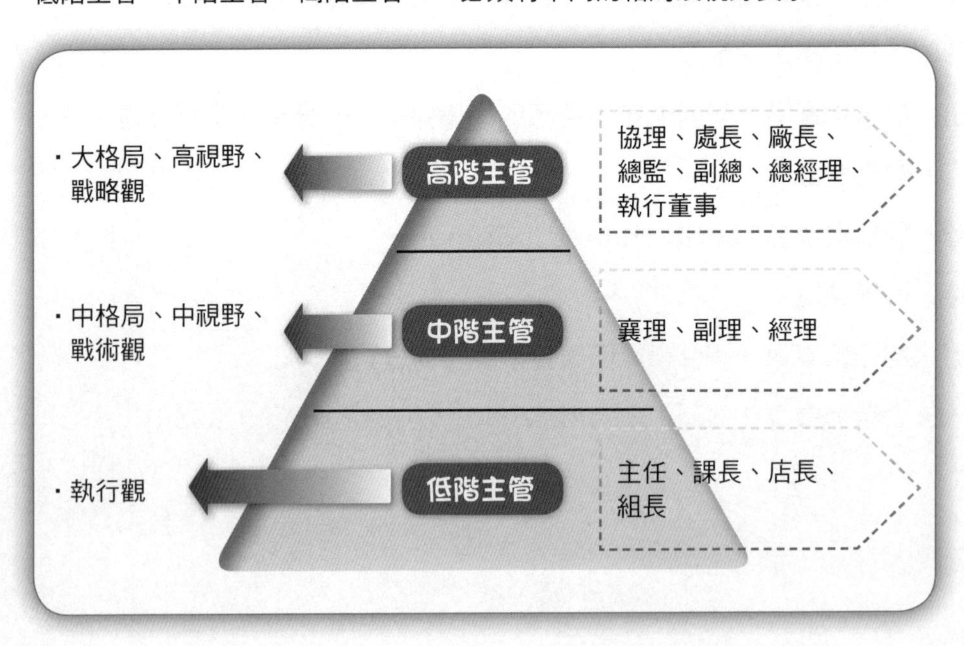

晉升各級主管的三大最重要因素

績效（貢獻）  領導力 + 服從性

工作生涯中，必定要培養出兩種專長才行

職務專長

例如：
財務、業務、行銷企劃、法務、資訊、會計、生產、品管、門市店、綜合企業、人資、總務等

產業專長

例如：
金融銀行業、零售業、服務業、飲料食品業、網購業、保險業、外銷業、汽車業、科技業……等

成為行業專家及職務專家，
您才能升到較高管理階層！

壹、組織人才管理與人才爭奪戰──接班人、人才團隊、培訓

一、企業缺乏領導力人才

麥肯錫企業顧問公司──未來最有可能影響企業營運三大點

1. 人才競爭激烈，並走向全球化  人才爭奪戰
2. 經濟活動全球化、區域化
3. 與科技連結度上升

惠悅企業顧問公司調查

- 未來驅動公司成長最重要三項行動
  1. 拓展產品。
  2. 進入新市場。
  3. 招募更多市場行銷人員。
- 國內外企業普遍面臨的四大問題
  1. 無法吸引合適人才。
  2. 缺乏接班人計畫。
  3. 關鍵技術人才流失。
  4. 無法根據績效差異化激勵。
- 人才，是企業的核心
- 現今全球及兩岸人才爭奪戰打得火熱
- 人才養成，才能厚植企業核心競爭力

前 GE 執行長傑克 ‧ 威爾許：人對了，策略就會對

- 「人才管理，是公司策略的第一步。人才對了，公司策略就會對。」
- 「CEO 要花至少 50% 時間，去挖掘、發現及培育人才」

麥肯錫企管顧問公司調查報告——好人才，可幫企業增值

- 在一家人才管理佳的企業，年度股東投資收益平均，會比該產業平均值高 22%。
- 聘請好的人才，可以增加很多額外的價值。

臺灣區易利信總經理曾詩淵——人才拼圖，才能拼出團隊戰力

1. 找人才，就像拼圖一樣，只要每塊拼圖都找齊拼對，團隊作戰能力就會出來了。
2. 廣納人才為己所用，是企業茁壯的根本。
3. 高階主管面對未來，必須知道自己「能」做什麼，以及「不能」做什麼，接著就要去找人才，把自己「不能」做的部分拼圖拼齊了，就可以強化團隊作戰能力。
4. 但是，高階經理人必須有胸襟及氣度，引進新的團隊人才。
5. 在知識經濟時代，每個人都必須隨時充電。
6. 易利信公司是將人才視為公司的資產而不是工具，工具用完即丟，不好用或不能用了也丟。
7. 公司必須利用不同方式及管道，不斷培養人才，並讓此項資產增值。

8. 對於人才的愛惜及培養，是易利信的企業文化。

ASUS 華碩施崇棠董事長挑選接班人必須五項全能

華碩施崇棠的「未來企業領袖」五項祕技

項目	簡述
主動積極的人生觀	・如1995年華碩以小蝦米之姿挑戰大鯨魚英特蘭，以此帶領華碩衝破難關
專注的紀律	・像愛因斯坦的$E=MC^2$ ・專注就是王道
全腦的修鍊	・像達文西、蘋果執行長喬布斯都是代表 ・在左腦理性與右腦感性間取得平衡點
帶心的領導藝術	・人是公司最重要的資產 ・領導人必須誠心以待
知易行難的商業智慧	・商業經常面對決策誘惑 ・「讓客戶快樂永遠是最重要的事」反而被忽略

資料來源：施崇棠　　製表：曾仁凱

IBM 全球人力資產報告——當前企業最重要三項人才管理議題

1. 缺乏具備領導潛力人才。
2. 員工技術無法面對未來市場需求。
3. 員工技能與企業需求不一致。

未來企業最大挑戰：缺乏人才

人才的定義：具備領導力

DDI 人力資源顧問公司調查

・若領導力表現都突出，策略執行的成功率將可提升 22%。

臺灣的調查：臺灣新手主管的領導與管理技巧是「摸出來」的

1. 82%：主管是透過工作上的嘗試錯誤。
2. 74%：向直屬上司學習。
3. 59%：觀察他人。
4. 56%：研讀書籍。

討論與思考

1. 請問您對臺灣新手主管的領導與管理技能是摸出來的說法，有何看法？如果您是一家企業老闆，您會如何做？
2. 您對企業缺乏領導人才有何看法？如果您是老闆，您會如何做？

二、全球人才爭奪戰

成為世界級企業的關鍵——備妥你的全球化經理人團隊

・人才，是企業全球化的成功關鍵

天下雜誌調查

・「跨國管理人才不足」，是臺灣企業邁向國際化的最大挑戰。

亞洲企業執行長的挑戰報告指出

・「網羅勝任的管理人才」，是亞洲企業領導者的首要挑戰。

惠悅人資公司研究報告指出

・全球 70% 的受訪企業面臨如何吸引具備關鍵能力人才的難題。

臺商在全球化戰場勝出關鍵

1. 如何建立「全球化經理人」的人才庫。
2. 如何培養發展具「全球化思維」的管理人才。
3. 快速往世界級企業推進的管理能力。

三、基業長青——倚靠一個堅實的人才梯隊

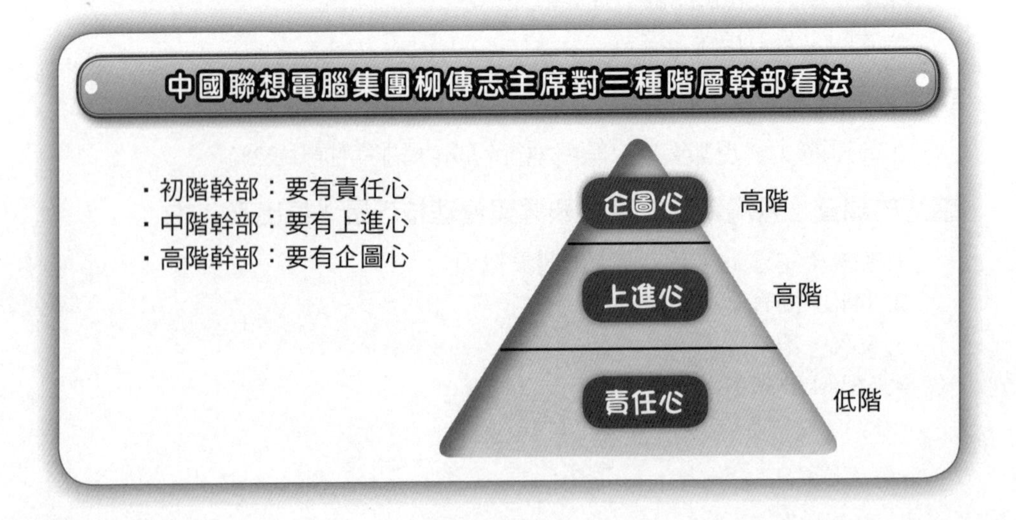

初中階主管：管人比管自己重要

- 成為管理者與個別工作者角色上最大的不同是：應該跳脫自我，做好所屬單位規劃、人員分派與職務設計的工作；然後達成組織賦予的目標任務。

高階主管：培養大格局能力

- 高階主管管的是生意 (business) 與整個集團 (group)。
- 要著重提升高階主管（副總經理以上）大格局的策略規劃能力，不斷開拓新事業、新商機，追求不斷的成長性。

董事長、總經理的人才任務

- 企業最高主管或老闆，應當去僱用最棒的人，而不是將就還可以的人。

企業應建立一條未來人才補給站

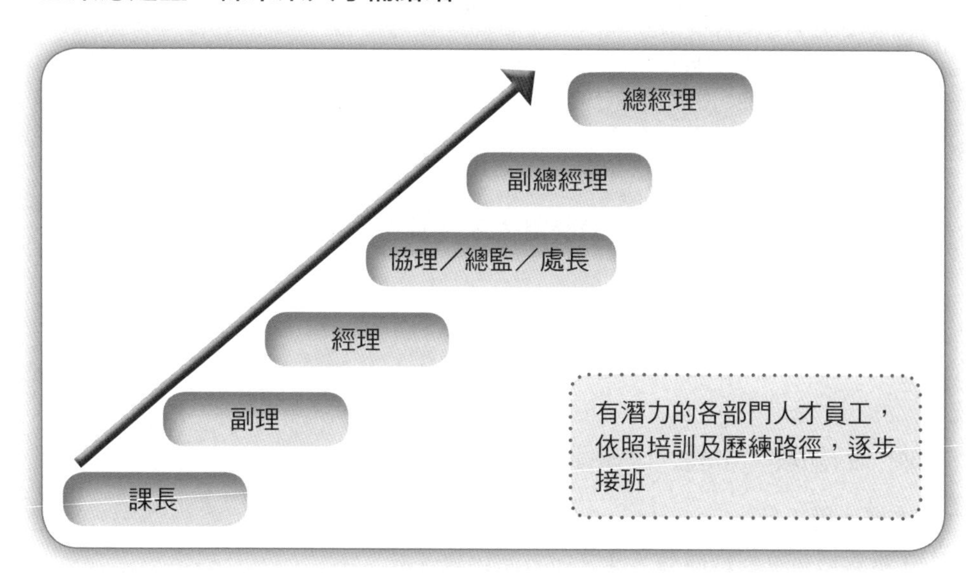

討論與思考

1. 公司應如何培養高階主管具有大格局、大視野的能力？
2. 請分析初階、中階、高階主管各自應有的條件與任務是否有所不同？不同之處在哪裡？

四、鴻海郭台銘交棒三階段

鴻海郭台銘：未來三階段交棒

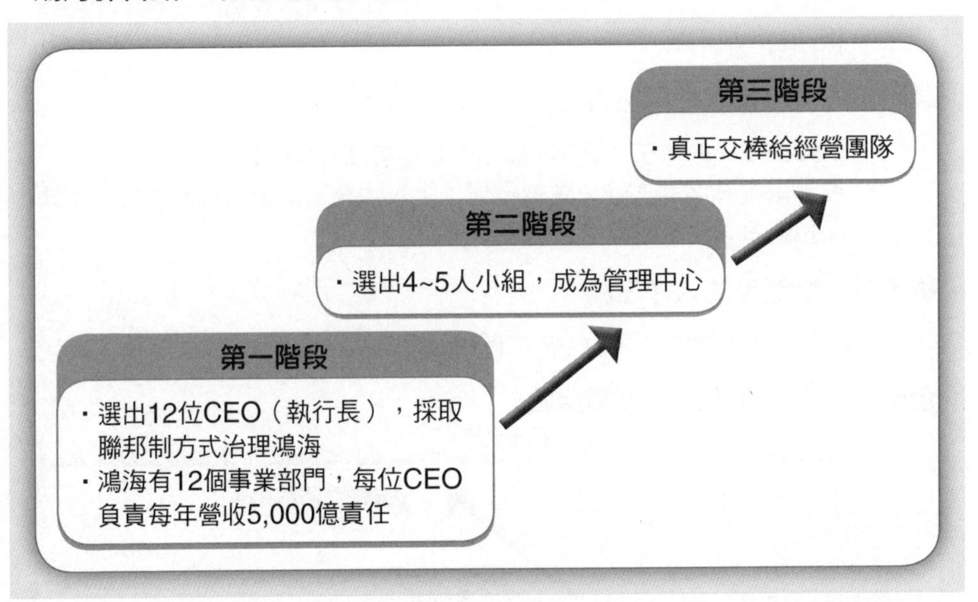

五、網住人才，是未來企業最重要的任務

麥肯錫的調查顯示

1. 找到優秀人才是未來最重要的管理議題。
2. 預期人才競爭、人才挖角將趨於激烈，而且競爭將走向國際化。

舉例：新加坡、中國大陸來臺高薪挖角

・中國大陸：

來臺挖角高科技研發人才及服務業經營管理人才。

・新加坡

來臺挖角醫生及科技人才。

六、中高階主管在人才管理應注意的三條件

「人才管理」的定義

・人才管理就是企業辨識、吸引、發展及留用這些具備「高潛能」與「核心技術」的關鍵人才所做的管理措施。

• 人才對象：拔尖人才及優越人才。

人才管理三條件

1. 主管應具備僱用優於自己人才的意願與能力

➡ **傑克威爾許：**

領導者最重要職務之一，即是要「樂於網羅聰明才智勝於自己的人才」，但這不容易做到。

2. 主管應具備僱用「三顧茅廬」爭取人才的能力。

➡ **Nike 創辦人奈特：**

「為了爭取人才，公司高階主管及老闆應該親自出馬」。

3. 主管應具備培養人才的能力

➡ **傑克・威爾許：**

「領導的重點在於培育人才」。

➡ **Dell 戴爾：**

「每一個人都有責任為自己的工作尋找能幹的接班人」。

討論與思考

1. 如何打破各級主管都不願意聘用頂尖人才，以免危及他的地位？
2. 如何留住公司頂尖、拔尖的少數關鍵人才，特別是高科技公司？
3. 如何使主管能落實培養底下的人才上來？

貳、施振榮：認清一生職涯發展六大階段

個人職業生涯發展理想六階段

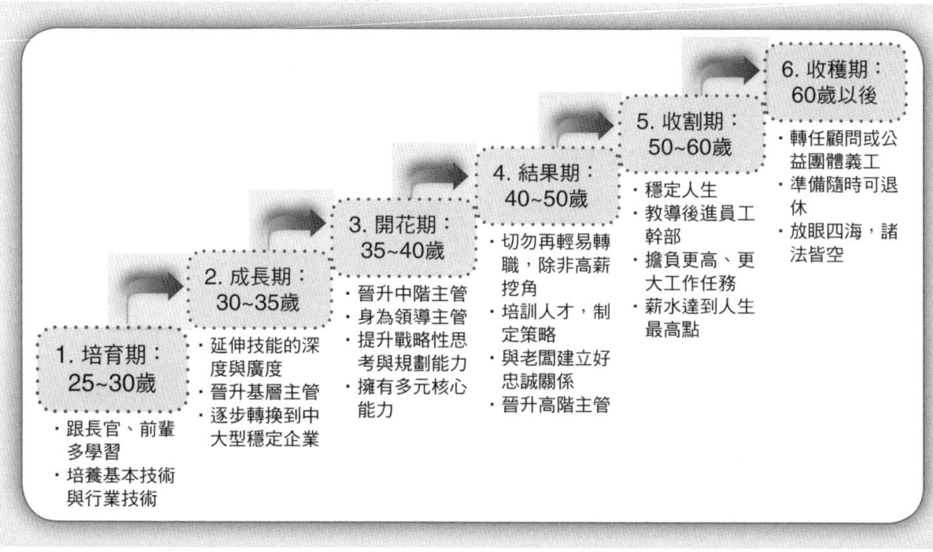

叁、邁向主管之路的九大撇步（美國《華爾街日報》專題）

1. 吸取各種經驗

勿局限於現有的工作及角色，以及所從事領域；要嘗試不同功能別或行業別經驗。

2. 要擁有某項專長

例如財務長專長、金融業專長、連鎖店經營專長、行銷企劃專長、大飯店經營專長……等。

3. 持續進修

國內外 EMBA、國內外專業培訓機構等之上課或進修。

4. 勇於承擔棘手工作

可吸引老闆的注意。

5. 要跟得上時代潮流

現在很多工作都是由知識帶動，日新月異的新科技，跟不上潮流就不可升上高階位置。

6. 建立人際網路

認識的人越多，當有空缺出現時，就更容易被聘用。

7. 滾石不生苔

要長期效忠於同一家好公司，做十年、十五年後，高階位置就是您的。

8. 服從性要高

對長官的指示、指導及命令要絕對服從，過程中可以討論，但最後要服從。

9. 要贏得長官及老闆的信任

信任是一切的基礎，不信任就不可能升官。

經驗談：怎樣才能升上主管

1. 績效與貢獻	+	2. 信任（信賴）	+	3. 服從
・績效好 ・貢獻大		・獲得長官與老闆高度信任		・不會與長官對立 ・不會超越長官 ・長官可控制的 ・聽話

美國商業週刊：成為執行長／總經理的十大祕訣

1. 追求遠大的理想。
2. 培養專才以外的競爭優勢。
3. 展現自信。
4. 大方投資自己。
5. 積極溝通。
6. 小心選擇好老闆。
7. 出類拔萃，但也要融入團隊。
8. 和他人教學相長。
9. 培養領導能力。
10. 具有向上升的高企圖心。

討論與思考

1. 您認為邁向主管之路，還有哪些撇步？
2. 當您在原有公司，一直受不到上級長官或老闆的賞識時，您會怎麼辦？

肆、成功組織的殺手鐧
破壞性創新——哈佛商學院克里斯汀生教授 (Clayton M. Christensen)

華碩施崇棠董事長認為創新有兩種：

1. 維持性創新

在既有思維上注入創新元素，是在本業上持續性精進。

2. 破壞性創新

跳脫原有框架，思考各種全新可能性。

全球最成功破壞性創新代表——Apple 蘋果公司

全球成功破壞性創新代表公司

EX:

1. 美國 Google 公司。
2. 美國 YouTube 公司。
3. 美國 facebook（臉書）公司。
4. 大陸阿里巴巴 (B2B) 中小企業貿易平台網站。
5. Amazon（亞馬遜）購物網站。
6. 大陸淘寶網站 (B2C 、 C2C)。
7. 臺灣 PCHome 網路公司 (B2C) 及 PCHome 商店街市集公司 (B2B2C)。

日本破壞性創新產品——數位照相機、液晶電視機

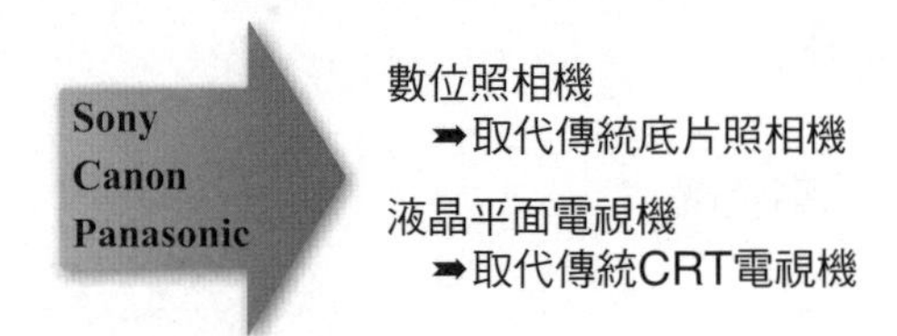

臺灣破壞性創新代表——統一超商

1. 賣鮮食產品（關東煮、御便當、義大利麵、沙拉、漢堡、三明治、冷凍微波食品）。
2. 賣自有品牌（7-eleven 產品）。
3. 引進 ATM 提款機。
4. i-cash 卡＋悠遊卡。
5. i-bon 機。
6. 各項服務性帳單繳費。
7. 網購商品代放點。
8. 設立餐桌條（大店）。
9. 7-net 網購。
10. 量販代購。

11. 洗衣便（洗衣代收）。

臺灣破壞性創新的代表

1. 華碩 ASUS EeePC（在 iPad 未出來之前）。
   - 華碩成立「達文西創新實驗室」，投入「破壞性創新」產品開發。
2. 宏達電 hTC 智慧型手機。

克里斯汀生教授的觀察

- 他認為企業界對創新定義，大部分陷入傳統窠臼。
- 大多數企業經營者思考的是不斷追求更好的產品、技術及流程，但破壞性創新是跳脫既有思維，把眼光瞄準尚未被發現的新市場。
- 很多成功企業，經過 10、20、30 年後，常會掉到後頭，甚至消失，為什麼？被破壞性創新取代了！

EX：美國柯達、日本櫻花的傳統相機及底片沖洗行業，被數位照相機取代了。

EX：傳統 PC 行業被 NB 及 iPad 平板電腦取代了。

何謂破壞性創新

- 是一種以非連續性而是跳躍性的創新，利用新科技、新技術或新服務，發展出既有市場上從未看過或想過的新產品、新服務或新營運模式 (business model)，而開創出嶄新市場，並受到消費者歡迎。

臺灣美商 3M：創新的典範——策略行銷總經理余鵬

1. 每年投注營業額 5%~6% 在研發上。
2. 臺灣知名品牌：
   便利貼 (post-it)、Nexcare 保健用品、魔布拖把等。
3. 企業創新概念四面向：
   (1) 技術創新。
   (2) 產品創新。
   (3) 組織創新。
   (4) 商業模式創新。
4. 3M 全球 7.5 萬名員工，都植入創新 DNA。
5. 太多的管理會扼殺員工創意，重視員工的多樣化，並激發員工創意潛能，公司才能成功。

6. 3M 的企業文化，就是只有兩個字：創新。
7. 尋求創新點子，只有三條路：
   一是到市場去
   二是到現場去
   三是員工的腦力激盪
8. 3M 創新容忍員工「犯錯」，不必苛責。
9. 只要員工成長，企業就會成長，投資員工，是企業成長最重要途徑。

討論與思考

1. 一家公司組織怎樣才能有破壞性創新的能力與行動？

伍、擔當中高階主管對財會損益表的必備知識——分析及了解公司是否賺錢？

每月損益表——公司是否賺錢？

公司別／產品別／品牌別／分公司別／分店別○○年○○月

項目	金額	百分比	
1. 營業收入	$000,000	%	
2. 營業成本	($000,000)	%	（成本率）
3. 營業毛利	$000,000	%	（毛利率）
4. 營業費用	($000,000)	%	（費用率）
5. 營業損益（獲利或虧損）	$000,000	%	（淨利率）

什麼是營業收入？

1. 營業收入又稱為營收額或銷售收入，也是公司業績的來源。
2. 營業收入＝銷售量 × 銷售單價

EX：某飲料公司

每月銷售1,000,000瓶
× 20元（每瓶價格）

2,000萬營收額

EX：某液晶電視機公司

每月銷售　50,000台
×　15,000元（每台價格）

7.5億營收額

什麼是營業成本

(一) 製造業：製造成本＝營業成本

EX：一瓶飲料的製造成本，包括：瓶子成本、水成本、果汁成本、加工製造成本、人工成本、貼標成本……等。

(二) 服務業：進貨成本＝營業成本

EX：王品牛排餐廳進貨成本，包括：牛排、配料、主廚薪水、現場服務人員成本……等。

什麼是營業毛利？

營業收入	$2,000,000 元
－營業成本	$1,700,000 元
營業毛利	$ 300,000 元

合理的毛利率

正常：30%~40% 之間（消費品）。
高的：50%~70%（EX: 名牌精品）。
低的：15%~25%（EX: 3C 產品）。

什麼是營業費用？

- 營業費用又稱管銷費用（即管理費＋銷售費用）。
- 包括：董事長、總經理薪水、辦公室租金、總公司幕僚人員薪水、業務人員薪水、國民年金費、健保費、加班費、交際費、水電費、書報費、廣告費、雜費……等。

什麼是營業淨利？

營業毛利	$1,000,000 元
－營業費用	$ 900,000 元
營業淨利	$ 100,000 元（本月）

（即獲利、賺錢）

合理的獲利率（淨利率）

正常：5%~10% 之間（一般日用消費品）。
高的：15%~30%（EX: 名牌精品）。
低的：2%~5%（EX: 零售業）。

舉例：某食品飲料公司（製造業）

○○年○○月

項目	金額	百分比
1. 營業收入	2億	100%
2. 營業成本	(1.4億)	70%
3. 營業毛利	6,000萬	30%
4. 營業費用	(5,000萬)	25%
5. 營業損益（獲利或虧損）	1,000萬	5%

當月獲利 1,000 萬元

舉例：某服飾連鎖店公司（進口商）

○○年○○月

項目	金額	百分比
1. 營業收入	1億	100%
2. 營業成本	(7,000萬)	70%
3. 營業毛利	3,000萬	30%
4. 營業費用	(3,500萬)	35%
5. 營業虧損	-500萬	-5%

當月虧損 500 萬元

從損益表上看為何虧損？

四大可能原因

1. 營業收入（銷售量不足）。
2. 營業成本偏高（成本偏高）。
3. 毛利不夠（毛利率偏低）。
4. 營業費用偏高（費用偏高）。

是故，致使公司當月或當年度虧損不賺。

營業收入為何不夠？

1. 產品競爭力不夠。
2. 定價策略不對。
3. 通路布置不足、據點不足。
4. 廣宣不夠。
5. 品牌知名度不夠。
6. 行銷預算花太少。
7. 市場競爭者太多。
8. 門市地點不對。
9. 品牌定位錯誤。
10. 缺乏代言人。
11. 尚未形成規模經濟效益。
12. 不能真正滿足消費者需求。
13. 其他競爭力項目不足。

從損益表上看公司為何賺錢？

四大可能原因

1. 營業收入足夠（業績好、成長高）。
2. 營業成本低（Cost 低，製造成本低）。
3. 毛利足夠（毛利率足夠）。
4. 營業費用低（費用率低）。

是故，致使公司當月或當年度獲利賺錢。

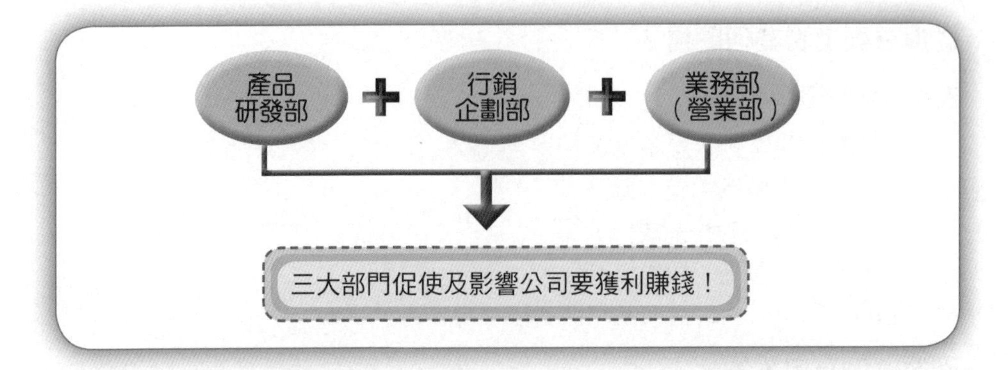

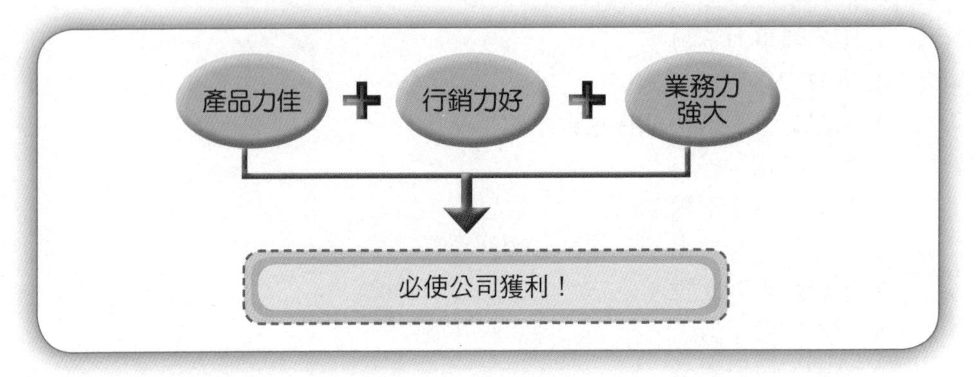

所以公司要：

1. 壯大研發，提升產品競爭力。
2. 重視行銷操作，提高整合行銷傳播戰鬥力，打造好品牌。
3. 打造業務銷售人員與銷售組織戰力，全面提升業績。

陸、領導與決斷 Leadership & Judgment

一、臺灣近期成功的企業領導與決斷案例

〈案例一〉富邦金控集團（蔡明忠董事長）

富邦銀行、富邦壽險、富邦產險、富邦證券、富邦購物臺、momo購物網、台固有線電視網、凱擘有線電視網、富邦電視臺……。

〈案例二〉遠東集團（徐旭東董事長）

遠傳電信、亞泥、裕民航運、SOGO百貨、遠東百貨、HAPPY GO卡、購物網、遠企中心、遠東大飯店、大陸SOGO……。

〈案例三〉統一企業及統一超商集團（高清愿、徐崇仁）

兩岸統一企業、兩岸 7-11、星巴克、康是美、統一阪急百貨、統一速達（宅急便）、7-net 網站、博客來、臺灣樂天、統一生機、統一藥品……。

〈案例四〉

行動電話、寬頻上網、影音加值、MOD、雲端中心……。

二、美國知名企業學者對美國企業領導與決斷的研究結果

如以下結論：

- **華倫・班尼斯 (Warren Bennis)**
- **諾爾・提區 (Noel Tichy)**

1. 企業的成功與失敗，一切要歸因於決斷 (judgement)。
2. 領導的精髓就是決斷，領導人的所作所為，最重要的是要做出好決斷。
3. 企業領導人藉由實踐良好的決斷，做出聰明的決定，而且確保有效的執行，以增添組織的價值。
4. 決斷是領導的核心。決斷做得好，其他重要的事情便不多。決斷做不好，其他事情便枉然，無關重要。
5. 追根究柢，領導力紀錄的是決斷力；這是領導人的寫照。好領導需要靠好決斷。
6. 領導與決策，唯一要緊的事是輸或贏，也就是只論成果，不談其他。亦是要有好的營運績效。
7. 企業績效的好壞是管理階層終極考驗。成果，而不是知識，必然始終是管理階層能力的佐證，也是他們努力奮鬥的目標。企業領導人必須每年達成好的經營績效。
8. 好決策須靠好執行。一個人滿腔熱情、立意良善、工作勤奮、可能都有幫助，但是少了好成果、好績效、他們都成了無關緊要。
   ※ 如果遲遲不採取行動，優柔寡斷，往往是奇差無比的決斷。
9. 只有在結果真的達成公司所設定的年度目標或願景目標時，決斷才能算是成功，就這麼簡單。
10. 領導人是成是敗，取決於敏銳的決斷力；好決斷唯一的標記是長期的成功，只論成果，不談其他。
11. 小結：好決斷是好領導的精髓。

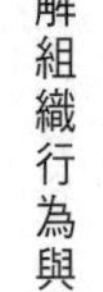

慎謀能斷：決策力

- 慎謀能斷：不再是形容詞，而是決策品質與執行成果的具體展現。

1. 有心態上
   - 需懷抱願景達成的使命承擔，以及不畏艱困的變革勇氣及意志。
2. 在執行上
   - 應培養邏輯分析及多元思考能力，藉由系統化的邏輯推理與思考判斷，就影響決策的元素，如利害關係人、成本、資源限制、評估準則及決策環境等進行權衡，及解決方案的比較、取捨。
3. 避免決策盲點
   - 以開放態度傾聽組織的聲音有其必要，避免高階主管過度主觀的抉擇，並提高各單位主管的參與感與認同感。
4. 決策後的執行期：魔鬼都在細節裡
   - 必須嚴謹督促團隊執行，選擇正確的人力；動員物力、財力與技術加以支援，全面推動。
5. 動態微調及修正
   - 由於環境隨時變化，必須依據各方資訊情報回饋及執行狀況，進行動態微調及修正，才能與時俱進，確保決策的執行成效。

思考與討論

※ 什麼是企業經營績效？(Business Performance)

三、經營績效指標

宏觀面	微觀面
1. 企業股價	1. 顧客滿意度
2. 企業總市值	2. 來客數成長
3. 企業營收及成長率	3. 會員數成長
4. 企業獲利及成長率	4. 客單價成長
5. EPS（每股盈餘）	5. 每員工生產力、產值
6. 市占率(market share)	6. 顧客忠誠度
7. 市場領導地位與排名	7. 新產品開發數
8. 品牌知名度	8. 新品上市成功率
9. 企業形象度	9. 行銷績效
10. 布局全球能力	10. 研發績效
11. 自創品牌	11. 生產績效
	12. 物流績效
	13. 財務績效

- 如何養成好的決斷力？
- 決斷力來自哪裡？

四、各單位領導主管，如何養成決斷力？

1. 除了專業能力外，要養成有跨領域的能力。
2. 自己多看書、多看專業報紙、雜誌、刊物、多上網搜尋資訊、要有廣泛的常識力。
3. 進修 EMBA，從學術理論中培養看事情與解決問題的框架力、邏輯力、分析力與見解力。
4. 努力每天的做中學 (learning by doing)，從中累積更多經驗、教訓與啟發。
5. 努力會議學習。在大型會議中，學習老闆及高階主管的智慧、經驗、分析、判斷方案與決策力。
6. 遇有模糊、未確定或不知道的狀況時，多請教外部此領域的專家、顧問、學者們。
7. 蒐集更完整的資訊情報，以利做出更正確精準的決斷。
8. 平時多建立外部人脈關係存檔，隨時可電話或見面會談，以掌握決斷所需資訊與情報。
9. 多出國參展（參考國際展覽會）吸取新知，多出國參訪考察、見習國外先進公司的做法及原因。
10. 由公司付費購買國內外專業研究機構的研究報告。
11. 遇決斷時，必須召集相關單位主管及次級主管開會，集體討論，從各面向去看問題及分析問題；以集思廣益，博採周諮的團體智慧與看法。
12. 決策者做下決策時，必須自身多做分析，多做思考、面向更周全些，並且從多個解決方案去做思考及決擇。

養成決斷力

1. 自我養成跨領域能力。
2. 多看書、報章雜誌、要有廣泛常識力。
3. 進修 EMBA，培養邏輯分析力。
4. 努力每天做中學，累積更多經驗。
5. 努力於公司多種會議學習。
6. 請教外部專家。
7. 多建立外部人脈存摺。
8. 多出國參展、參訪、考察。
9. 付費購買研究報告。

10. 蒐集更多資訊情報。
11. 集體開會討論，集思廣益。
12. 決策者自身要多分析、常思考。

五、六個層次領導與薪水的涵意

層次	薪水
6. 董事會	第六層：分配股利及紅利
5. 董事長	第五層：$300,000~$500,000
4. 最高階主管 CEO或總經理 負責公司成敗	第四層：$200,000~$300,000
3. 副總及高階主管 創新領導 成長領導 培養人才領導	第三層：$130,000~$200,000
2. 副理、經理、協理主管 加給：領導及管理部屬	第二層：$40,000~$150,000
1. 基本專業能力或技術	第一層：$35,000~$80,000（月薪）

討論與思考

1. 為何說「決斷是領導的核心」？您同意嗎？ Why?
2. 當老闆在某些決斷上出現錯誤時，身為中高階幹部的您會如何做？為什麼要這樣做？
3. 您要如何建立外部人脈存摺呢？您會如何做？
4. 請問您未來將如何培養決斷力呢？

柒、團隊領導

學習型組織管理大師彼得 · 聖吉 (Peter Senge) 對領導力與成功領導的看法

1. 領導人要能帶領眾人，踏出未知的每一步，迎向全新境界。
2. 領導人率眾跨越門檻時，還要讓他們拋下恐懼的包袱，才能真正前進一步。

3. 領導人要培養智慧，需要一輩子的努力。
4. 領導人還要培養傾聽能力，聆聽時不只是接收聲音及影像，還能主動思考，進一步闡釋資訊，與過去的經驗感覺相結合。
5. 領導人透過「聽」加上「思考」，可以將知識重新組合，同時進行判斷，才能了解收聽到的資訊。

6. 領導人還要有創造力，進入更深一層的「渴望」，把不存在的事物，一舉變為事實。

> **EX：**Apple 公司賈伯斯董事長
> iPod → iPhone → iPad → ?
> 持續創造新產品，改變產業，改變事業

7. 領導者要運用系統性思考能力，才能突破表面的現象，把看似分離的部分，完整連結在一起，並透徹事件的完整性。
8. 領導力是一輩子的修煉，每個人自身要不斷提升自我，才能率領眾人，走上企業對的旅程。
9. 小結：領導者漫長修煉路，想修成正果，必須透過傾聽與思考，還得有創造力，才能解決問題，帶領企業前進。

討論與思考：

1. 身為領導幹部必須要有創造力，說很簡單，但如何做到呢？如果您是老闆，您會如何做？

中國大陸阿里巴巴（B2B 網站）及淘寶網董事長馬雲先生：團隊勝利，才是領導者的成功

1. 馬雲能夠擁有今天的成就，他號召管理團隊的能力，也是成功關鍵之一。
2. 企業的最上層領導幹部群，永遠都是讓 CEO 最頭痛的問題。
3. 對任何一個成長型企業來說，打造自己的優秀管理團隊都是首要關鍵重點。
4. 之所以要組織團隊，是因為我們希望這個方式能激發出每個人的最大潛力，然後透過協調與合作，做到我們個人無法完成的事情。

EX：交響樂團與單獨演奏兩者效果是不同的。

5. 團隊的作用還在於，透過團隊的形式，讓成員達到 1+1>2 的效果，若團隊合作不良或缺一角，便會形成嚴重內耗，非但不能 1+1>2，反而會 1+1<2。
6. 一個優秀的團隊領導人，至少應具備六個條件：
   (1) 能夠描繪遠景。
   (2) 對成員有很高的期望。期望訂得高，團隊成員才會往上走。
   (3) 個性化的關懷。
   (4) 以身作則。自己所倡議之事，自己一定要能做到。
   (5) 鼓勵團隊合作。
   (6) 團隊領導人不應過度強調自己，不要凡事功在自己。
7. 一個卓越的團隊應具備條件：
   (1) 有優秀的領導人。
   (2) 有高度的向心力及凝聚力。
   (3) 有良好有效的溝通及明確職責分工。
   (4) 團隊目標一致、士氣高漲、充滿積極向上的氛圍。
   (5) 是一個不斷學習、不斷創造及不斷分享的團隊。
8. 領導人應該：「用人用長處，管人管到位」
9. 領導僅憑一人之力，將永遠做不大。團隊是否已到位，是成長型企業必須突破的瓶頸。

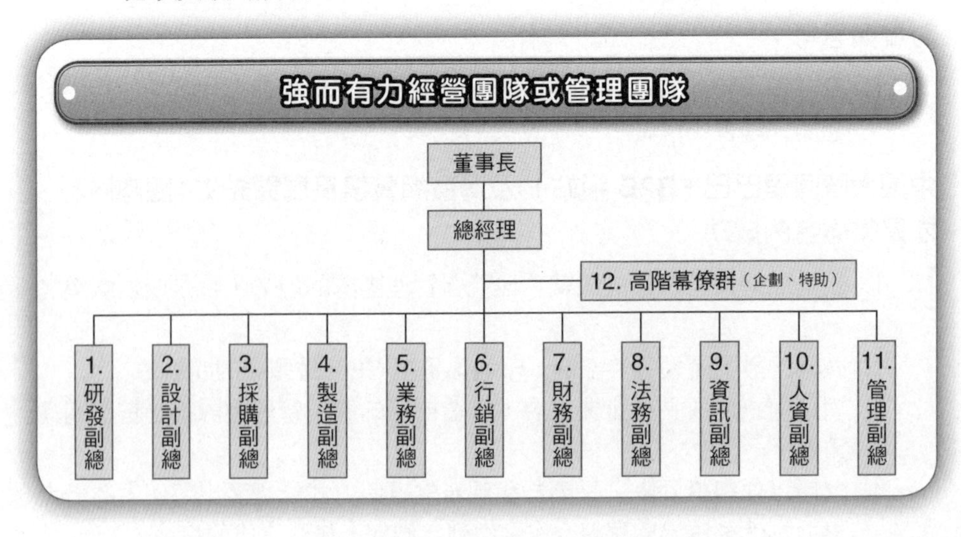

討論與思考：

1. 為什麼說「團隊勝利，才是領導者的成功」？此話之意涵為何？
2. 如果您是一家公司或一個事業部的高階主管，身為這個團隊領導人，您會有哪些做法，以使您的公司或事業部成功？

美國領導學大師約翰 · 麥斯威爾 (John Maxwell)：領導組織邁向成功之路

1. 真正具有影響力的正確領導認知：
   (1) 領導者必須從頂峰下來
   你必須從峰頂下來，把人帶上去。
   (2) 領導者不用每一項領域都表現非常傑出
   領導問題不在自己能不能，而是一個團隊中，如何幫助擅長這些領域的人把事情做好。
   (3) 不一定要有經驗的人，才能當領導者
   經驗並非好的老師，而是從經驗中學到什麼。
2. 好的領導者會找出每個人的動機，而且因材施教。此外，只有集合眾人智慧的人，才能收最大之效果。
3. 怎樣的領導者是好的領導者呢？答案是：做個好的傾聽者。
4. 做決定的重要：機會可能從各種面貌四面八方而來，但是只有一件事情是確定的，只有當下才看得到、抓得到。
5. 小結：領導人的責任應該是幫助他人成功，也就是把對的人放在對的位子上，並指導他們做對的事情。

瑞姆 · 夏藍的看法

1. 並非人人都能成為領導者。
2. 領導能力是透過不斷磨練與自我修正而發展出來的。
3. 學徒模式可以有效培養接班領導人。

討論與思考

1. 請分析三對主義：把對的人放在對的位置上，並教導他們做對的事情之意涵為何？
2. 如何培養優秀的領導幹部群？

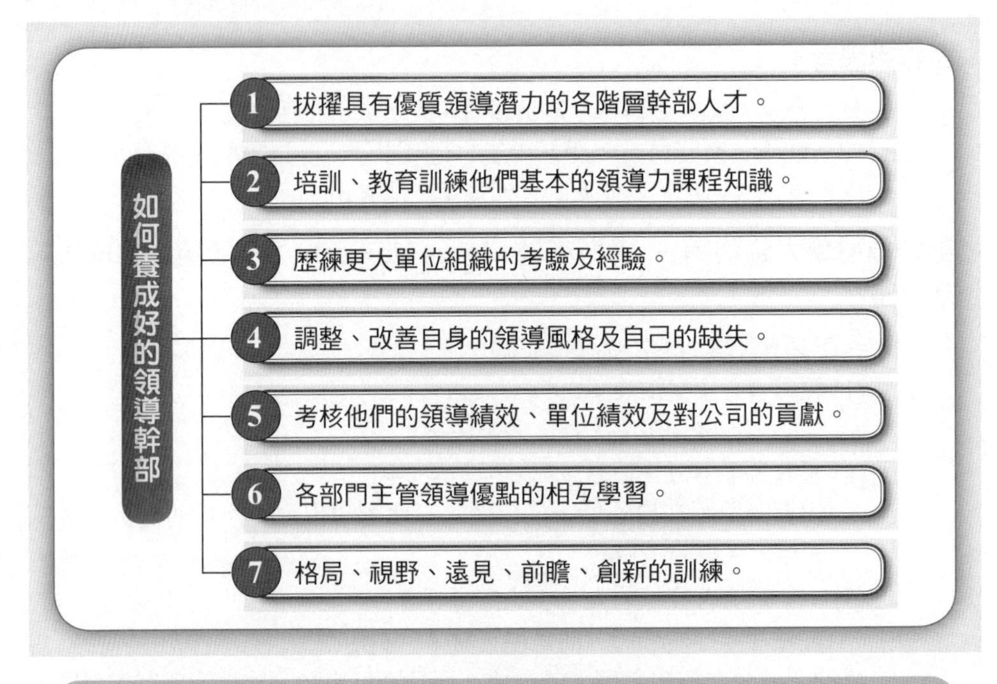

捌、認識董事會——台積電兩天董事會召會分析

企業的經營決策階層

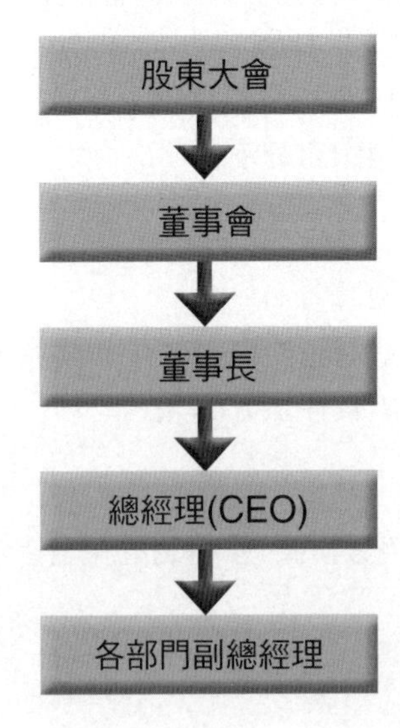

台積電財務長：何麗梅

1. 台積電董事會旗下有二個委員會

一是審計委員會，二是薪酬委員會。

2. 每年四次董事會（一季一次）

——2 月、5 月、8 月、11 月。

——固定在週一、週二舉行。

——每次開二天，是國內開最長時間董事會的公司。

3. 星期天

國外董事抵臺，張忠謀董事長請吃飯，並口述公司近況、市場與產業變化，好讓董事們在正式開會前，有所準備。

4. 週一上午：召開 3 小時審計委員會。

週一下午：召開 2 小時薪酬委員會。

週一下午四點到週二早上：進行真正董事會，表決一些重大議案，一直討論到隔天早上。

週二下午：安排營運、全球、研發等資深副總向董事會簡報。簡報後，還舉行「策略會議」，討論未來重大營運策略。

5. 目前有七位董事，其中 3 位為外部獨立董事

——前德儀公司董事長。

——前英國電信執行長。

——宏碁創辦人施振榮。

玖、企業社會責任 (Corporate Social Responsibility, CSR)

企業經營目標：有兩派說法

- 一派：主張「股東優先」。企業存在目的，為股東創造最大利益，就是要賺錢。
- 另一派：除為股東創造利益外，同時也要為所有利害關係人做出更大貢獻，即要善盡企業社會責任。

何謂 CSR

- 企業社會責任係指企業在進行商業活動時，也要考慮到對各個利害關係，包括：

股東、投資者、員工、顧客、上游供應商、下游通路商、子公司、債權人、

社區環境、整個社會大眾……等所造成的有利影響。

案例：台灣大哥大電信公司的 CSR

	宗旨	獲利、照顧員工、確立價值觀：誠信、創新、熱忱
關係人	對員工	提供與總經理對話，每年兩天志工假
	對客戶	提供24小時客服，用戶回饋活動
	對投資人	公司需穩定獲利，定期舉辦法說會及股東會
	對供應商	辦理公開採購，建立廠商評鑑機制
	對社區	舉辦社區藝文活動
	對同業	參與產業協會組織，建立溝通平臺
	對學者	共同合作研究社會責任、環保、青少年問題
	對非營利組織	參與環境保護永續議題
實績	脊傷超人	提供設備教育訓練，訓練並提供逾58位脊傷傷友就業
	手機捐款	協助近50家社福團體，累積捐款逾2,400萬元
	企業志工	協助重建山美大橋，2009年就超過345人
	縮短數位落差	提供電腦網路設備，維護及應用，提升數位競爭力
	數位教材	精選藝文活動，製作數位教材，贈逾100所偏遠學校
	戶外音樂會	以舉辦25場，26萬人次參與

上市櫃公司實務守則第四條

- 上市櫃公司對於企業社會責任之實踐，宜依下列原則為之：
  1. 落實推動公司治理。
  2. 發展永續環境。
  3. 維護社會公益。
  4. 加強企業社會責任資訊揭露。

中信金控的「公司治理」

1. 聘用設立 3 名獨立董事。
2. 設立「審計委員會」及「薪酬委員會」。
3. 在董事長室設立「公司治理主管」，以強化公司治理及提升經營績效。

過去缺乏公司治理造成企業不法弊案

EX：1. 力霸（王又曾）案　2. 博達案
3. 台鳳案　4. 廣三案
5. 中興銀行案　6. 東隆五金案

國家圖書館出版品預行編目（CIP）資料

圖解組織行為與管理學/戴國良著. -- 二版.
-- 臺北市 : 五南圖書出版股份有限公司,
2023.12
面 ; 公分
ISBN 978-626-366-763-1(平裝)

1.CST: 組織行為

494.2 112018567

1FSC

圖解組織行爲與管理學

作　　者— 戴國良
發 行 人— 楊榮川
總 經 理— 楊士清
總 編 輯— 楊秀麗
主　　編— 侯家嵐
責任編輯— 侯家嵐、吳瑀芳
文字校對— 石曉蓉
封面完稿— 姚孝慈
內文排版— 徐麗設計工作坊
出 版 者— 五南圖書出版股份有限公司
地　　址：106臺北市大安區和平東路二段339號4樓
電　　話：(02) 2705-5066　　傳　　真：(02) 2706-6100
網　　址：https://www.wunan.com.tw
電子郵件：wunan@wunan.com.tw
劃撥帳號：01068953
戶　　名：五南圖書出版股份有限公司

法律顧問：林勝安律師

出版日期：2016年 9 月初版一刷
2021年10月初版三刷
2023年12月二版一刷
定　　價：新臺幣400元

經典永恆・名著常在

五十週年的獻禮——經典名著文庫

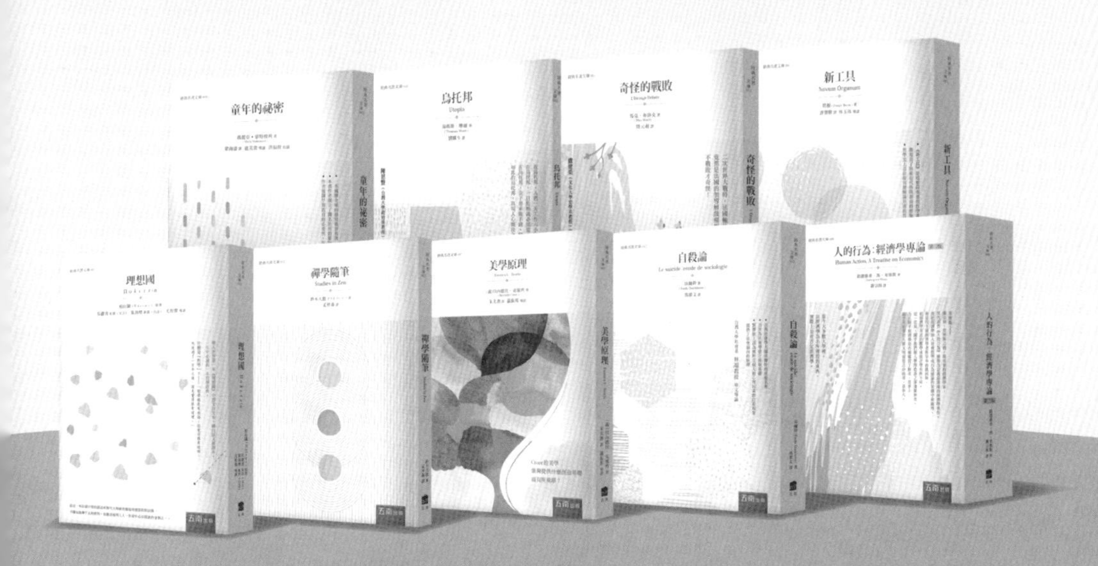

五南，五十年了，半個世紀，人生旅程的一大半，走過來了。
思索著，邁向百年的未來歷程，能為知識界、文化學術界作些什麼？
在速食文化的生態下，有什麼值得讓人雋永品味的？

歷代經典・當今名著，經過時間的洗禮，千錘百鍊，流傳至今，光芒耀人；
不僅使我們能領悟前人的智慧，同時也增深加廣我們思考的深度與視野。
我們決心投入巨資，有計畫的系統梳選，成立「經典名著文庫」，
希望收入古今中外思想性的、充滿睿智與獨見的經典、名著。
這是一項理想性的、永續性的巨大出版工程。
不在意讀者的眾寡，只考慮它的學術價值，力求完整展現先哲思想的軌跡；
為知識界開啟一片智慧之窗，營造一座百花綻放的世界文明公園，
任君遨遊、取菁吸蜜、嘉惠學子！